中国村镇社区化转型发展研究丛书

丛书主编：崔东旭 刘涛

Village and Town Community

Planning and Design Case Collection

村镇社区规划设计案例集

崔东旭　梁琪柏 / 著

北京大学出版社
PEKING UNIVERSITY PRESS

图书在版编目（CIP）数据

村镇社区规划设计案例集/崔东旭，梁琪柏著. —北京：北京大学出版社，2024. 1
（中国村镇社区化转型发展研究丛书）
ISBN 978-7-301-34078-3

Ⅰ. ①村… Ⅱ. ①崔…②梁… Ⅲ. ①农村社区–规划布局–案例–中国
Ⅳ. ①TU982.29

中国国家版本馆CIP数据核字（2023）第101229号

书　　名	村镇社区规划设计案例集 CUNZHEN SHEQU GUIHUA SHEJI ANLIJI
著作责任者	崔东旭　梁琪柏　著
责任编辑	王树通
标准书号	ISBN 978-7-301-34078-3
审 图 号	GS京（2024）0076号
出版发行	北京大学出版社
地　　址	北京市海淀区成府路205 号　100871
网　　址	http：//www. pup. cn　　新浪微博：@ 北京大学出版社
电子邮箱	编辑部 lk2@pup.cn　　总编室 zpup@pup.cn
电　　话	邮购部 010-62752015　发行部 010-62750672　编辑部 010-62764976
印 刷 者	北京宏伟双华印刷有限公司
经 销 者	新华书店 720毫米×1020毫米　16开本　16.5印张　300千字 2024年1月第1版　2024年1月第1次印刷
定　　价	88.00元

“中国村镇社区化转型发展研究”丛书

编 委 会

丛书总序

本丛书的主要研究内容是探讨乡村振兴目标下的我国村镇功能空间发展、社区化转型及空间优化规划等。

村镇是我国城乡体系的基层单元。由于地理环境、农作特色、经济区位等发展条件的差异，我国村镇形成了各具特色的空间形态和功能系统。快速城镇化进程中，村镇地区的基础条件和发展情况差异巨大，人口大量外流、设施服务缺失、空间秩序混杂等问题普遍存在，成为发展不平衡、不充分的主要矛盾。党的二十大报告指出，全面建设社会主义现代化国家，最艰巨最繁重的任务仍然在农村。因此，从村镇地区功能空间转型和可持续发展的角度出发，研究农业农村现代化和乡村振兴目标下的村镇社区化转型，探索形成具有中国特色的村镇社区空间规划体系，具有重要的学术价值和实践意义。

“中国村镇社区化转型发展研究”丛书的首批成果是在“十三五”国家重点研发计划“绿色宜居村镇技术创新”专项的第二批启动项目“村镇社区空间优化与布局”研发成果的基础上编撰而成的。山东建筑大学牵头该项目，并与课题承担单位同济大学、北京大学、哈尔滨工业大学（深圳）、东南大学共同组成项目组。面向乡村振兴战略需求，针对我国村镇量大面广、时空分异明显和快速减量重构等问题，建立了以人为中心、以问题为导向、以需求为牵引的研究思路，与绿色宜居村建设和国土空间规划相衔接，围绕村镇社区空间演化规律和“三生”（生产、生活、生态）空间互动机理等科学问题，从生产、生活、生态三个维度，全域、建设区、非建设区、公共设施和人居单元五个空间层次开展技术创新。

项目的五个课题组分别从村镇社区的概念内涵、发展潜力、演化路径和动力机制出发，构建“特征分类 + 特色分类”空间图谱，在全域空间分区管控，“参与式”规划决策技术，生态适宜性和敏感性“双评价”，公共服务设施要素一体化规划和监测评估，村镇社区绿色人居单元环境模拟、生成设计等方面进行了技术创新和集成应用。截至 2022 年年底，项目组已在全国 1300 多个村镇开展了调研，在东北、华北、华东、华南和西南进行了 50 个规划设计示范、10 个技术集成示范和 5 个建成项目示范，形成了可复制、可推广的成果。已发表论文 100 余篇，获得 16 项发明专利授权，取得 21 项软件著作权，培养博士、硕士学位研究生 62 名，培训地方管理人员 61 名。一些研究成果已经在国家重点研发计划项目示范区域进行了应用，通过推广可为乡村振兴和绿色宜居村镇建设提供技术支撑。

村镇地区的功能转型升级和空间优化规划是一项艰巨而持久的任务，是中国式现代化在乡村地区逐步实现的必由之路。随着我国城镇化的稳步推进，各地的城乡关系正在持续地演化与分化，村镇地区转型发展必将面临诸多的新问题、新挑战，地方探索的新模式、新路径也在不断涌现。在迈向乡村振兴的新时代，需要学界、业界同人群策群力，共同推进相关的基础理论方法研究、共性关键技术研发、实践案例应用探索等工作。项目完成之后，项目团队依然在持续开展村镇社区化转型发展相关的研究工作，本丛书也将陆续出版项目团队成员、合作者及本领域相关专家学者的后续研究成果。

本丛书的出版得到了中国农村技术开发中心和项目专家组的精心指导，也凝聚了项目团队成员、丛书作者的辛勤努力。在此，向勇于实践、不断创新的科技工作者，向扎根祖国大地、为乡村振兴事业努力付出的同行们致以崇高的敬意。

“中国村镇社区化转型发展研究”

丛书编委会

2023 年 4 月

目　　录

第一章　东北严寒地区村镇社区规划设计案例

按地形地貌与农作类型划分，东北严寒地区主要以平原商品谷物农作区为主。本章选择黑龙江省大庆市肇源县古龙镇古龙村与新站镇新肇-新站社区及吉林省公主岭市大岭镇黄花村作为典型案例进行分析，这些村庄（社区）分别代表了不同的产业类型、社区化程度以及村庄类型（表1-1）。

表1-1　东北严寒地区村镇社区规划设计案例汇总

<table>
<tr><th>编号</th><th>项目名称</th><th>规划类型</th><th>村庄类型</th><th>地貌及农作类型</th></tr>
<tr><td>1</td><td>黑龙江省大庆市肇源县古龙镇古龙村村庄规划</td><td rowspan="3">详细规划</td><td>集聚提升型</td><td rowspan="3">平原商品谷物农作区</td></tr>
<tr><td>2</td><td>吉林省公主岭市大岭镇黄花村村庄规划</td><td>城郊融合型</td></tr>
<tr><td>3</td><td>黑龙江省大庆市肇源县新站镇新肇-新站社区规划</td><td>集聚提升型</td></tr>
</table>

案例1　黑龙江省大庆市肇源县古龙镇古龙村村庄规划

1. 项目概况

古龙村隶属黑龙江省大庆市肇源县古龙镇，位居嫩江东岸，为肇源县最西部乡村，其东与义顺蒙古族乡毗邻，西邻嫩江并与吉林省镇赉县、大安市隔江相望，南与新站镇接壤，北与杜尔伯特蒙古族自治县腰新乡相连。村内省级、县级道路交汇，为集聚提升型村庄（图1.1-1）。

古龙村现有人口约 4500 人，共计约 1300 户，人口老龄化特征突出。村庄现状用地约 30 km^2。村民主要从事物流服务、个体工商业等工作，家庭年均总收入约 45 000 元。古龙村第一产业以粮食种植业为主，第二产业为农副产品加工业，第三产业以沿主路两侧小型商业为主（图 1.1-2）。

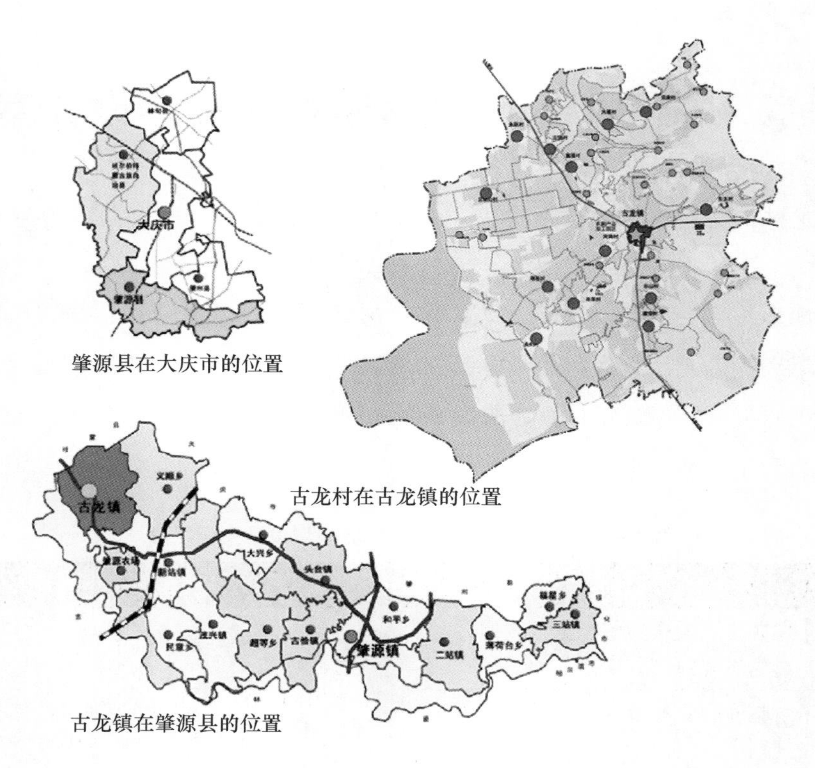

图 1.1–1　古龙村区位

图 1.1–2　古龙村现状

2. 规划思路

2.1　完善古龙村公共服务设施布局

通过调研发现，古龙村沿主路集中布局村庄公共服务设施（图 1.1-3，图 1.1-4），村庄社会保障设施严重缺乏，村庄老龄化严重，亟须完善社会保障设施。另外，教育设施建设不足、村落密度低，是制约其进一步发展的关键。商业设施集中在村庄内部，现有商业服务设施能够满足村民日常生活需求。部分居住点距离商业区较远，整体布置不合理。

2.2　优化村容村貌，提高人居环境质量

古龙村主路建筑高度以楼房为主，建筑风貌比较多样，根据建造时间的不同而变化，以一般民居和现代建筑为主。古龙村多为自发改造轻钢瓦顶建筑，装饰丰富，有前后院，院内种植农作物，但缺乏整体引导，导致村容村貌较为凌乱。

2.3　增加公共活动空间

村庄的农林用地主要集中在西面，绿化景观缺乏均质分布；且整体缺乏广场等公共活动空间，公共生活质量有待提高。

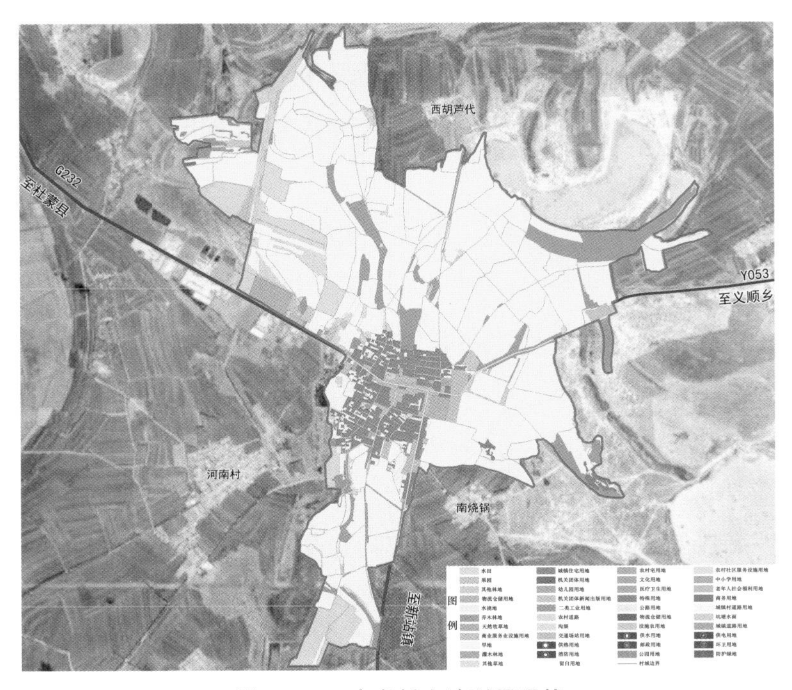

图 1.1-3　古龙村土地利用现状

图 1.1-4 古龙村现状（卫星图）

3. 规划要点

村庄规划需要通过对古龙村内建设空间的有机梳理和功能结构的调整完善，形成古龙村产业发展、城乡建设、生态环境保护与开发利用相协调的可持续发展机制。

3.1 规划结构

规划镇区形成“一心、两带、三轴、七组团”的空间结构：“一心”为城镇公共服务中心，空间发展集聚点；“两带”分别为沿河景观带和东西主干路的景观绿带；“三轴”为以规划东西主干路为空间发展主要轴线和以规划南北干二路为镇区空间发展的两个次轴线；“七组团”是指“综合服务组团”“滨水生态组团”“教育与仓储组团”以及四个“居住组团”。

3.2 道路设施规划

道路设施规划主要包括对外交通规划、道路网络规划、道路等级和断面规划以及道路竖向规划。规划东西主干路和规划南北主干路为城镇对外交通主要道路，规划古龙镇镇区干路网络形成“两横、三纵、一环”的干路网结构，规划镇区道路等级按“主干路、干路、支路、巷路”四级设置（图 1.1-5）。

3.3　公共服务设施规划

公共服务设施规划主要包括行政管理设施规划、教育机构设施规划、文体科技设施规划、医疗保健设施规划、商业服务设施规划、批发市场规划以及老年人社会福利用地规划（图 1.1-6）。

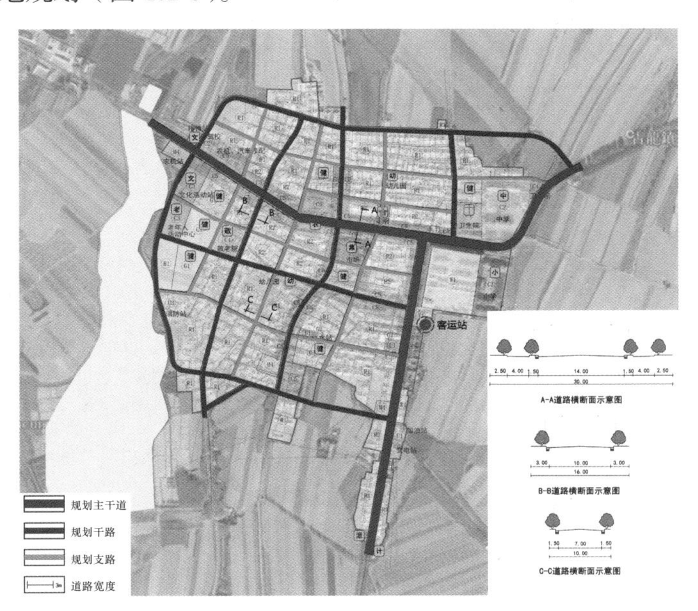

图 1.1–5　古龙村村庄交通规划

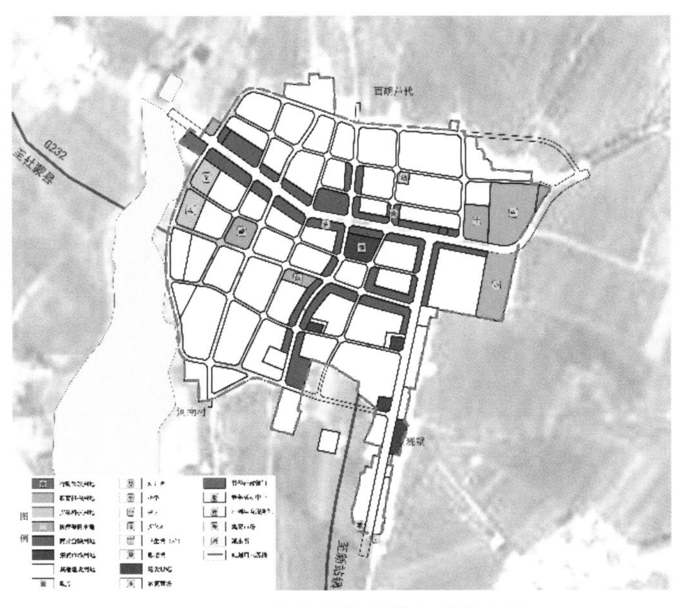

图 1.1–6　古龙村公共服务设施规划

3.4 建筑风貌管控引导

延续北方农村传统民居的建筑文脉，形式简洁、大方，整体凸显北方乡村纯朴、雅致并具有现代感的风貌特色。建筑平面，尊重村民意愿，注重使用功能；建筑细部，提取建筑要素，秉承东北特色；建筑布局，尊重传统格局，延续乡土特征（图 1.1-7 ～图 1.1-10）。

图 1.1–7　古龙村街道效果

图 1.1–8　古龙村建筑现状

图 1.1–9　古龙村典型节点——街区鸟瞰

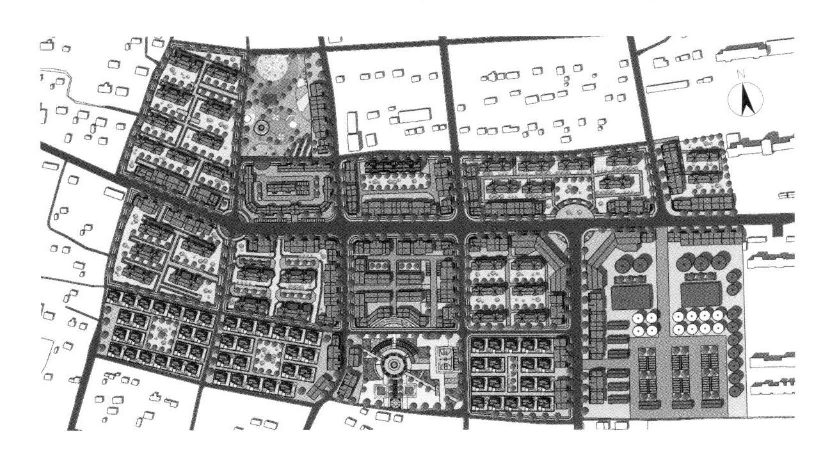

图 1.1-10 古龙村古龙街区总平面图

4. 特色分析

4.1 产业布局优化

古龙村未来将在巩固现有产业基础的同时，发挥区位和资源优势，促进粮食加工业和商贸业进步，提高第二、第三产业比重，实现产业结构的优化调整；大力发展绿色生态农业、将古龙贡米品牌打入国内市场，建立产、供、销一条龙的营销网络。加强古龙村各项设施的建设投入，建成地域风情浓厚、生态环境优越、空间尺度美观的宜人村庄（图 1.1-11）。

发展古龙小米、黑土嫩江水优质大米等特色产业；打造美丽乡村，美化乡村环境、整治破败建筑；改善人居环境，大力开展垃圾分类、“厕所革命”等，为村民创造美丽、卫生的生活环境；打造便捷的交通环境，加强基础设施建设；打造“产业＋观光”环村路。

4.2 公共服务设施优化

对古龙村发展潜力评价得出的公共服务设施得分较低，主要原因是缺乏养老服务设施。鉴于此，本试点拟在村西建一处养老院，用地北面、东面、南面均为居住区，用地西面规划为景观休闲区及老年人活动区。

（1）养老院选址。养老院选址考虑居民到达便捷性，将居民点作为需求点，将路网节点作为设施供给点，供给点区域均可作为新建设施选址地。古龙镇的居民区主要集中在镇区西测，经 GIS 位置分配测算，该地为最佳选址（图 1.1-12）。

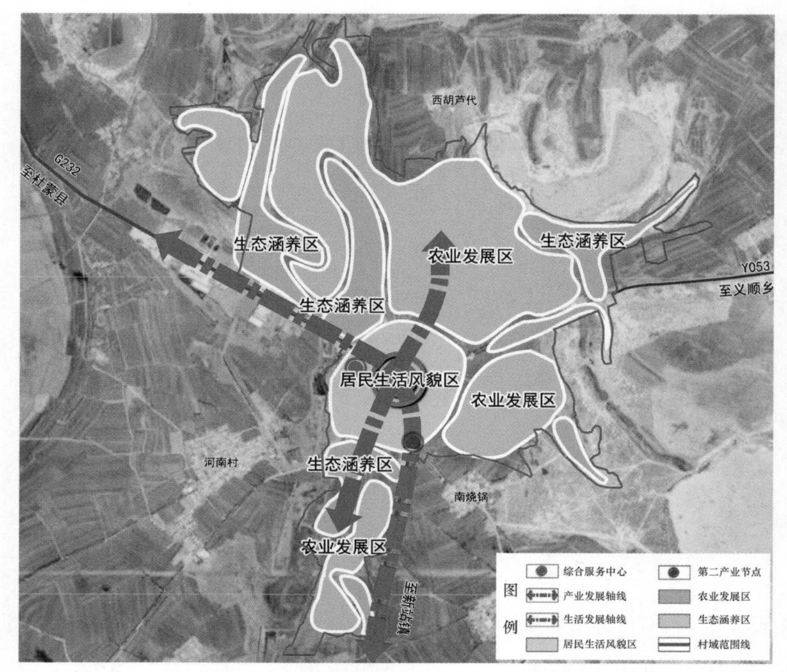

图 1.1-11　古龙村村域产业布局规划

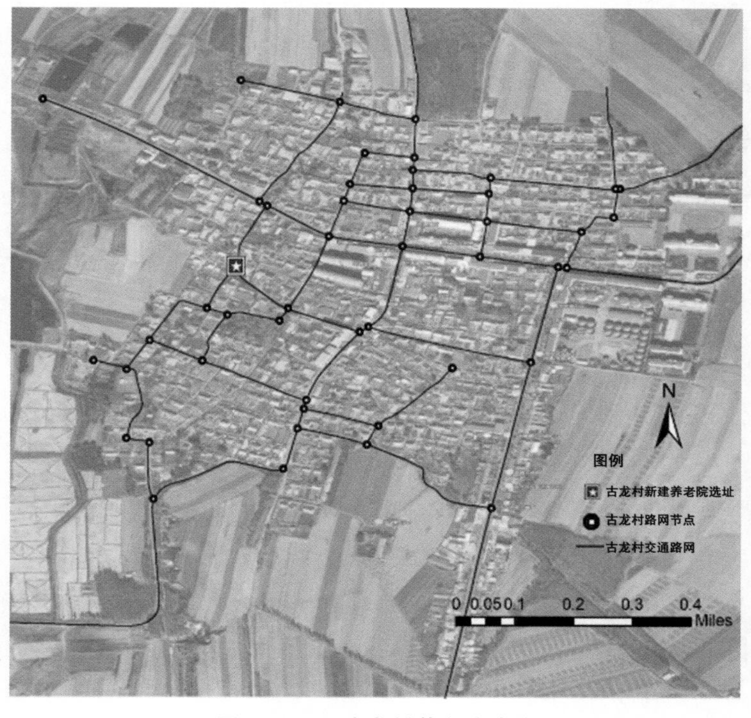

图 1.1-12　古龙村养老院选址

（2）地块现状。本地块用地面积约为 8000 m²，地形平坦。基地西面有大片水域及农田，环境宜人，是建造养老院的理想用地。

（3）周边道路。地块东面和南面将规划为村庄干道，交通便利。

（4）建设规模。该项目建设总面积约为 4000 m²，建筑主要为自理型老人、护理型老人、失智型老人服务，配备各类配套用房及相应的室外活动场地。

（5）建筑设计及功能布局。遵循当地民居特点，建筑设计沿用双坡屋顶＋大院落的组合形式；鉴于村里大部分都是一、二层建筑，建筑设计为三层，适应村内建筑尺度；在功能排布上，为满足老年人日常生活所需划分五大功能区，包括门厅部分、住宿用房部分、休闲娱乐部分、服务用房部分、行政办公部分，住宿用房全部朝南，争取最大采光；利用优势景观朝向，在西面留出老年人的室外活动场地（图 1.1-13，图 1.1-14）。

图 1.1–13　古龙村养老院片区规划设计

图 1.1–14　古龙村养老院效果

4.3　古龙村试点街区环境提升

基于“碳达峰、碳中和”战略目标，利用计算机物理环境模拟，从建筑与绿植的视角探索如何提升行人舒适度、增加村庄的人均绿地面积。基于计算机微气候模拟为后续设计提供支撑，希望得到理想状态下的风环境与热环境最优解以作为后续设计的导则。

规则拟选定古龙村东西走向主干路、西侧南北主干路为主要整改对象，东西沿街功能为商业以及公共服务设施。

根据风环境与热环境的模拟不难发现建筑与植物的南侧相应时间段热舒适性更高（图 1.1-15，图 1.1-16），因此在街区改造时应重点着手于北侧道路的人居环境整治。街道较窄时风速较大，不利于提升人体舒适性。行道树间距越小越有

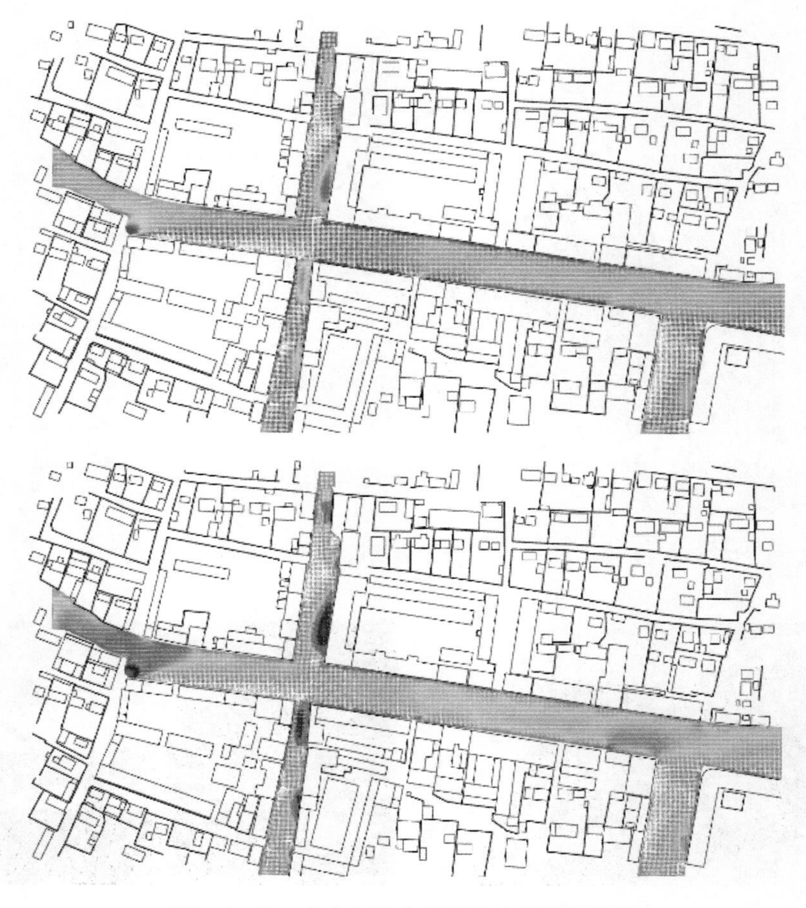

图 1.1–15　古龙村试点街区风速及风压模拟

利于微气候与热舒适度控制，但过小会影响改造的经济性。南立面的窗地比越大越有利于室外微气候指数与热舒适性，但过大的窗地比会对冬季建筑室内采暖能耗造成较大压力（图 1.1-17，图 1.1-18）。

同时在街道设计中，重构乡村社区交通空间，整合道路消极空间，在节点设计中探寻“乡村记忆”，在彰显乡村文化的同时增加空间的趣味性。

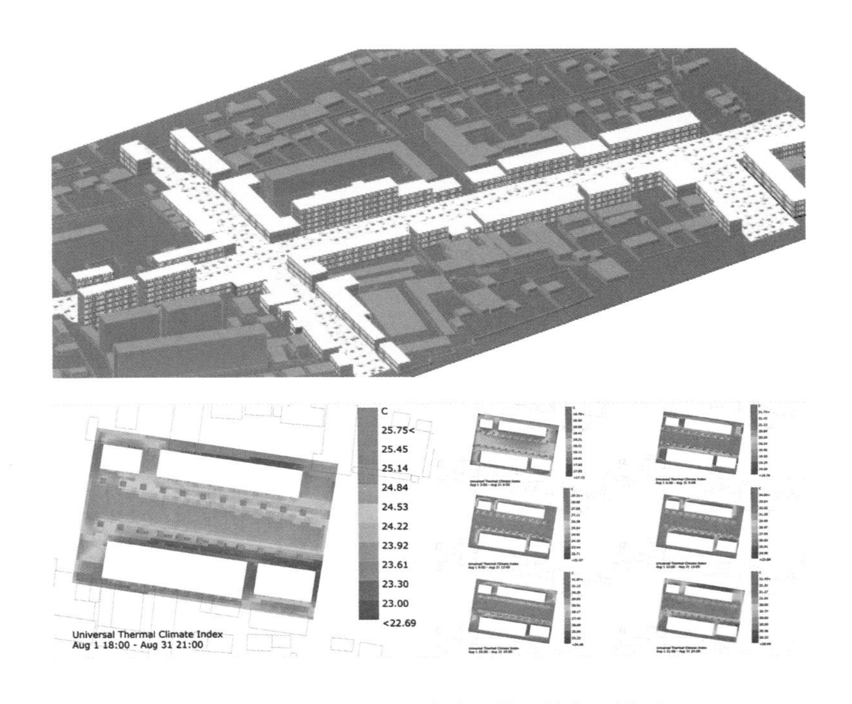

图 1.1–16　古龙村试点街区热环境街区模型

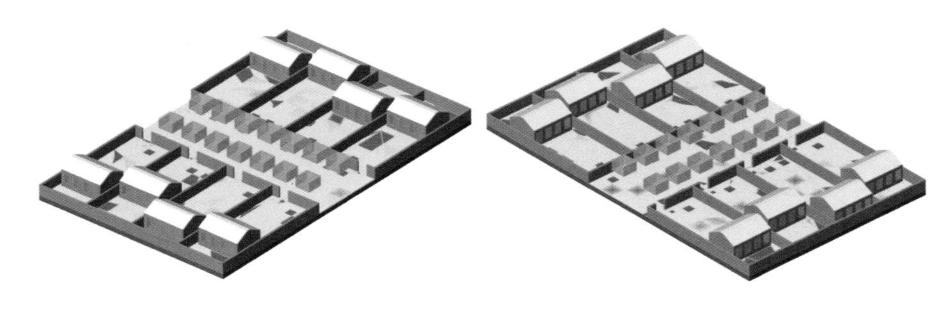

图 1.1–17　热环境院落模型

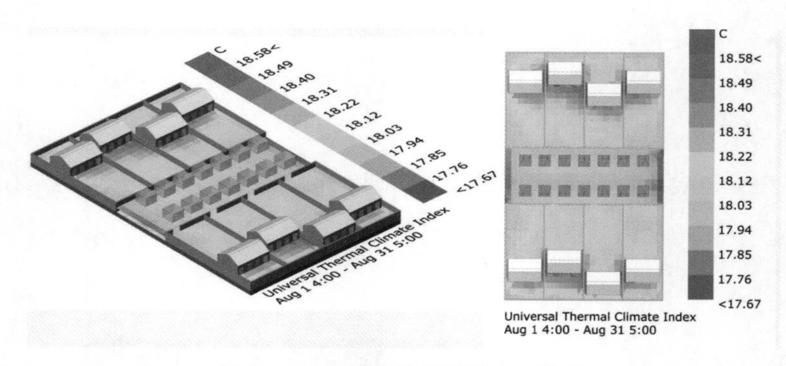

图 1.1–18　月院落通用热气候指数

案例 2　吉林省公主岭市大岭镇黄花村村庄规划

1. 项目概况

黄花村隶属吉林省公主岭市大岭镇，位于长春都市圈西侧，东距省会长春市 20 km，北距大岭镇核心区 10 km，地处北松辽平原东部高平原，地势平坦。黄花村村域共有 3 个村民小组、9 个自然屯，总人口 2768 人，共计 997 户（图 1.2-1）。农业产业化发展水平较高，以君子兰种植业为特色产业。

图 1.2–1　黄花村现状

2. 规划思路

2.1　优化产业布局

以村内君子兰种植为基础，增加种植类型，形成“花海”，提升景观风貌，推动经济增长；结合物流产业，延长商品产业链，大力发展特色种殖业；加快君子兰产业基地建设，并吸纳全村各屯村民加入，打造成国家级优质君子兰生产加工基地。

2.2　完善黄花村基础设施

提高乡村服务能力，增强乡村吸引力。除村民日常生活所需的教育、交通等基础设施之外，要强化农业基础设施的建设，如农田水利设施等，为农业产业化发展提供条件。

2.3　提高乡村用地布局的生态化联系度

加强生活斑块、农业斑块、生态斑块用地完整性，提高土地利用效率。现状村庄由于土地零散导致排水设施等市政基础设施难以完全覆盖，进而导致部分生产、生活污水未经处理排入河道，造成水质污染；同时，煤炭的大量使用，导致空气污染较为严重，乡村生态环境遭到威胁。因此，需要重构“三生”（生产、生态、生活）空间结构，以产业发展为基础，考虑基础设施配置的联系性，同时加快以生态基底管控、生态要素保护和乡村环境整治为主要内容的生态环境改善。在保障生态适宜性的基础上，整治“三生”空间。

3. 规划要点

3.1　村庄用地布局规划

规划形成“一轴、两带、多点”的空间结构，依托现有公共服务设施，沿南北向对外道路建立对外服务中心轴，打造两条东西向发展轴带，并布置游客服务中心、君子兰展览中心、村委会等设施（图 1.2-2）。利用现有资源，多点激发村庄活力，主要涉及居住用地规划、公共服务设施用地规划、生产设施用地规划、物流用地规划、商业用地规划以及留白用地（图 1.2-3）。

3.2　道路设施规划

开展乡道、主村道和次村道 3 个等级的道路设施规划，在 019 乡道两侧发展中心村商业，车行道两侧设置人行道与非机动车道相结合的慢行道，并结合产业布局规划村主道与次道，着力提升村道景观（图 1.2-4，图 1.2-5）。

3.3　公共服务设施规划

公共服务设施规划主要包括行政管理设施规划、教育机构设施规划、文体科技设施规划、医疗保健设施规划、商业服务设施规划以及老年人社会福利用地规划（图 1.2-6）。

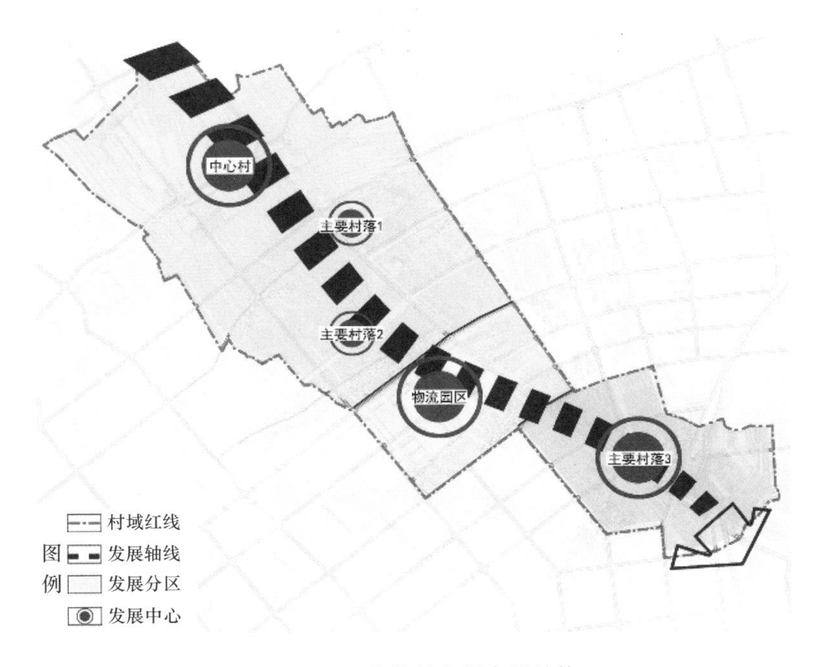

图 1.2–2　黄花村空间布局结构

图 1.2–3　黄花村土地利用规划

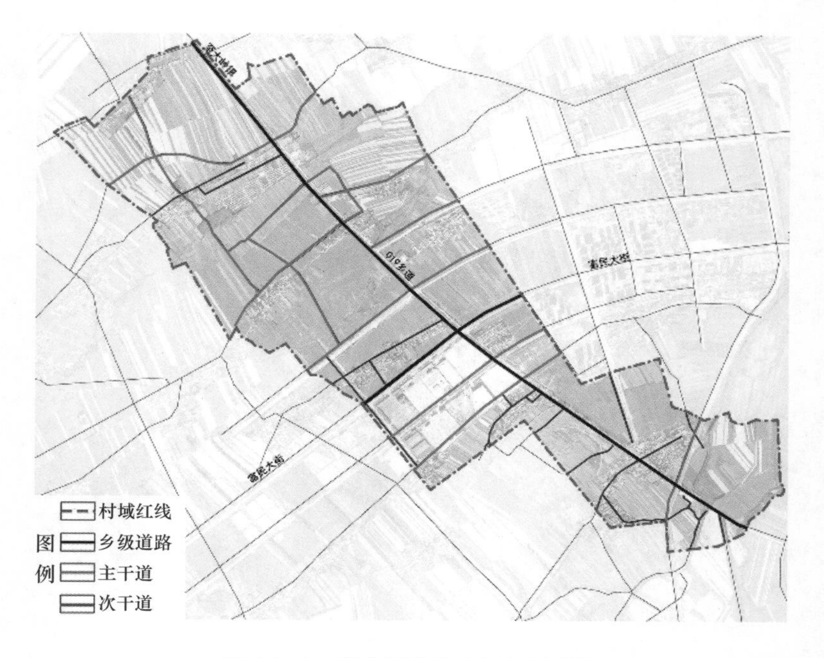

图 1.2–4　黄花村道路交通规划现状

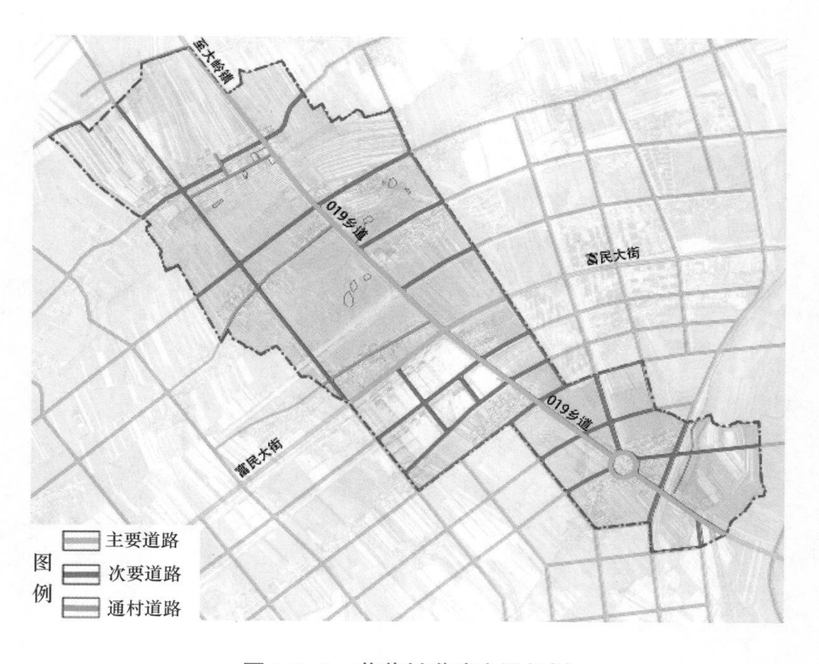

图 1.2–5　黄花村道路交通规划

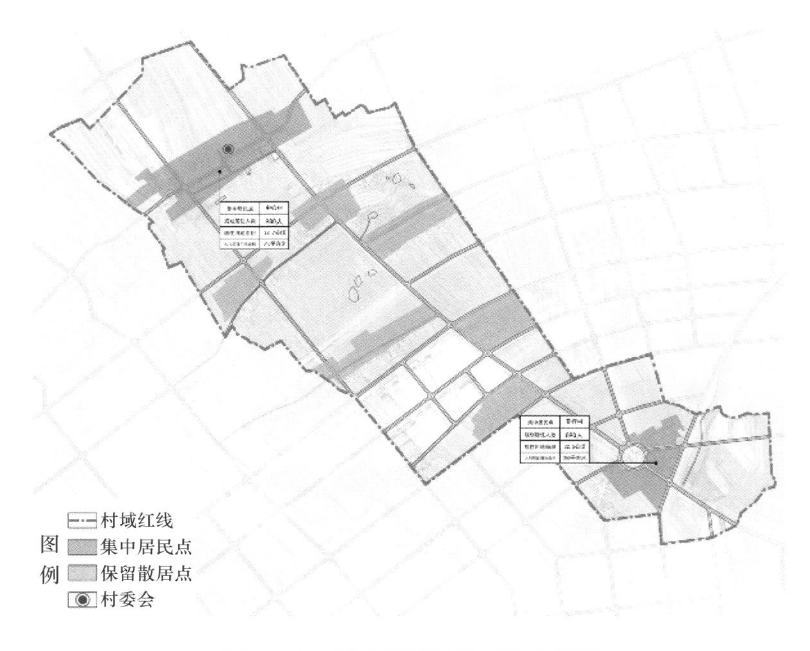

图 1.2–6　黄花社区居民点整合规划

3.4　居民点规划与节点设计

优化调整居民点各类用地布局，统筹安排农用地、建设用地和其他用地，科学布局“三生”空间，统筹优化城乡空间和资源配置，推进城乡基本公共服务均等化（图 1.2-7）。

3.5　建筑风貌管控引导

延续北方农村传统民居的建筑文脉，形式简洁、大方，整体凸显北方乡村纯朴、雅致并具有现代感的风貌特色。建筑平面，尊重村民意愿，注重使用功能；建筑细部，提取建筑要素，秉承东北特色；建筑布局，尊重传统格局，延续乡土特征。充分利用房前屋后院落以及周边空地，发展特色庭院经济，提高土地和空间利用率，利用农业剩余劳动力和劳动时间，增加农民收入，繁荣农村经济，活跃和丰富城乡市场，改善农村环境，达到助农增收、美化家园的目的。

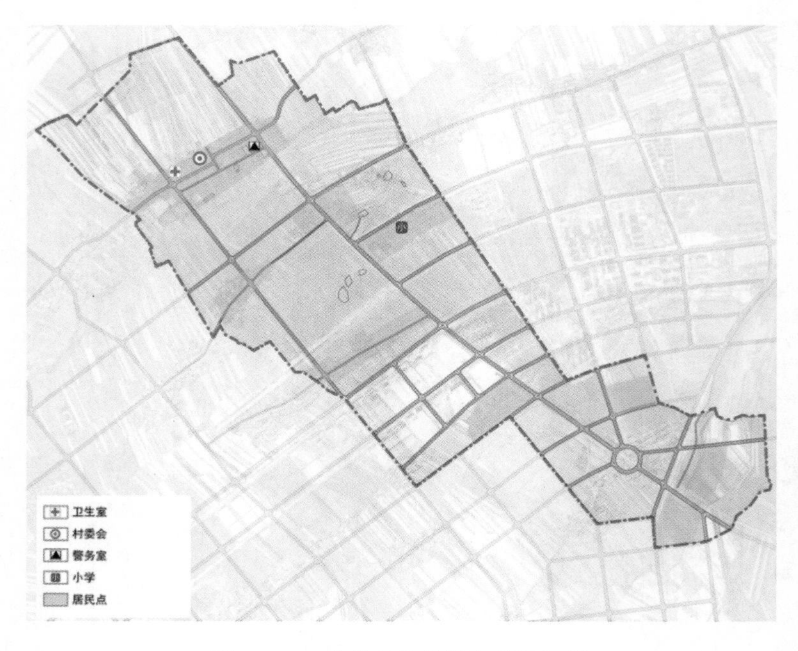

图 1.2–7　黄花村公共服务设施规划

4. 特色分析

4.1　产业布局优化

由于黄花村发展潜力一般，因此产业规划更加偏向于改善民生，为村庄居民提供就业岗位，防止人口流失，进而激活村庄内生发展动力。对于村庄最主要的产业——种植业而言，重点在于调整种植结构，发挥多样性优势，降低市场风险。首先，继续深入发展优质玉米等传统种植业，积极培植绿色无公害玉米、水果等项目，打造绿色农产品品牌。其次，可以推广油菜花、向日葵、黄花菜等经济作物的种植，增加种植类型，形成“花海”，提升景观质量，推动经济增长。再次，对于特色产业——君子兰种植业应延长产业链，提升自身花卉品级，提升花卉单株经济价值。最后，应结合村内有机蔬菜、有机食品、经济作物等资源，筹建以君子兰花卉为主题的文化传播、科技培育、展览销售平台，变“通货输出”为“精品输出、技术输出”。

第三产业中的服务业重点在于提高餐饮、住宿、娱乐等服务水平，提高村庄居民生活质量。同时，重点加快农产品市场流通体系的建立和市场信息发布等经营性服务的发展，进一步带动传统种植业的发展。可通过认养农田、多媒体宣传、网上销售等多种形式提升绿色农产品品牌知名度。通过绿色有机农产品品牌以及君子兰产业基地知名度的提升，提高村庄发展潜力。在此基础上，由于黄花村具有得天独厚的自然资源，可以开发休闲旅游业，为游客提供休闲游览场所，利用现有君子兰产业资源，建设会展中心，举办君子兰展览，在村内建设民宿接待区，凭借地域特色和独特的资源优势为人们提供垂钓、捕捞、加工等休闲项目（图 1.2-8）。

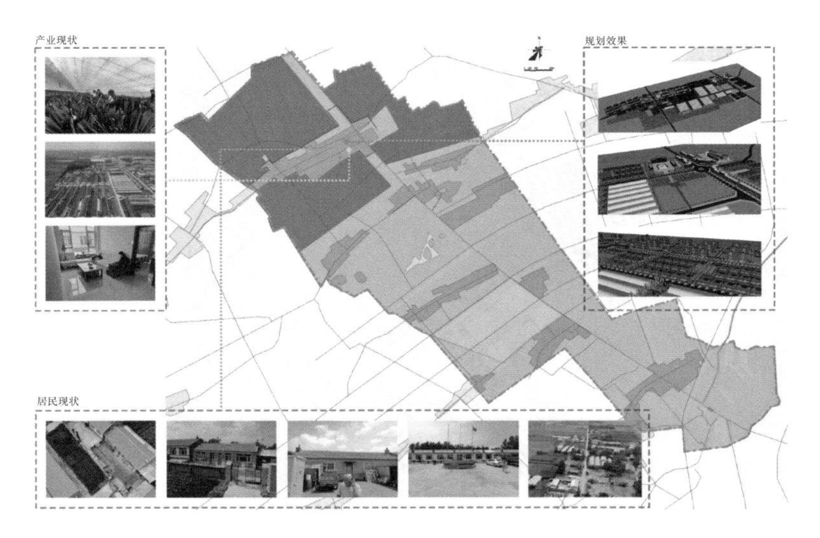

图 1.2-8　黄花村产业规划

黄花村近期产业发展目标主要为拉动内生发展动力，推动种植业规模化、农业产业化。初步完成特色产业、绿色产业的市场化。抓好君子兰的种植、销售，积极打造特色君子兰产业。积极培植绿色有机向日葵、玉米、油菜花、果林等项目，打造绿色有机农产品牌。完善村庄各种基础设施，提高餐饮、住宿、娱乐等服务水平，适当兴建旅游服务设施，如建设民宿试验点。到 2025 年，为村内解决就业机会 500 个，全村地区生产总值达到 8942 万元，人均年纯收入 48 000 元以上。

黄花村远期产业发展目标主要为提高村庄外部吸引力，推动种植业机械化、产业链高端化。到 2035 年，全村实现农业耕种机械化，在黄花村实施现代农机装备推进项目。在农业生产中的整地、播种、植保、收获、灭茬等全部实现机械化。大型农机具以村集体投资为主，产权归村集体所有，由村集体委托或承包经营。到 2035 年，建设完成君子兰展览中心、君子兰培育研究中心、民宿、幼儿园等附属设施，到 2035 年，为村民解决就业机会 1500 个，全村地区生产总值达到 16 000 万元，人均纯收入 100 000 元以上。

4.2　土地使用规划

（1）土地使用结构调整

“一轴”：沿村庄南北向主要对外道路，依托现有公共服务设施，建立对外服务中心轴，在该轴带上布置游客服务中心、君子兰展览中心、村委会等设施，提高对外服务水平。“两带”：依托村庄原有格局，建立两条东西向发展轴带，北侧为村民生活服务轴带，主要布置幼儿园、养老院、阳光浴室、村卫生站等生活服务设施；南侧为村庄产业发展带，结合西侧的君子兰展览中心，主要设施为君子兰养殖培育基地、绿色有机农产品加工基地、景观作物观赏基地以及相应的农产品贸易中心。“多点”：充分利用现有资源，挖掘共同的村庄记忆，对记忆地点进行激活再生，多点共同激发村庄活力。

（2）倡导土地流转，提高土地使用效率

村干部加大土地流转政策的宣传力度，对村庄进行测绘，明确各户宅基地范围，对于部分“飞地”宅基地，通过规范的土地流转程序进行宅基地平移、置换，使村庄宅基地实现聚集化、整体化。建立土地流转奖惩机制，对于农民不愿耕种又拒绝将自己的土地经营权进行流转而造成的土地撂荒的情况，村集体经济组织按照规定收取相应数额的撂荒费，土地撂荒超过两年的，将由村集体收回并进行托管。

通过政府引导，完善土地流转政策机制与保障机制，优化利益分配结构，使其向农民倾斜，有利于提高农民参与土地流转的积极性。引入市场方式，通过保险公司开发土地流转相关的保险产品，降低土地流转的风险。细化完善农民社会保险相关条例，提高农业人口社会保障水平，为失去土地经营权后又没有其他生活来源的农民提供保险，以保障土地流转后万一发生失地、失业等情况时，农民的生活水平能基本保持稳定。同时由于外部租赁土地的资本高度分散，难以推动内生的产业结构优化，因此要引导村庄集体承包经营，防止“吃租经济”产生。

案例 3　黑龙江省肇源县新站镇新肇–新站社区规划

1. 项目概况

新肇–新站社区位于黑龙江省大庆市肇源县新站镇，地处松嫩平原，肇源县西北部，居嫩江东岸，地势较为平坦，东与浩德蒙古族乡、茂兴镇相邻，南与吉林省大安市隔江相望，西濒临嫩江并与国营肇源农场相连，北与义顺蒙古族乡、古龙镇毗邻（图 1.3-1）。属于中国气候区划中的严寒地区，地形为开阔的平原，周边降水充沛，特别适合农业种植（图 1.3-2）。新肇–新站社区位于新站镇，是具有一定产业、区位、交通资源优势和影响范围的镇域中心，社区居民主要从事商业、物流服务业等第三产业（图 1.3-3 ～图 1.3-5）。新肇–新站片区总占地面积 6.38 km^2（图 1.3-6），共 5000 户，14 000 人。

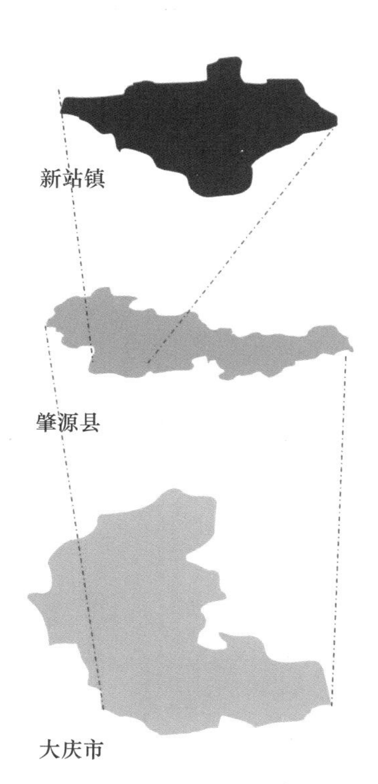

图 1.3–1　新站镇空间区位

图 1.3-2　新肇-新站社区自然环境航拍

图 1.3-3　新肇-新站社区物流产业场景

图 1.3–4　新肇–新站社区边界场景

图 1.3–5　新肇–新站社区整体场景

图 1.3–6　新肇–新站社区范围

新肇–新站社区对外交通设施便利，通让铁路穿境而过，并设有火车站一处。省道 502（谷歌地图显示 S201）与国道 232 也在此交汇，不仅如此，其附近还有通航水道一条，三种形式的交通非常完善（图 1.3-7）。社区内有南北主干道一条、东西主干道两条（图 1.3-8），所有道路均已完成硬化，道路设施质量优异。

图 1.3–7　新肇–新站社区对外交通

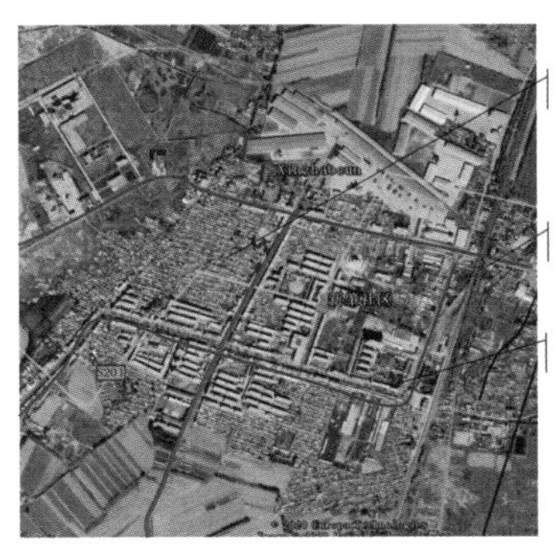

图 1.3–8　新肇–新站社区内部交通

2. 规划思路

在总体规划的基础上，结合社区实际，确定该社区规划思路：

（1）优先打造片区重点区域，优先落实片区内重要公共服务设施、基础设施建设，优先落实片区内主要居住区建设，架构起片区内的主要规划骨架。

（2）因地制宜，分类施策进行片区开发。在新肇社区范围内，主要基于原有肌理进行改造，对现有建筑、道路等进行更新升级；在新站社区范围内，对质量较差、设施不完善的区域进行拆除，作为新区进行规划。

（3）兼顾近期独立发展与远期相互融合片区内两个主要社区的用地和功能相对集中和完整，实现每一发展时段各发展区域的自我平衡发展，提高城镇运行效率。与此同时，在两个社区间完善道路设施建设，为未来区域融合奠定基础。

3. 规划要点

3.1　村镇社区发展潜力评价

构建村镇社区发展潜力评价系统，测算社区发展潜力。通过专家打分法、层次分析法等科学研究方法，构建因素评价层、评分模型、分区评分规则等，对新肇–新站社区进行评分等级及排名计算，结果显示新肇–新站社区的发展潜力得分为 7.22，评级为 4 级（共 5 级），发展潜力较高。

主要评价结果如下：

（1）空间发展优势

新肇-新站社区属于上位规划中的肇源县副中心镇区，各类基础设施、公共服务设施建设相对健全，发展基础条件优异；交通区位条件具有一定优势，毗邻交通枢纽，拥有一个火车站，紧邻对外联系道路，交通比较发达，为其产业发展奠定了基础；社会认可度高，集中式的城镇形态已初具规模，其吸引力和辐射力逐渐增加，为未来区域中心城镇的建设创造了良好条件；人均国内生产总值较高，人口规模大，现已形成了以第三产业为主、第二产业蓬勃发展的状态，以商贸服务业作为片区的主要功能，吸引了大批周边村庄居民居住、工作，是全镇的公共服务中心；生态环境优良，自然条件优越，土地肥沃，空气质量较好，适宜居住。

（2）现状条件不足

新肇-新站社区距离城区较远。距离肇源县城区较远，无法与城区形成融合性发展，居民也很难与城区居民共享各类设施；新站镇内部道路密度低，虽然已形成中央大街、政府大街等主要道路，但道路等级不明确，丁字路、断头路较多，路面质量普遍较差，铁东与铁西道路联系不畅，交通联系不紧密，停车场等交通设施缺乏；文化资源较为匮乏，缺少公共文化设施；生态环境需进一步完善，镇区没有集中的休闲绿地和生态公园，居住区、居住小区级道路绿化建设滞后，没有形成完整的绿地系统；公共服务设施和基础设施建设需要进一步加强，现有医疗设施规模较小，社会福利及文化设施、专业农贸交易市场缺乏，基础设施不能满足城镇发展需要。

3.2　社区公共服务设施规划

规划商业服务业设施用地 13.45 hm^2，占镇区规划建设用地的 5.09%，人均 5.64 m^2。主要分布在省道 213 和省道 502 沿线、中央大街以及政府大街等镇区主要交通道路沿线，形成带状商业发展轴，并在中央大街和政府大街交叉口及其东北侧区域形成整个镇区的商业发展核心（图 1.3-9）。

规划公共管理与公共服务设施用地 5.88 hm^2，占镇区规划建设用地的 2.72%，人均 2.45 m^2。集中在 S213 省道和 X012 县道沿线以及镇区北部、东部、西部 3 个组团内部。

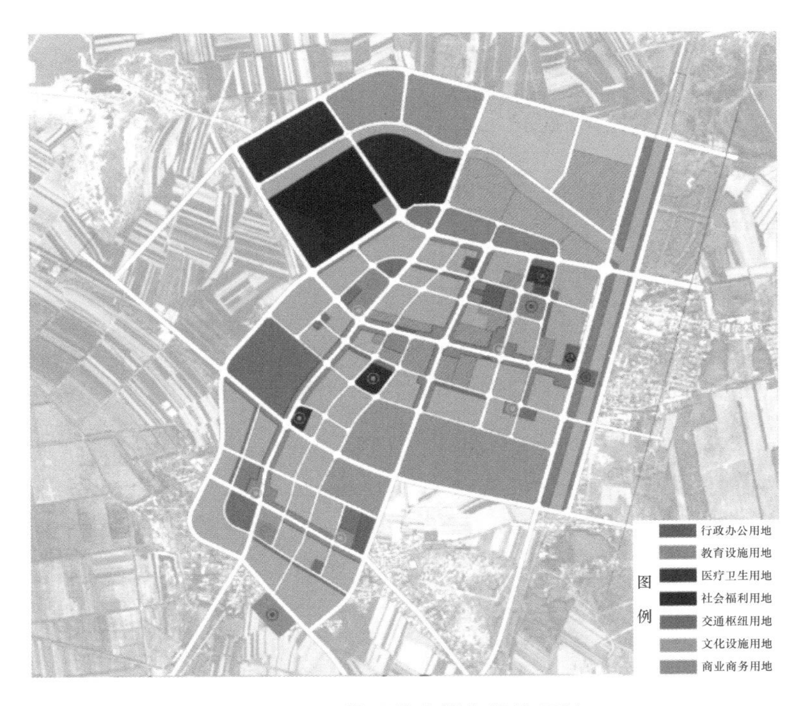

图 1.3–9 社区公共服务设施规划

3.3 社区绿化景观规划

社区绿地系统主要由公园绿地、广场用地和道路绿地组成。充分利用自然景观和废弃地，结合旧区改造、新区开发，规划社区绿地系统形成“一廊一带、三心四点”的布局结构（图 1.3-10）。

“一廊”：新肇社区和新站社区交界处的东西向生态走廊，将自然生态引入片区内部，同时作为东西向的视线通廊。“一带”：铁路沿线的防护绿化带，隔绝铁路噪声以及不良视线等干扰，美化铁路沿线景观的同时丰富城镇景观。“三心”：一是将片区内现有的苗圃改造成森林植物公园，作为片区最大的公共绿心；二是新肇社区行政办公中心区域附近的绿化场地，作为新肇社区的绿地中心建设；三是新站综合服务区域附近的绿化场地，作为新站社区的绿地中心建设。“四点”：规划建设 4 处口袋公园，这些公园可达性好，充分渗透在居民日常生活中，提高了城镇的整体绿量。

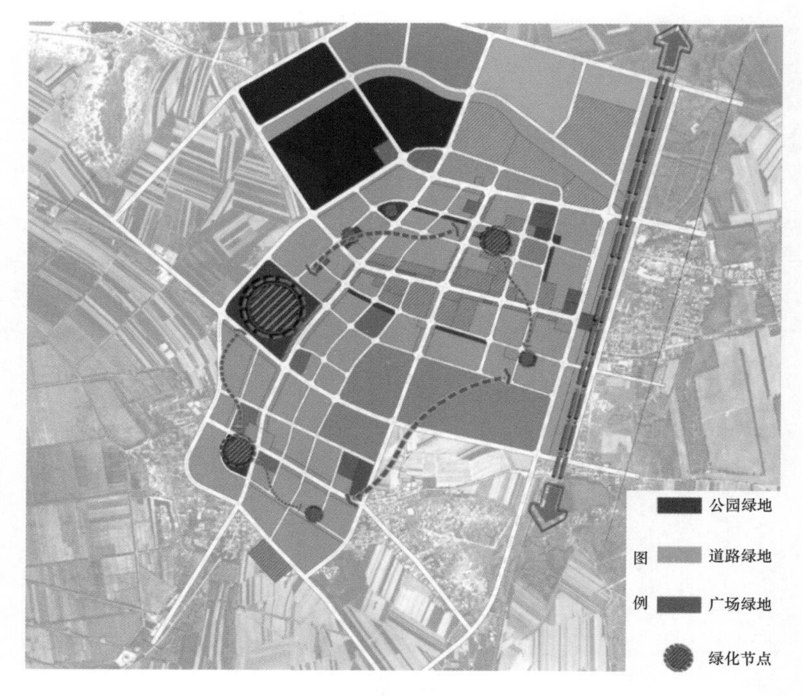

图 1.3–10　社区绿化景观规划

3.4　节点优化设计

对新站广场以及附近街道现状风环境进行模拟分析（图 1.3-11），进而提出新站广场街区的优化设计策略。

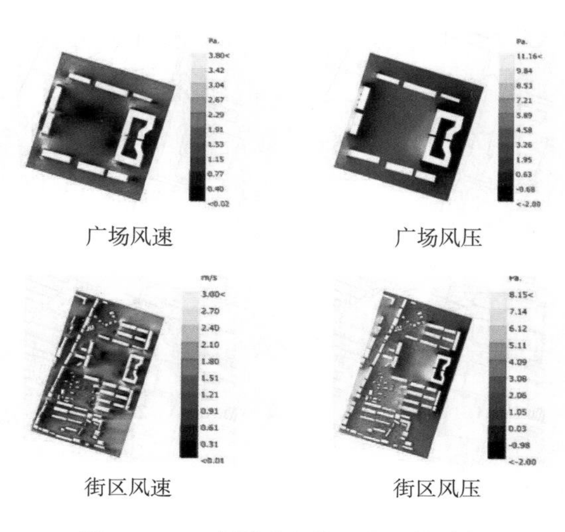

图 1.3–11　新站广场街区风环境现状

（1）控制街区西北侧方向，在减少开口保证防风性能的同时适当强化冬季西北来风时街区的通风能力。具体操作为将广场南北两侧的东西向道路与广场西侧的东北—西南走向主干道打通连接，在保证街道其他部分以及广场控制风速的前提下确保空气流通，达到通风廊道的效果。

（2）将杂乱的单层建筑群改为多层住宅，营造有利于整体街区通风的空间条件。

（3）控制街区西南侧方向，加大开口从而保证夏季街区的充分通风能力。具体操作为加大建筑西南侧间距，引导风贯穿整个街区，进而达到通风并调节局部微气候的效果。

（4）为应对局部气流的狭管效应，需要在建筑物内凹的部分以及建筑群西北方向开口处种植树木以缓解风速，在保证通风的前提下提升行人的舒适性以及人居环境的宜居性。

3.5　建筑风貌管控引导

对重要公共空间节点，结合当地对商业街项目的期望及对周边实际情况的调研，通过消费人群的定位及合理的功能规划方式将居民体验做到极致，用简洁、文化、传统的设计元素构建新面貌的商业步行街格局，在有限的空间里用性价比较高的方式满足居民的新时代商业化需求，让人在小镇生活中获得一个商贾繁荣之地（图 1.3-12，图 1.3-13）。

图 1.3–12　新肇–新站社区中心广场效果

图 1.3–13　新肇–新站社区整体鸟瞰效果

第二章　华北寒冷地区村镇社区规划设计案例

本章共 14 个村镇社区案例，其中 9 个案例位于平原传统旱作区，3 个案例位于丘陵台田农作区，2 个案例位于山地台田农作区（表 2-1）。在村庄类型方面，这些案例主要为集聚提升型、拆迁撤并型和城郊融合型 3 类村庄。在规划类型上，这些案例主要以详细规划（村庄规划）、战略规划、专项规划（生态空间规划）、概念规划（田园综合体）为主。

表 2–1　华北寒冷地区村镇社区规划设计案例汇总表

序号	项目名称	规划类型	地貌及农作类型
1	山东省鄄城县阎什镇乡村振兴战略规划	战略规划	平原传统旱作区
2	山东省单县浮岗镇乡村振兴战略规划		
3	山东省单县浮岗镇小王庄村村庄规划	详细规划	
4	山东省平原县王打卦镇康熙探花庄园田园综合体概念规划	概念规划	
5	天津市武清区黄花店镇生态空间规划	专项规划	
6	天津市武清区黄花店镇甄营村生态空间规划		
7	山东省潍坊市峡山生态经济开发区北辛庄村生态空间规划		
8	山东省高唐县杨屯镇生态空间规划		
9	河北省南和区河郭乡南张庄村生态空间规划		

续表

序号	项目名称	规划类型	地貌及农作类型
10	山东省沂源县悦庄镇两县村乡村振兴战略规划	战略规划	丘陵台田农作区
11	山东省荣成市荫子夼社区乡村振兴胶东样板策划与规划	概念规划	
12	北京市平谷区大华山镇砖瓦窑村生态空间规划	专项规划	
13	北京市延庆区张山营镇靳家堡村村庄规划	详细规划	山地台田农作区
14	北京市平谷区大华山镇麻子峪村生态空间规划	专项规划	

案例 1 山东省鄄城县阎什镇乡村振兴战略规划

1. 项目概况

阎什镇属菏泽市鄄城县，位于鄄城县东南部。阎什镇现辖 30 个行政村，87 个自然村，镇域人口约 6 万人，镇区户籍人口约 1.14 万人，全镇总面积 67.98 km^2，耕地面积 6.5 万亩。阎什镇镇域对外交通发达，形成了以铁路、高速公路、省道为主，以县乡道为辅的框架。阎什镇域内有京九铁路、德商高速公路、省道巨鄄路 3 条交通干线，同时，鄄城火车站、高速公路出入口均设在镇域内。京九铁路穿境而过，设有客货站；德商高速贯穿南北；东临 220 国道，鄄巨公路横穿东西，旅游路纵贯南北，形成高速公路、铁路、国道、省道及县乡公路构筑的立体交通网络。地理位置优越，交通便利（图 2.1-1）。

2. 规划思路

在农业产业化和新型城镇化背景下，作为鄄城县乡村振兴示范区，阎什镇乡村振兴战略规划的重点在于解决以下 3 个方面的问题：

（1）产业怎么办？如何调整农业产业模式，促进产业振兴，实现产业兴旺？

（2）空间怎么办？镇域空间如何布局以适应农业产业结构调整，实现城乡融合发展？

（3）人怎么办？如何有序引导农村剩余劳动力迁移，实现人口的就地城镇化？

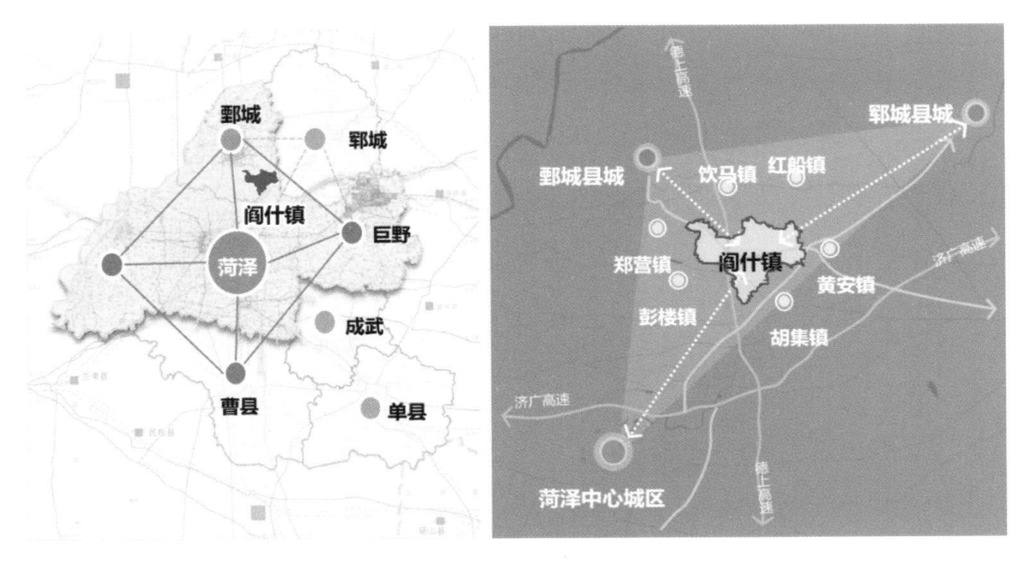

图 2.1–1 阎什镇微观区位

3. 规划要点

3.1 镇域产业发展模式

阎什镇以主粮生产为主，构建“种–养–加工–销售”一体化的主导产业链，包括订单农业种植新模式、“公司＋家庭农场”养殖模式、配套加工及订单销售模式，延伸农业产业链，打通全产业链（图 2.1-2）。即建立以“国赢农业”为依托的种植体系、以“温氏集团”为主体的养殖体系以及以农业废弃物资源化利用为目标的循环体系。

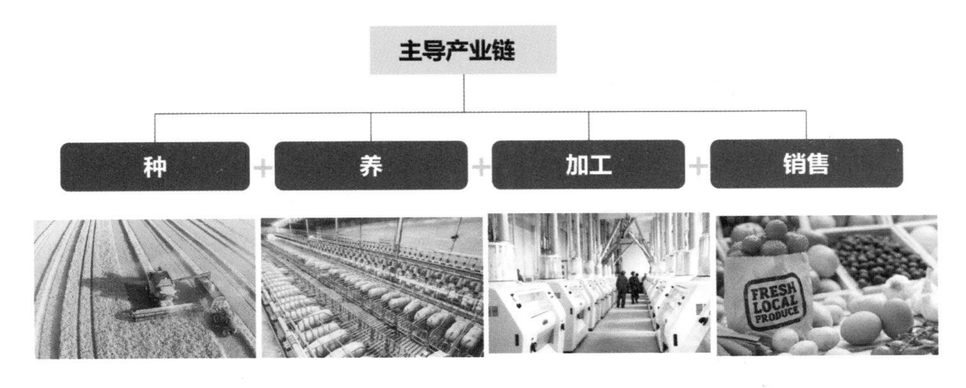

图 2.1–2 阎什镇产业链示意

种植区空间布局：在种植规模上，以农业合作社为单位，将土地适度流转给农业大户或家庭农场，实现土地规模化。空间上布局西部、东部、南部三大规模化种植区，面积分别为 17 200 亩、24 100 亩、13 000 亩，共 54 300 亩（图 2.1-3）。

图 2.1–3　种植区空间布局

养殖区空间布局：在养殖上，采用“公司＋家庭农场”合作模式，在西部、东部、南部 3 个规模化种植区共配置 25 处养殖基地，其中 3 处为种养循环设施点，养殖规模共计 1500 亩（图 2.1-4）。

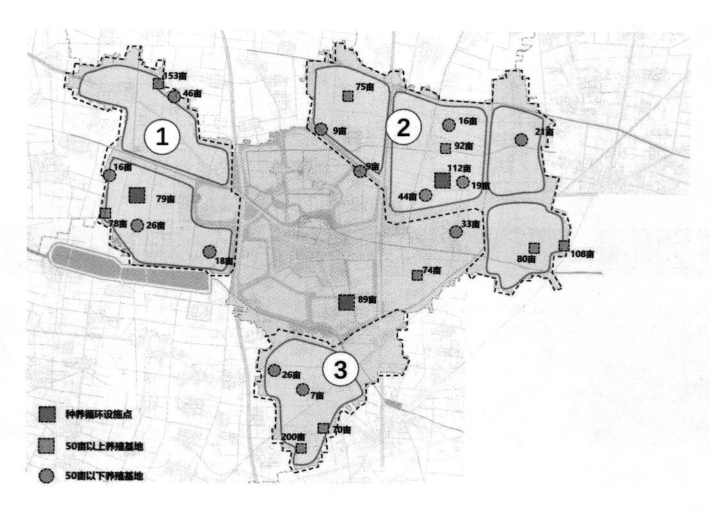

图 2.1–4　养殖区空间布局

种养加一体化：在发展规模种植、养殖的基础上，建设与之相配套的二产加工厂，延长农业产业链，提升农产品附加值。发展配套第二产业，推进种养加一体化，可以整合农村资源，催生农业新业态，拓宽农民增收渠道（图 2.1-5）。

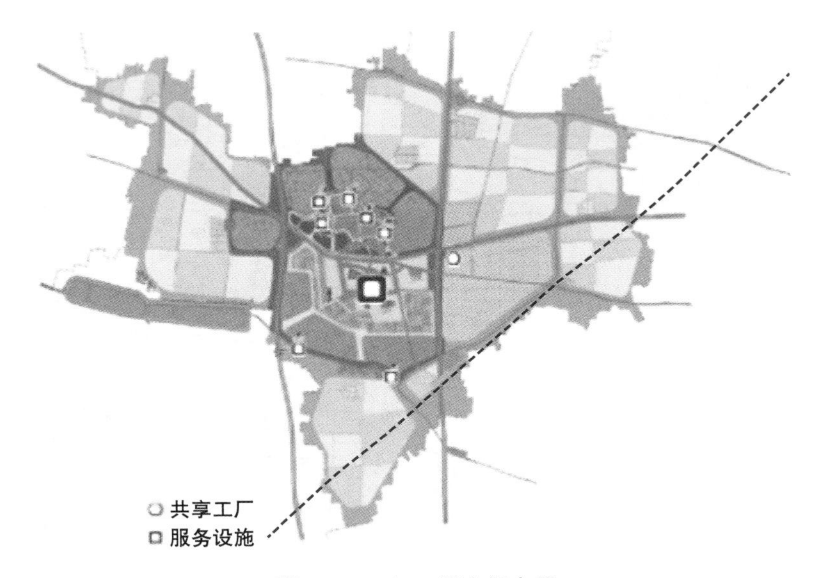

图 2.1-5　加工厂空间布局

以农业废弃物的资源化利用为基础，构建种养加一体化的资源能源循环利用体系，形成“三生”一体发展模式，实现整个“三生”系统物质能量的自给、自洽、自循环。在西部种养区、东部种养区、南部种养区分别布局一个资源能源循环站，占地分别为 55 亩、60 亩、50 亩（图 2.1-6）。

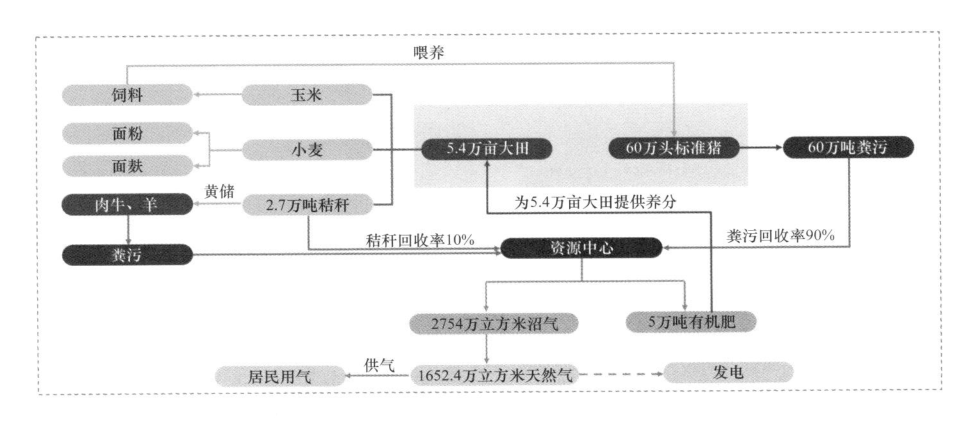

图 2.1-6　阎什镇物质循环利用体系

3.2 镇域人口迁移引导

按阎什镇主导产业链产业需求，预测第一产业及与农业服务有关的第三产业可带动5000余人就业。其中规模农业可带动近4000人，家庭农场可带动600余人，田园综合体相关服务人员近700人。以带眷系数1.5来统计，预测未来阎什镇农村人口约1万人（图2.1-7）。

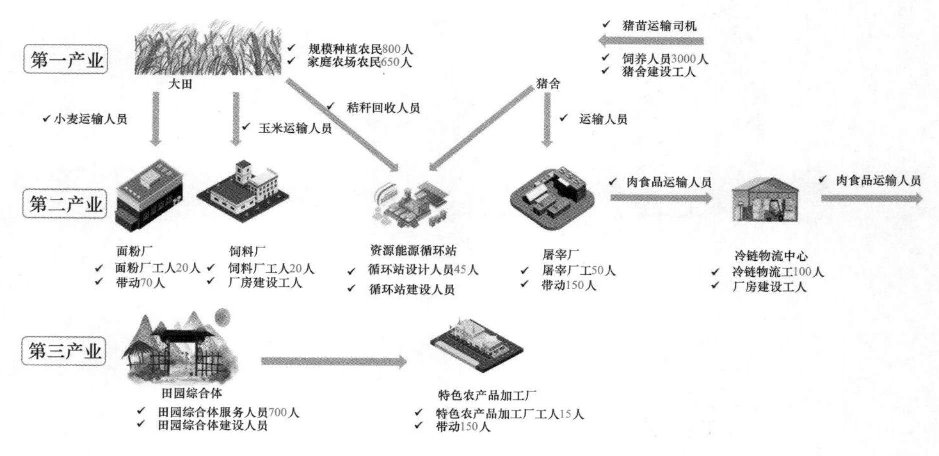

图2.1-7　阎什镇第一、二、三产业带动就业人口

以城镇就业岗位预测阎什镇镇区人口，考虑镇区用地规模、工业企业市场趋势以及本土农业产业初加工，综合预测未来城镇可提供近12 000个就业岗位，有近3万城镇人口居住（图2.1-8）。

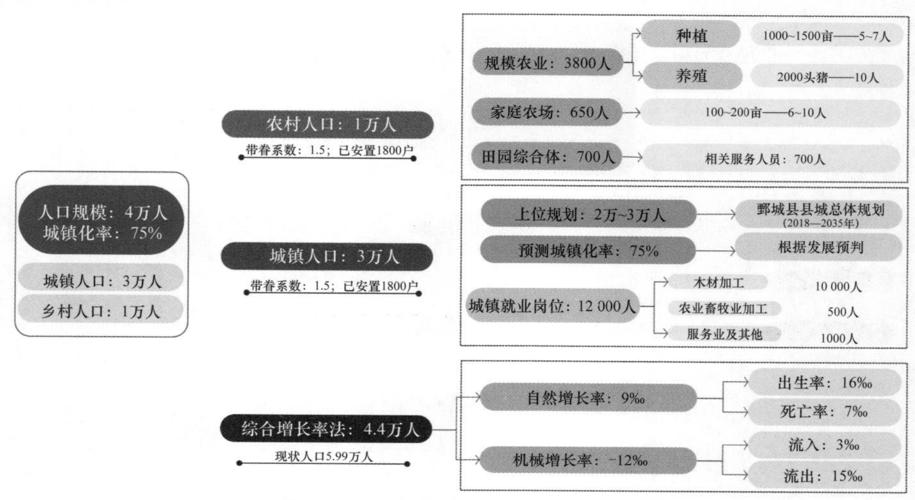

图2.1-8　阎什镇人口规模预测分析

当前，阎什镇镇域人口约 6 万人，镇区人口约 1.14 万人。在不考虑外来人口迁入的情况下，按上述农业产业化方式，未来将有约 1 万人留在农村地区，约有近 2 万人流向镇区，实现就地城镇化，还有近 2 万人向镇区之外的其他地区迁移。

3.3　镇域空间布局重构

（1）规划理念

以自然禀赋和城乡社会经济发展为基础，优化乡村“三生”空间，统筹城乡融合发展格局，促进城乡要素双向流动，加快基础设施互联互通，实现公共资源合理配置，打造乡村振兴“阎什样板”。

构建“城-社区-农庄”三层空间结构，促进资本、土地、劳动力等生产要素在城乡间双向流动、平等交换、良性循环，实现基础设施互联互通。推动公共服务向农村延伸，加快推进镇村基本公共服务的标准化、均等化。推动公共资源合理配置，整体谋划，整镇推进。

（2）镇域规划布局结构

在镇区布局上，环镇区布局低碳循环示范区、智慧农业示范区、农业科技体验区、特色生态种植区和四季风情体验区，结合田园综合体布局稼穑趣园、美食驿站、农创工坊等，在种养循环区域引入温氏集团、国赢农业等社会资本进行运营，在镇区东侧建设共享工厂（图 2.1-9）。形成“一带三区，一核多点”的空间结构：“一核”是指镇区综合服务核；“一带”是指沿着省道和雷泽湖-沙河形成的田园发展带；“三区”分别是指规模种养区、田园综合体和生态涵养区，其中规模种养区位于镇区的西侧、北侧和南侧，田园综合体环镇区布局，生态涵养区位于镇区的东南角（图 2.1-10）。

（3）镇域规划村庄布局

为促进居住融合，规划形成“镇区-社区-农庄”的居住体系，根据《乡村振兴战略规划（2018—2022 年）》，将阎什镇村庄划分为集聚提升类村庄 7 个、特色保护类村庄 7 个、搬迁撤并类村庄 53 个。构建“1 ＋ 7 ＋ 7”模式：在镇域内形成“1 ＋ 7 ＋ 7”的空间体系，其中“1”是指 1 个镇区，第一个“7”是指 7 个社区，第二个“7”是指 7 个农庄。

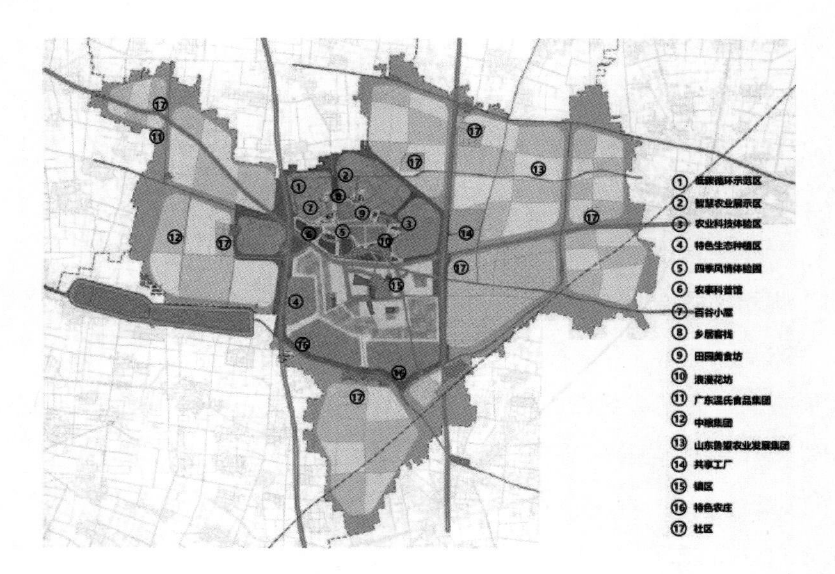

图 2.1-9 阎什镇规划结构图

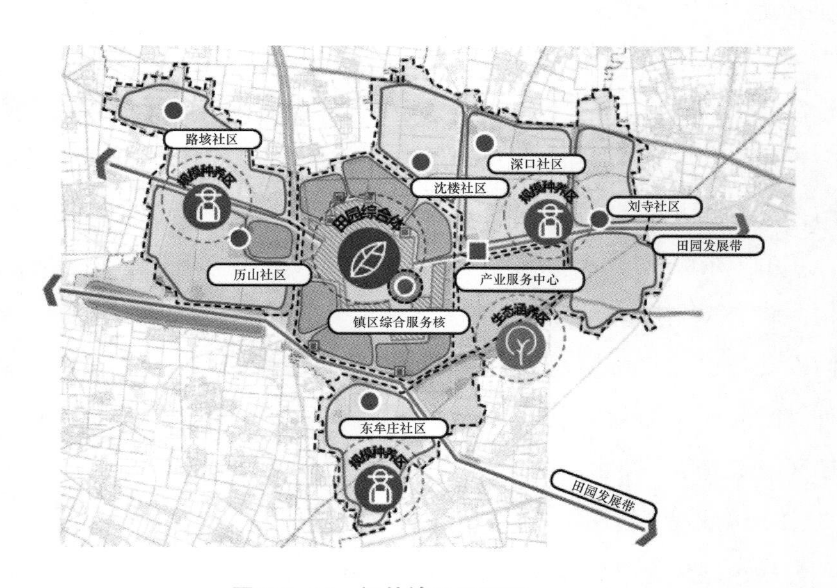

图 2.1-10 阎什镇总平面图

其中，规划镇区人口 3 万人；7 个社区的每个社区人口规模 1000 ～ 2000 人，建设用地面积 100 ～ 300 亩；每个农庄人口规模 200 ～ 300 人，建设用地面积 50 ～ 80 亩（图 2.1-11，图 2.1-12）。

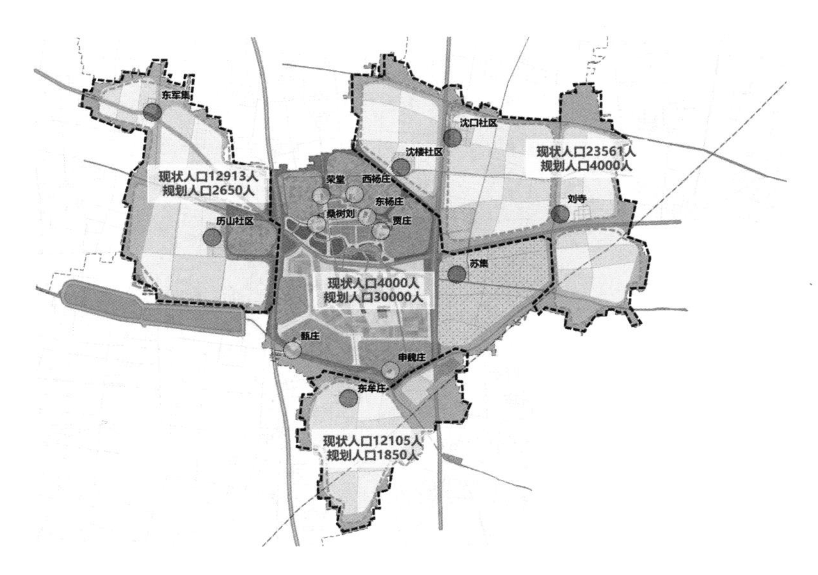

图 2.1–11　阎什镇村镇空间布局

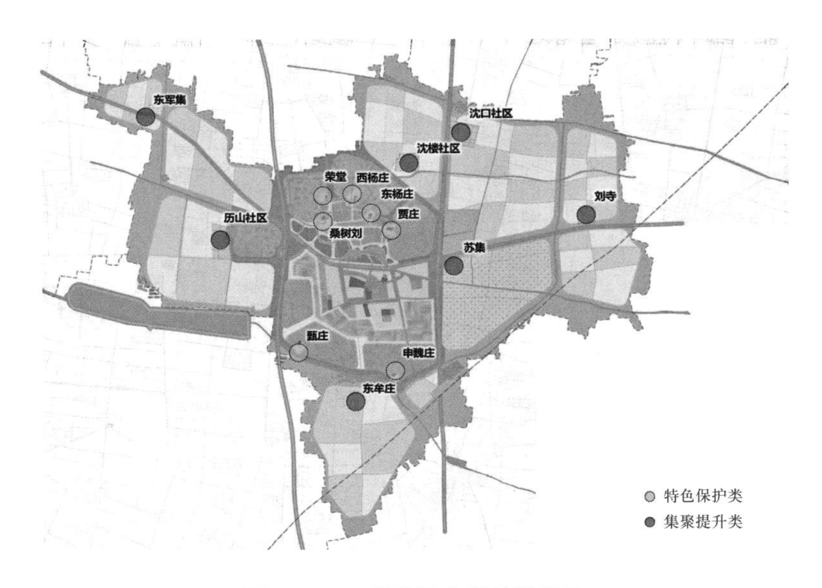

图 2.1–12　阎什镇合村并居引导

（4）镇区空间用地布局

镇区空间用地布局规划见图 2.1-13。镇区空间结构为“一主三次”，“一主”为一个综合服务核心，“三次”为三个片区服务中心（图 2.1-14）。

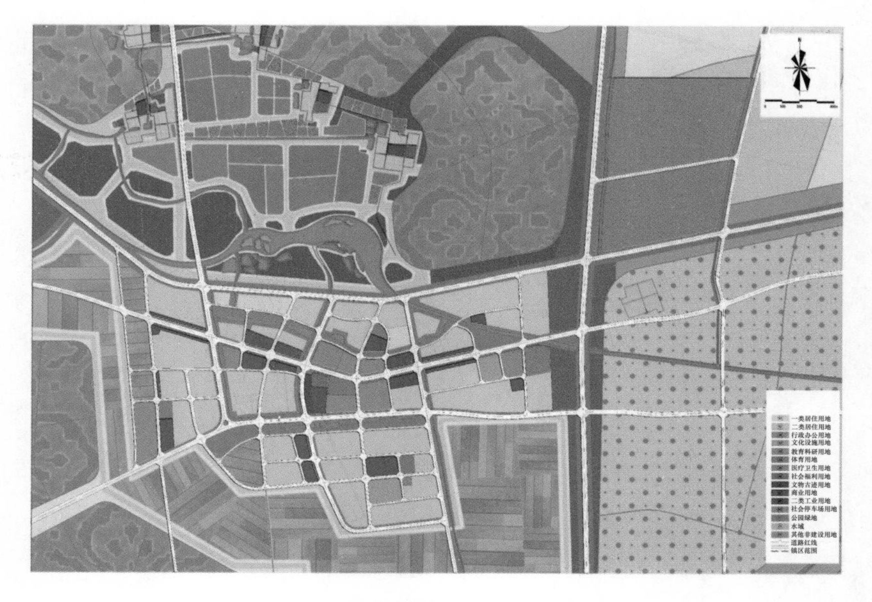

图 2.1-13　阎什镇镇区空间用地布局规划

图 2.1-14　阎什镇镇区用地规划

（5）产居单元模式创新

在产业融合方面，提出两类不同的发展模式：一种是以社区为主体的“社区-种植单元”模式，另一种是以田园综合体为主体的“农庄-田园综合体”模式。“社区-种植单元”模式以 5000 ～ 10000 亩的基本规模单元为基础，将其划分为生活空间、生产空间和生态空间 3 类。生活空间主要包括居住生活、医疗养老、文化教育、商业服务等相关设施；生产空间包括养殖基地、临时仓储空间、农机存储空间等；生态空间一般占比超过 90%。在“农庄–田园综合体”模式中，重点打造特色农庄。其中包含 15% 的生活空间和 85% 的生态空间，生产空间由定制农场、生态绿地和水系等组成（图 2.1-15）。

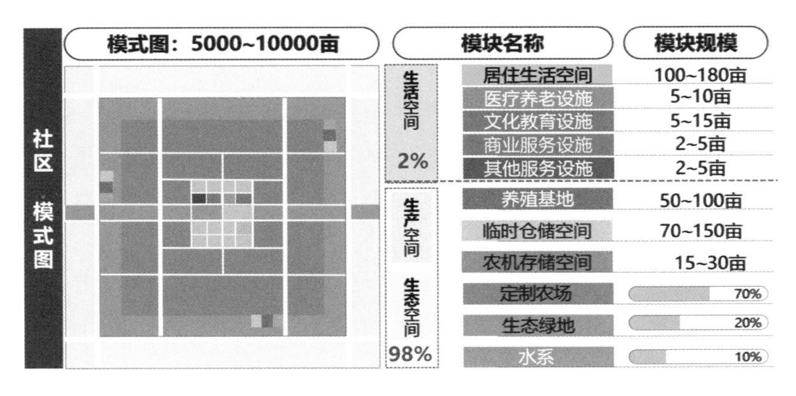

图 2.1-15　阎什镇产居单元模式

案例 2 山东省单县浮岗镇乡村振兴战略规划

1. 项目概况

浮岗镇，隶属于山东省菏泽市单县，共有 31 个行政村，镇域内水资源丰富，河流众多，旱能浇，涝能排，发展农业具有得天独厚的条件，是山东省平原粮食主产区。浮岗镇位于山东、江苏、河南、安徽四省八县交界处，紧邻济砀高速，区域地理位置优势明显，是山东省新旧动能转换的示范区以及山东半岛城市群向中西部拓展腹地的枢纽区域，承担着鲁西崛起的重要功能（图 2.2-1）。同时，浮岗镇也是全国特色景观旅游名镇，镇内文化资源丰富，拥有黄河文化、孟渚文化和道家文化等传统文化，历史文化丰厚，有县级以上非物质文化遗产项目 10 个。

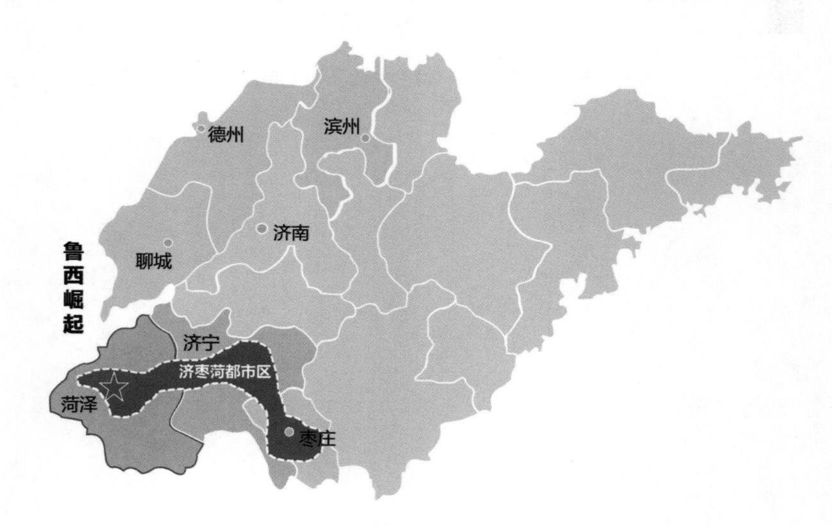

图 2.2-1 浮岗镇区位

浮岗镇属温带季风气候，生态区位条件良好，生态环境优越，引黄干渠贯穿镇域全境，水域面积辽阔，林、田、湖、草资源丰富，全镇森林覆盖率 56%。但镇域内森林资源空间分布不平衡，集中分布在东北部，南部森林资源较少。主要生态问题是湖区周围生态敏感性较高。用地现状见图 2.2-2。

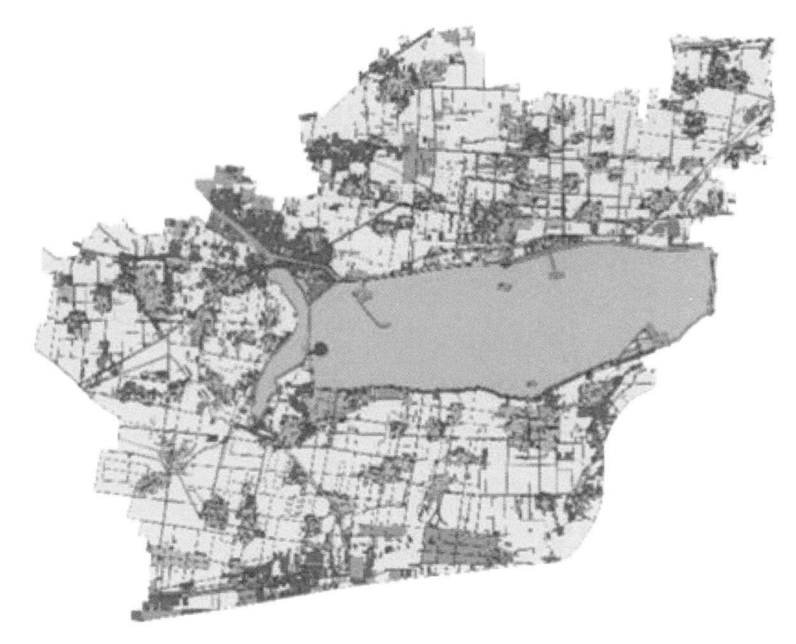

图 2.2-2　浮岗镇用地现状

2. 规划思路

浮岗镇乡村振兴战略规划主要包括生态引领战略、产业筑基战略和格局重塑战略 3 个方面。其中，生态引领战略包括生态环境治理、农业绿色发展、人居环境整治；产业筑基战略包括现代农业与全域旅游；格局重塑战略包括空间结构调整与生活圈体系构建。

3. 规划要点

3.1　生态引领战略

针对滨湖生态环境脆弱、农业污染严重和人居环境杂乱等问题，提出生态环境治理、农业绿色发展以及人居环境整治的策略。

（1）生态环境治理

在严守生态保护红线、落实永久基本农田保护制度的基础上，综合治理水、林、田、路，打造城中有水、村里有塘、蓝绿渗透、交织成网的蓝绿复合体系。总体打造“生态绿环＋生态绿廊＋生态绿斑”的三级绿地体系，营造镇域“两环两带一心”的镇域生态网络结构（图 2.2-3）。

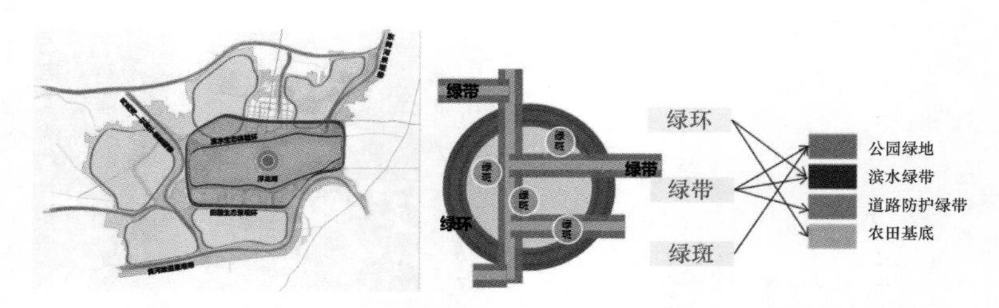

图 2.2–3　浮岗镇生态系统结构

（2）农业绿色发展

在农业绿色生产方面，发展生态绿色、高效安全的现代农业技术，深入开展节水农业、循环农业、有机农业、现代林业和生物肥料等技术研发，通过化肥减量、农药绿色防控、秸秆综合利用和地膜污染防治，促进农业提质增效和可持续发展。

在农业资源保护方面，通过“改土”行动、生态循环农业和节水工程实现农业资源保护。

在农业设施完善方面，完善农田排灌系统、联通田间路网、建立信息监测系统与农业设施配套（图 2.2-4）。

（3）人居环境整治

综合浮岗镇现状基础条件、村民意愿以及上位规划引导，根据《山东省村庄规划编制导则》《山东省乡村振兴战略规划》等相关文件，将浮岗镇村庄划分为集聚提升类村庄 8 个（集聚发展类 5 个、存续提升类 3 个）、特色保护类村庄 3 个、搬迁撤并类村庄 17 个（图 2.2-5）。

第一，深入开展“农村四好公路”建设，实现穿村公路和村内主干道公路硬化全覆盖，实现农村道路硬化“户户通”。第二，处理好农村污水，改善农村人居环境，保护生态环境。第三，推进农村清洁供暖，在继续鼓励实施“电代煤”“气代煤”的同时，推广生物质燃料，实现镇域农村清洁供暖全覆盖。第四，加强农村饮用水源地保护，集中开展水源地整治，改善水源地水质，实现城乡供水同质（图 2.2-6）。

3.2　产业筑基战略

针对农业产业链尚未形成、旅游业服务配套产业较为落后等问题，依托浮岗特色生态资源与产业发展条件，围绕乡村振兴战略，以规模种养一体化产

农业绿色生产

发展生态绿色、高效安全的现代农业技术，深入开展节水农业、循环农业、有机农业、现代林业和生物肥料等技术研发，促进农业提质增效和可持续发展。

化肥减量增效
- 测土配方施肥
- 水肥一体化
- 秸秆还田
- 增施有机肥
- 新型肥料替代

农药绿色防控
- 自动化、智能化田间监测网点
- 高效低毒生物农药补贴
- 专业化统防统治
- 航空植保机械

秸秆综合利用
- 秸秆还田、秸秆养畜
- 商品有机肥加工
- 秸秆养殖食用菌
- 生物质能源
- 新型材料

地膜污染防治
- 开发无污染可降解的生物地膜，替代聚乙烯农膜
- 大力推广适期揭膜技术
- 生产者责任延伸制

农作物化肥、农药利用率达到 **50%以下**

农作物秸秆综合利用率达 **95%**

废弃物农膜回收利用率 **100%**

农业资源保护

“改土”行动
- 基本农田红线不动摇
- 推广秸秆还田、土壤改良、病虫害绿色防控等技术
- 耕地轮作
- 中低产田改造
- 高标准农田建设

实现耕地数量、质量、生态“三位一体”

生态循环农业
- 调整优化农业结构，大力推广种养平衡、农牧结合，推进构建“资源—产品—废弃物—再生资源”的循环农业模式，增强农业可持续发展能力。

节水工程
- 工程节水：加快节水改造工程建设，积极推广管道输水、喷灌、滴灌等先进节水灌溉技术。
- 品种节水：抗旱耐旱作物的品种选用及栽培技术，如中麦36、石麦15、石麦22等。
- 农艺节水：发展水肥一体化、深耕机播、购膜覆盖等农艺节水技术。

土壤环境质量总体保持稳定，农用地和建设用地土壤环境安全得到基本保障

创建生态循环农业示范基地

农田灌溉水有效利用系数达到 **81%以上**

农业设施完善

图 2.2–4　浮岗镇农业绿色发展

业、特色化高端种养业和休闲农业为支撑发展现代农业产业链条，统筹规划村镇社区的产业布局空间，融合以浮龙湖为主体的生态体验基地、多元地域文化为核心的特色景观点以及以休闲农业体验为核心的农业特色发展全域旅游，打造“现代农业＋全域旅游”的农旅双驱产业发展模式（图 2.2-7）。

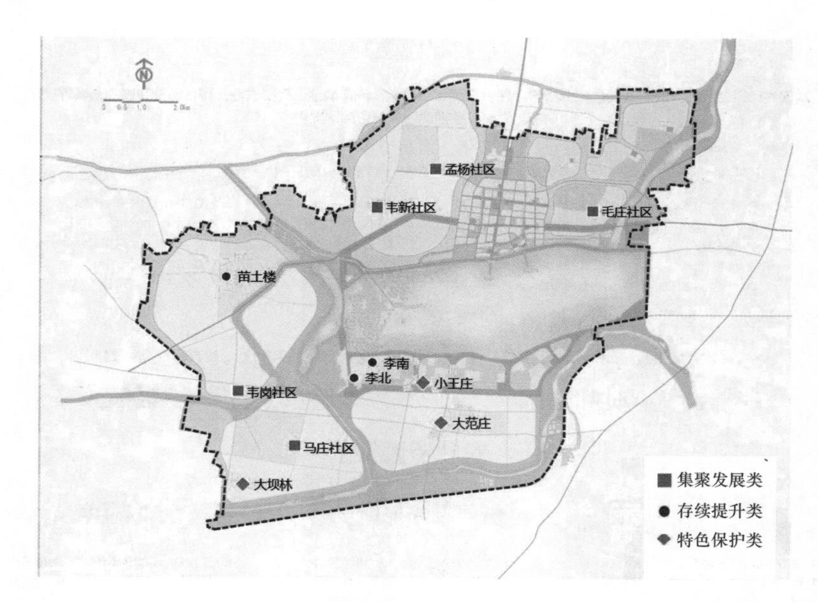

图 2.2–5　浮岗镇村庄居民点分类

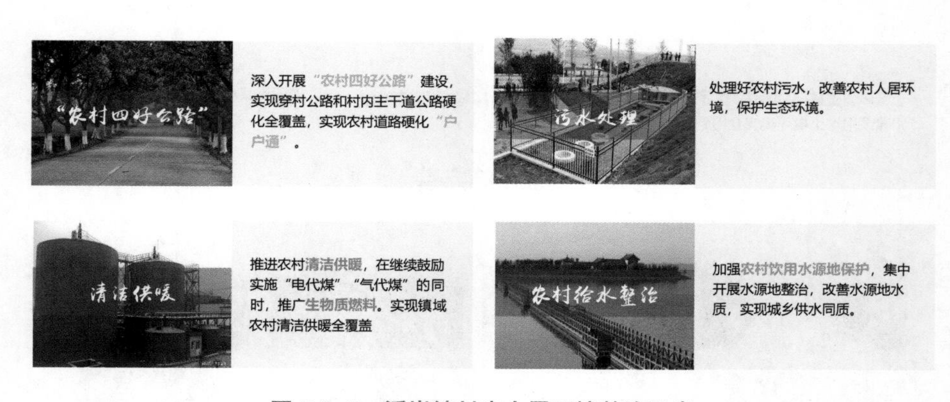

图 2.2–6　浮岗镇村庄人居环境整治示意

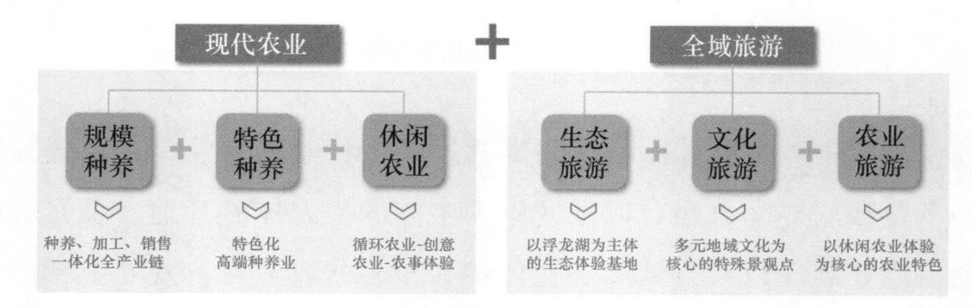

图 2.2–7　浮岗镇农旅双驱产业发展模式

现代农业方面，首先，规划引导农业绿色发展，扎实推进质量兴农、绿色兴农，不断强化绿色发展对乡村振兴的引领，走产出高效、产品安全、资源节约、环境友好的农业可持续发展道路。通过镇域镇村体系规划，统筹规划布局平原地区大规模种植区（图 2.2-8），与鲁望农业发展集团等公司合作，在镇域系统发展生态绿色、高效安全的现代农业技术，建设不同种类农产品的产业示范园区，搭建浮岗乡村振兴农业产业化联合体，助力农业产业化。其次，以浮岗镇的农耕文化为载体，打造特色的孟渚文化长廊、孟渚学堂等核心景点，建设创意农事体验园田园综合体。最后，利用水资源丰富的区域特点，发展特色养鱼产业园区，创建生态循环农业示范基地，提升经济效益。

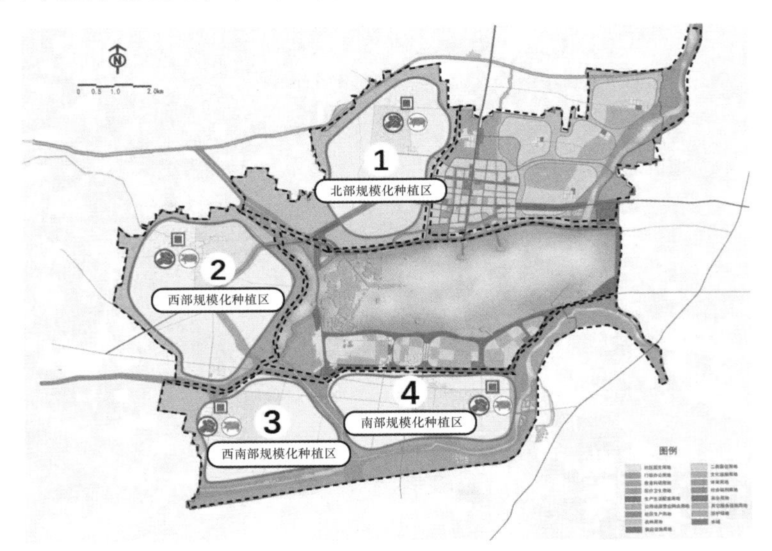

图 2.2-8　浮岗镇现代农业产业发展规划

全域旅游方面，整合旅游产业链，构建“浮岗文化风景旅游体系”（图 2.2-9）。充分挖掘各个环节的资源，通过资源整合，达到品牌效益的最大化。

3.3　格局重塑战略

（1）空间结构调整

浮岗镇域规划结构为“一轴一心双环双带”（图 2.2-10）：“一轴”是指镇中轴，自中心镇区向北延伸，承载浮岗精神；“一心”是指浮龙湖；“双环”是指浮龙湖沿岸生态环路以及田园产业环路；“双带”是指东舜河–黄河故道景观带和引黄干渠–月亮湾景观带。

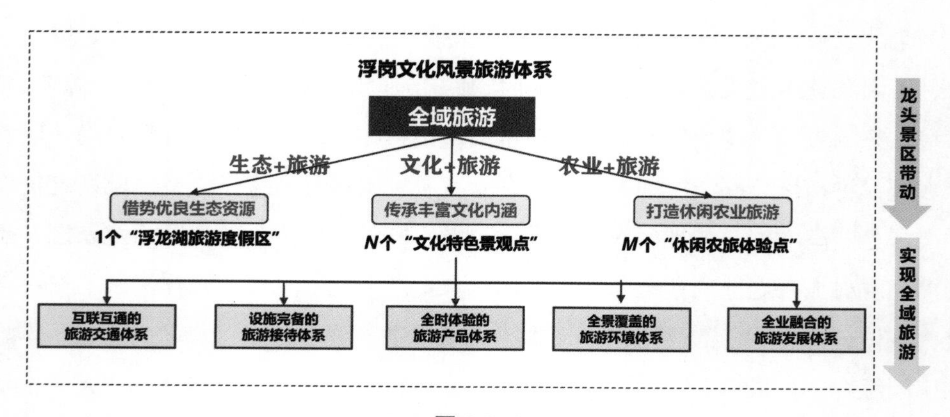

图 2.2-9

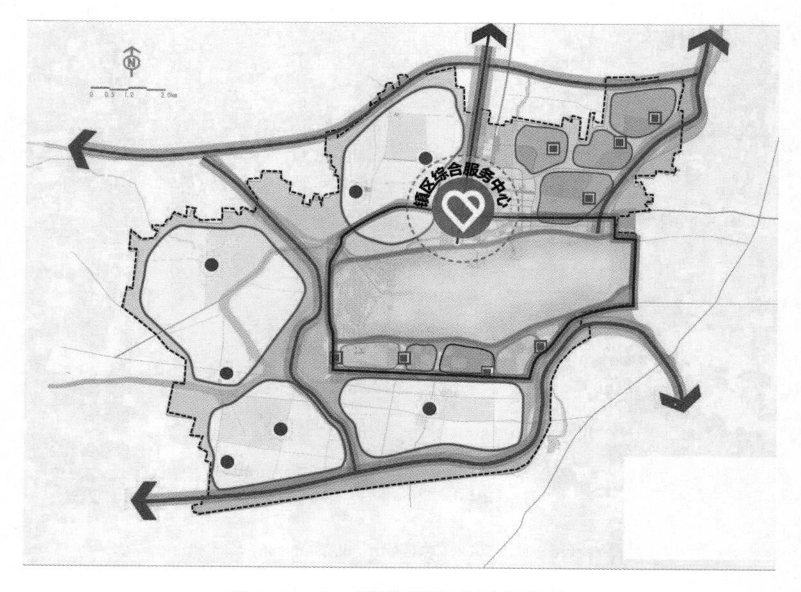

图 2.2-10　浮岗镇镇域规划结构

浮岗镇区的规划结构为“一心三轴一带六区”（图 2.2-11）：“一心”即镇区的综合服务核心，“三轴”即南北向迎宾路发展轴、两条东西路发展轴，“一带”即滨湖休闲生活带，“六区”即 6 个生活片区。通过优化用地布局，以期为居民提供“生态、活力、宜居”的居住空间。

（2）生活圈体系构建

立足浮岗本地，在公共服务设施建设方面，按照统一标准的城乡一体需求导向和精准配置、集约利用的布局原则，打造公共服务设施共享的城乡三级生活圈。5分钟生活圈包含教育、卫生、养老、体育、文化设施，10分钟生活圈包含商业、公园、交通设施，15分钟生活圈包含各类特色旅游服务设施，推进村镇社区功能不断完善、品质不断提升、环境不断改善。建设分质供水的水源利用系统、智能电网应用的分布式能源体系以及升级垃圾分类方式的绿色市政服务设施，通过不断改善村庄环境面貌，提升公共服务配套水平（图2.2-12，图2.2-13）。

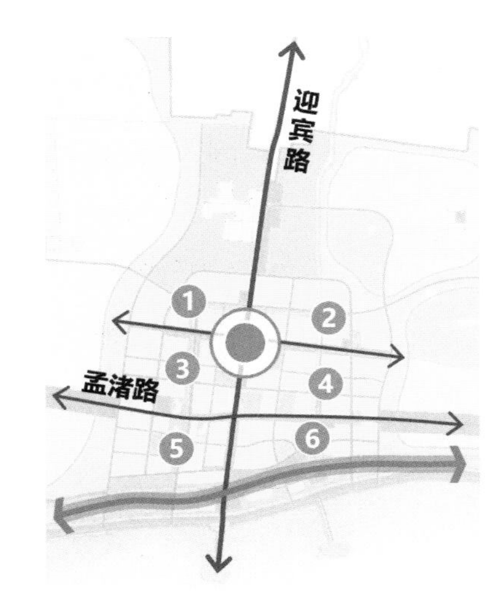

图2.2–11　浮岗镇镇区规划结构

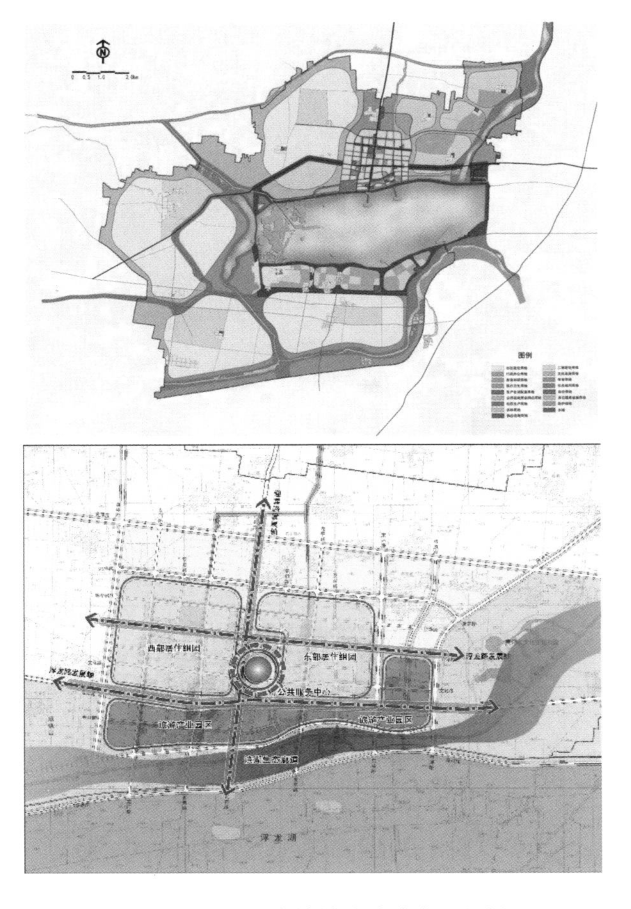

图2.2–12　浮岗镇镇域功能布局规划

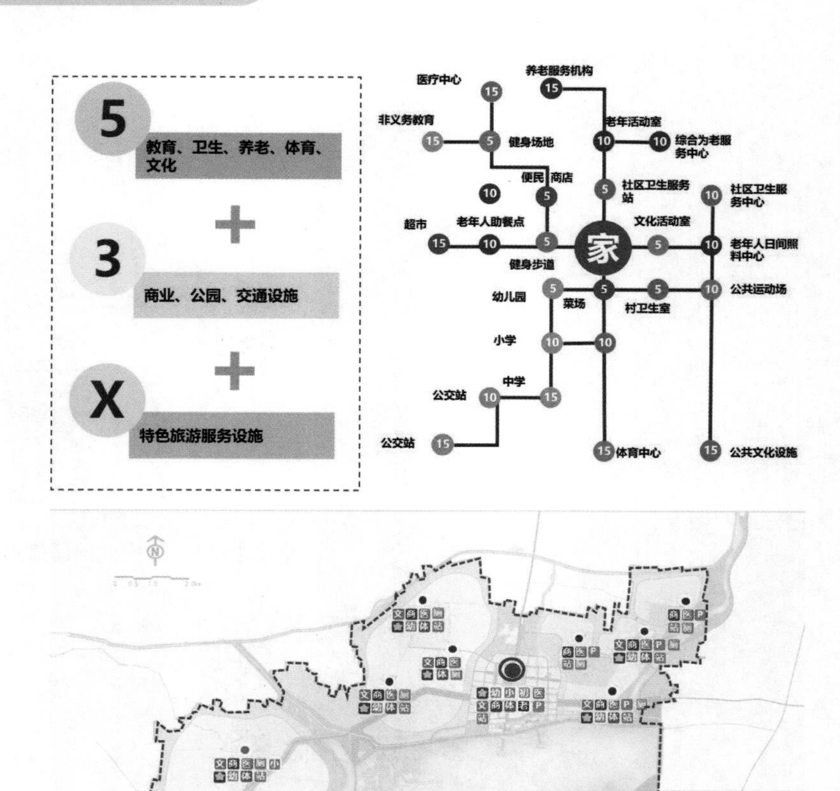

图 2.2–13　浮岗镇公用基础设施布局规划

案例 3　山东省单县浮岗镇小王庄村村庄规划

1. 项目概况

小王庄村位于单县浮岗镇，距浮岗镇镇区 4 km，距单县县城 25 km，北邻浮龙湖（图 2.3-1）。小王庄行政村包括小王庄村、小马庄村、前瞿庄村 3 个自然村（图 2.3-2），村域面积 127.50 hm^2，村庄户籍人口 1496 人，户籍户数 370 户。村

图 2.3–1　区位分析

图 2.3–2　村域综合现状

庄产业方面以第一产业为主，主要作物包括小麦、玉米，果蔬大棚种植有葡萄、西红柿、草莓、火龙果、辣椒。村民收入一般，以瓜果蔬菜大棚和传统农业种植为主，具有乡村旅游的发展潜质。

根据现状综合评估，小王庄村存在以下问题：产业经济发展缺乏动力，农民增收乏力；公共配套体系有待完善，品质有待提升；农村居民点布局相对分散，用地低效粗放；整体风貌有待提升，优势资源有待挖掘；基础支撑服务能力欠佳，设施有待更新；等等。

2. 规划目标

（1）助推产业联动发展，引导农民增收致富。增加农业附加值，提高农业收益，支持休闲农业和乡村旅游产业发展。种植农业方面推动农业机械化生产，提高农业产出，提升农产品质量，打造农业品牌。

（2）促进生态文明建设，打造宜居美丽乡村。结合市、县级生态廊道建设，公益林造林计划，河道整治计划，提高森林覆盖率，改善水环境，鼓励探索农林水复合模式，促进乡村生态文明建设。

（3）结合土地综合整治，促进“三生”融合发展。鼓励通过综合整治，增加有效耕地面积，提高耕地质量，促进基本农田集中连片，改善农村生产、生活和生态环境。按照耕地“占一补一”的原则，通过土地整治补充耕地。

（4）提升乡村服务水平，完善配套设施体系。结合农民集中居住情况，合理配置公共服务设施，以确保乡村治理相关办公需求和农民健身、娱乐等需求得到满足。落实市政公用设施、道路交通等用地诉求。

3. 规划要点

3.1　生态保护与修复

水域方面，规划以沟渠整治为主，全面优化村庄河流网络、水体净化，推动沟渠两侧生态化建设。规划至 2035 年，沟渠 1.47 hm^2，比现状减少 0.03 hm^2；林地方面，规划范围内现有林地面积 11.78 hm^2，林地占用基本农田问题比较严重，村庄内部的林地规模较小且分散。规划对占用基本农田的林地进行复耕，规划林地面积 7.40 hm^2，比现状减少 4.38 hm^2。沿主要道路布置道路绿化，形成林网（图 2.3-3）。

图 2.3–3　浮岗镇生态保护修复

3.2　农田保护与土地整治

耕地方面，规划保留永久性基本农田面积 84.07 hm^2，对基本农田内的林地、园地、设施农用地以及其他农用地在规划期末恢复为耕地（图 2.3-4）。建设用地

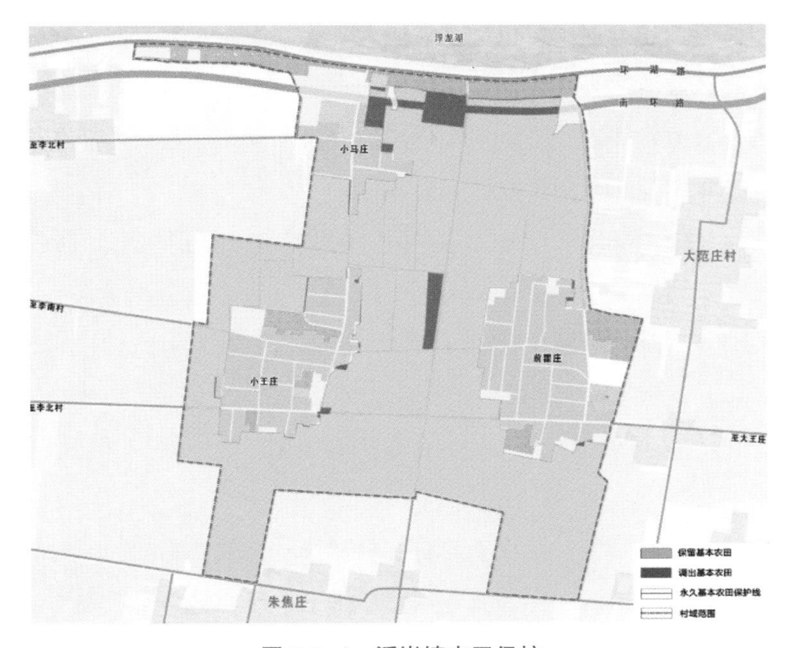

图 2.3–4　浮岗镇农田保护

方面，充分转化利用村庄内部林地、废弃宅基地等建设用地，用于村庄公共服务设施、基础设施建设以及产业发展（图 2.3-5）。

图 2.3–5　浮岗镇土地综合整治

3.3　*产业发展与布局*

以农业体验产业为抓手，以创新农业为支撑，旅游及配套产业结合浮龙湖旅游景点布置；以旅游业为主线，农业体验为主题，以达到“用三产促一产、提二产”的目的，大力发展农户经济，实现当地农村“以产业振兴带动乡村发展”的最终目标。产业发展与布局规划见图 2.3-6。

（1）农旅观光体验区：依托浮龙湖自然风景区，打造生态、居住、农业一体的体验区，带动小王庄村全面发展。

（2）高效大棚种植区：以特色蔬菜大棚种植为主，为小王庄村产业发展提供抓手。

（3）休闲采摘体验区：以休闲采摘园为基础，为小王庄村发展旅游业提供保障。

（4）美丽村居生活区：建设人与自然相协调、共融共生的美丽村居生活区。

（5）传统农业种植区：提高农业现代化水平，转变原有思想观念，创新种植方法，将现代化技术应用到实际种植过程中，为小王庄村发展提供最根本的保障。

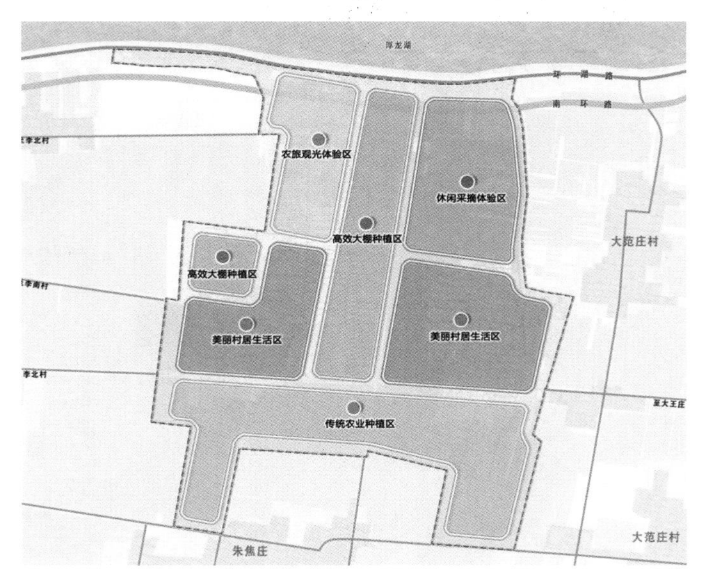

图 2.3–6　浮岗镇产业发展与布局规划

3.4　土地利用规划

小王庄村现状建设用地规模 26.08 hm^2，规划至 2035 年建设用地规模 29.91 hm^2。比现状建设用地增加 3.83 hm^2，其中区域基础设施用地增加 1.54 hm^2；规划农林用地 97.59 hm^2，其中水浇地面积增加 0.89 hm^2（图 2.3-7）。

3.5　公共服务体系规划

针对小王庄村公共服务设施现状存在的问题，提出了村庄公共服务设施发展策略：以人为本，推进美丽乡村建设，完善道路系统、公共服务设施、基础设施等，满足村民日益增长的美好生活需求。结合农民集中居住情况，合理配置公共服务设施，以确保乡村治理相关办公需求和农民健身、娱乐等需求。增加村庄游览设施用地，预留村庄产业用地。落实市政公用设施、道路交通等用地诉求（图 2.3-8）。

3.6　景观风貌规划

构建“一环一带三村三区”的景观风貌格局（图 2.3-9）：“一环”指沿环绕村庄主要道路的特色景观风貌轴，以旅游观光、田园休闲、特色采摘为主要功能；“一带”指沿浮龙湖景观风貌带，充分利用其优越的旅游资源优势，打造独具特色的美丽乡村；“三村”指小马庄村、小王庄村、前瞿村 3 个自然村（图 2.3-10）；“三区”包括田园风情体验区、特色大棚种植区、高效农业种植区。

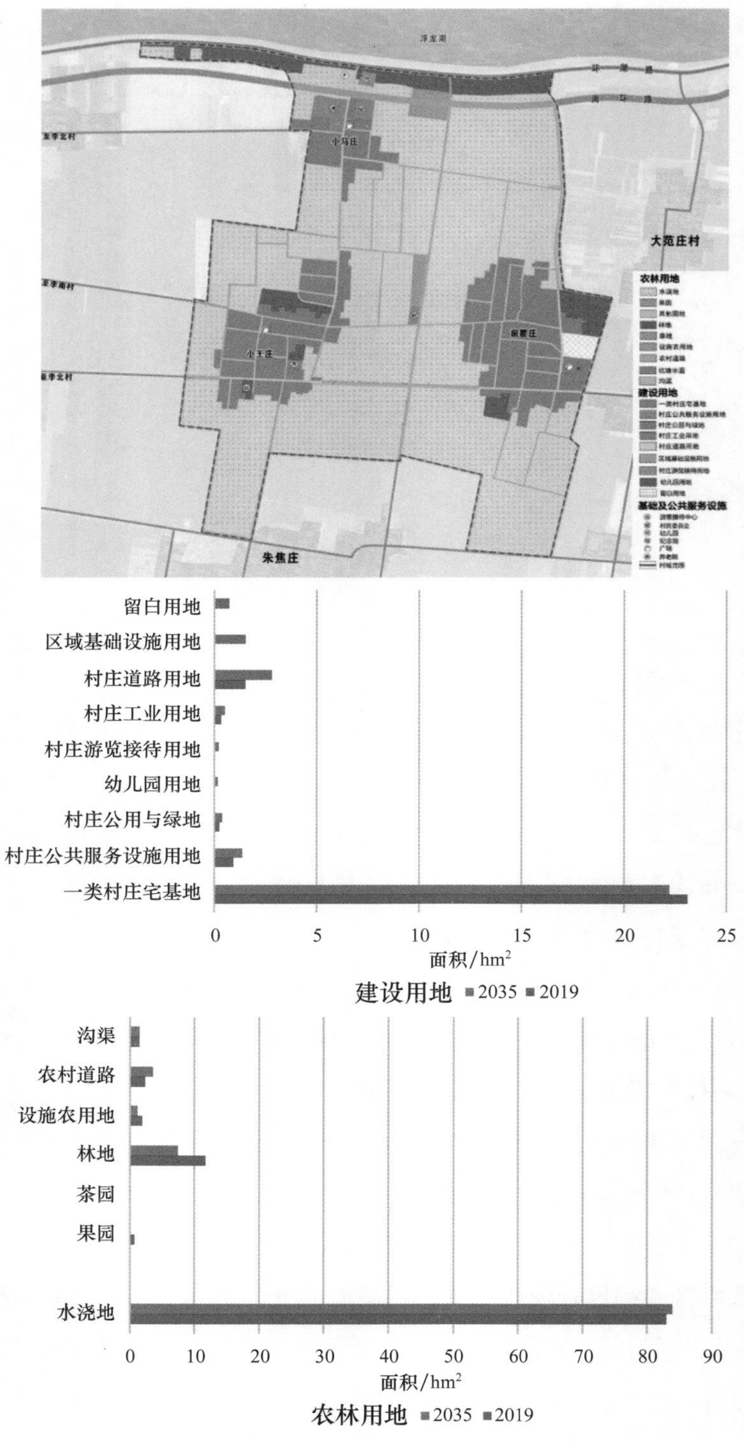

图 2.3–7　浮岗镇土地利用规划

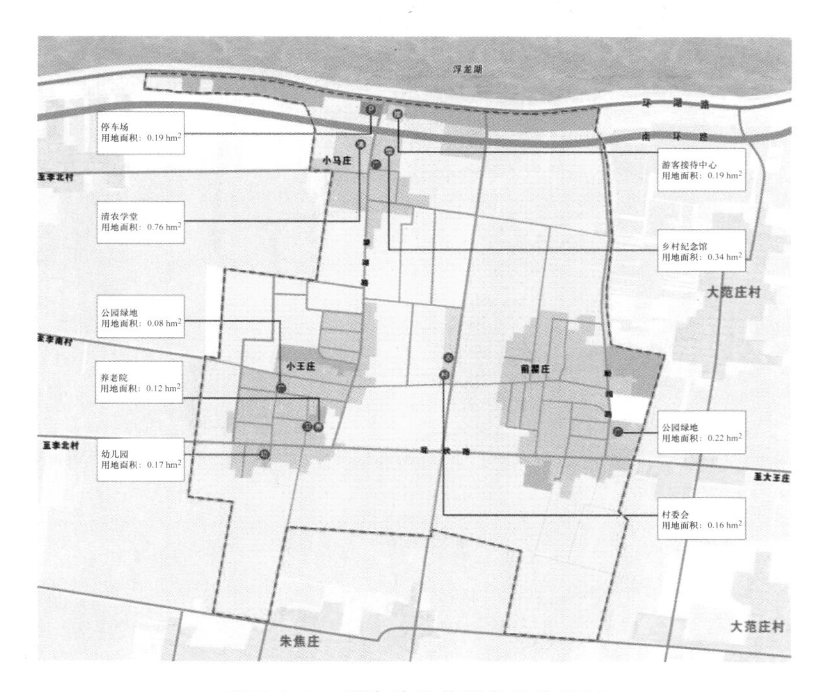

图 2.3–8　浮岗镇公共服务设施规划

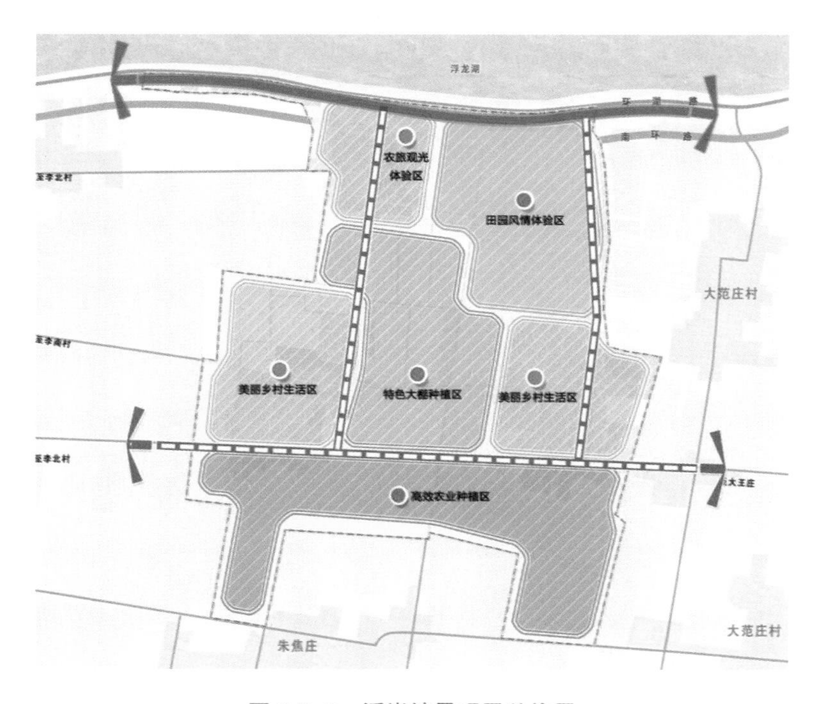

图 2.3–9　浮岗镇景观风貌格局

图 2.3–10　村庄规划平面图

案例 4　山东省平原县王打卦镇康熙探花庄园田园综合体概念规划

1. 项目概况

王打卦镇项目区隶属于山东省德州市平原县王打卦镇，地处德州市平原县西部，紧邻平原县城、德州市区。项目区共包含 11 个村庄，村庄建设用地面积为 134.72 hm^2，农田面积 534 hm^2，安置人口 5757 人，1619 户。在交通区位上，项目区邻近平原站、平原东站、德州东站和平原立交，位于平原县城和恩城镇之间，并处于省会济南 2 小时生活圈范围内，交通便利（图 2.4-1）。

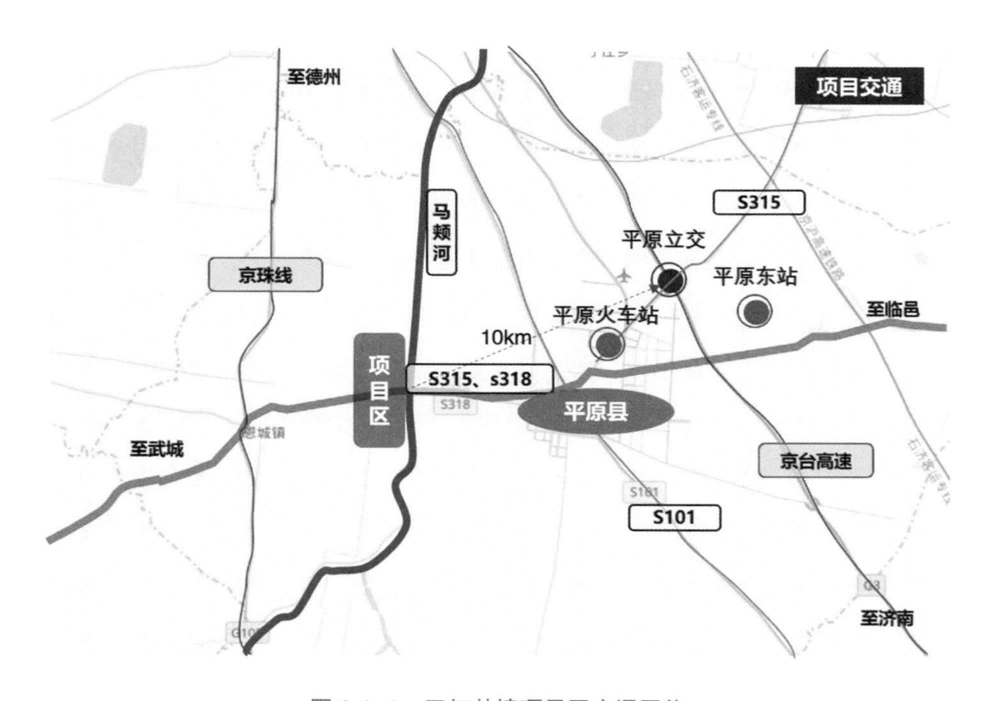

图 2.4–1　王打卦镇项目区交通区位

王打卦镇项目区紧靠山东第四大河——马颊河干流河道，内部坑塘、水网密布，水资源条件优越。产业方面，王打卦镇项目区以果树、花卉种植为特色产业，兼有粮食种植，产业链逐渐向第二、第三产业延伸（图 2.4-2）。

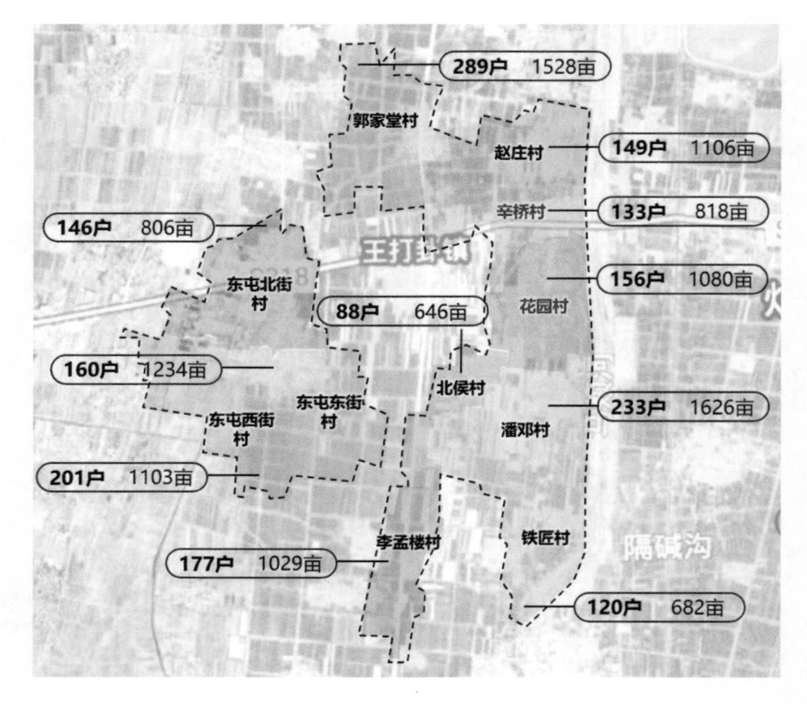

图 2.4–2　王打卦镇项目区村庄现状

2. 规划要点

王打卦镇项目区以合村并点为发展基础，着力打造乡村振兴鲁北样板，建成华北地区果品生产种植基地，创造山东省精品旅游文化大品牌，形成具有全国推广意义的乡村振兴工程。

2.1　规划结构

王打卦镇项目区规划了“一带串联、蓝绿环绕、核心引领、区域联动”的空间结构（图 2.4-3）。首先，结合马颊河，开展岸线整治和景观提升工程，构建生态本底，形成滨水特色风貌；其次，通过土地规模化流转，改善农业生产环境、生态环境和景观环境，展现田园花海、林果缤纷；再次，建设田园林网，提高森林覆盖率，打造四季景色，美化滨河景观；最后，形成蓝网、绿网、橙网，凸显河、湖、林、田、城格局，建构人与自然和谐共生的美丽环境。

2.2　生态空间规划

在生态空间层面，项目秉承“全面保护、合理利用，因地制宜、科学布局，注重文化、突出特色，全面规划、分期实施”的原则，使旅游开发与生态复兴、

图 2.4–3　王打卦镇项目区规划结构

环境保护相互促进。依托马颊河良好的生态环境，注重对原生自然环境的保护，通过发展旅游促进环境优化，通过环境保护来加速旅游发展，最终实现环境与旅游的可持续发展，形成“五大园区＋三条廊道”的发展模式。其中，“五大园区”包括荷花韵、花千里、芦苇荡、垂钓园以及水生植物园，“三条廊道”为滨河绿道、长林绿踪、科普长廊，共同构建集生态保护、湿地科普、休闲娱乐于一体的滨河湿地生态公园（图 2.4-4）。

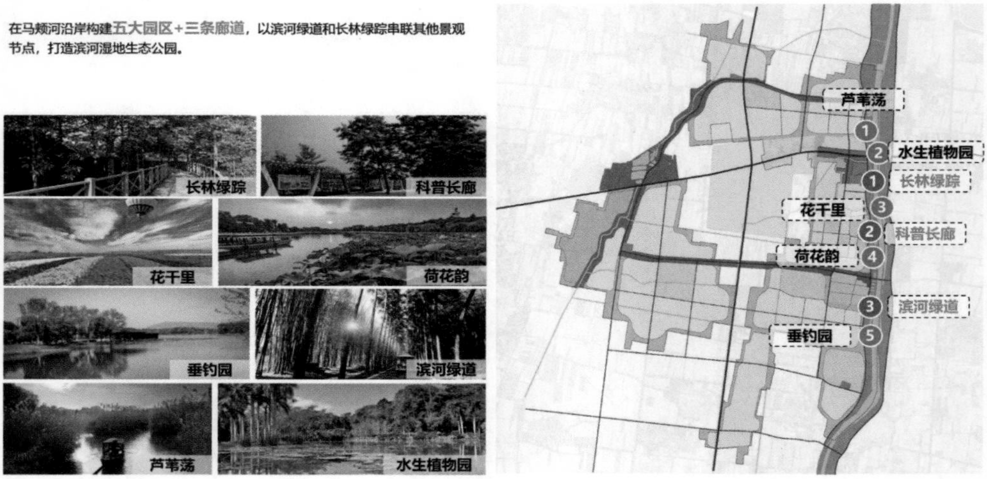

在马颊河沿岸构建五大园区+三条廊道，以滨河绿道和长林绿踪串联其他景观节点，打造滨河湿地生态公园。

长林绿踪 科普长廊 花千里 荷花韵 垂钓园 滨河绿道 芦苇荡 水生植物园

芦苇荡 1 2 水生植物园 1 长林绿踪 花千里 3 2 科普长廊 荷花韵 4 3 滨河绿道 垂钓园 5

图 2.4–4　王打卦镇项目区生态空间规划

2.3　生产空间规划

在生产空间层面，王打卦镇项目区规划形成六大区域，分别为粮食种植区、西瓜间作区、韭菜种植区、放心果园区、果药套种园区和中草药种植区（图 2.4-5）。并在居民安置的核心区域，形成“一核一带两轴两区”的空间结构，即综合服务核心、马颊河生态湿地体验带、综合服务轴、旅游体验轴、安置区及文化旅游区（图 2.4-6 ～图 2.4-8）。

2.4　生活空间规划

在生活空间层面，规划通过分析各村的宅基地情况和人口结构，基于平原县的分户政策，进行居民安置，并为单独居住的老人建立老年公寓。基于安置需要，将安置区域划分为 3 个部分，北侧和南侧为两个居住组团，中间区域为探花文化旅游区（图 2.4-9，图 2.4-10）。探花文化旅游区位于 315 省道南侧，交通

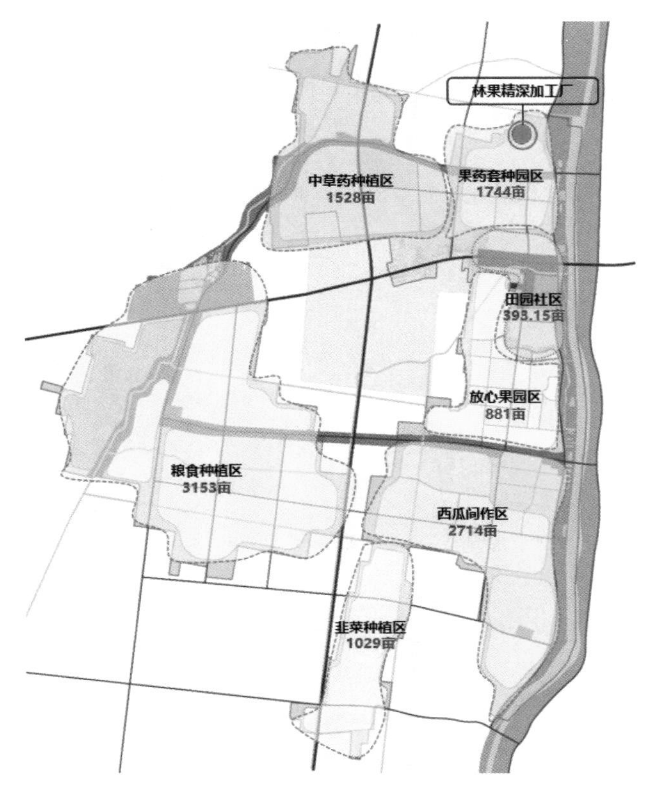

图 2.4–5　王打卦镇项目区园区分布

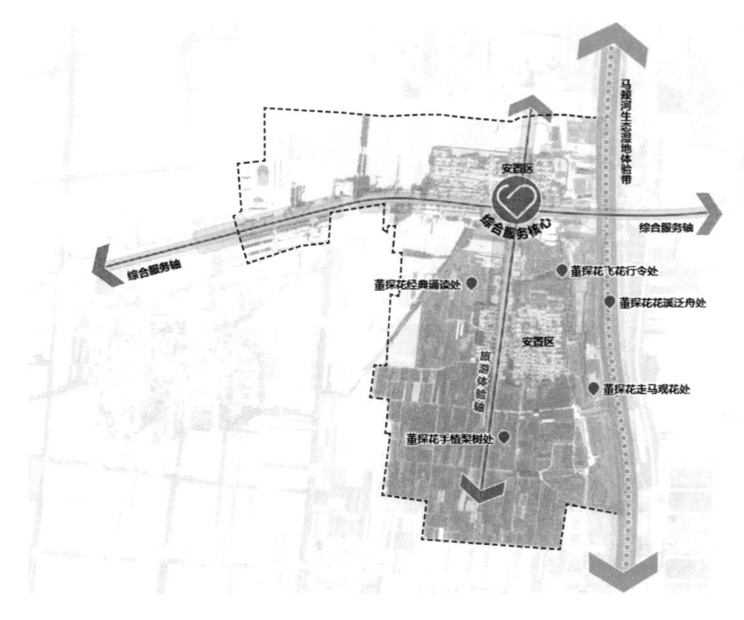

图 2.4–6　王打卦镇项目区核心区空间结构规划

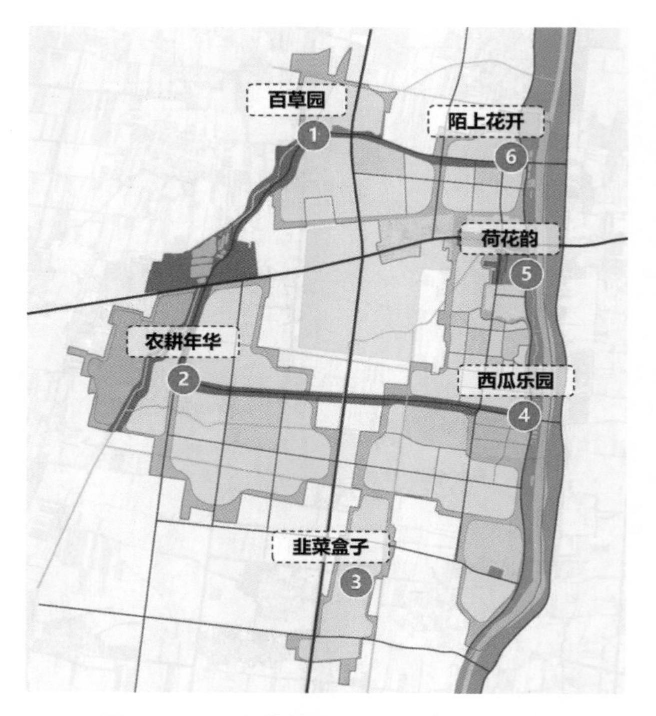

图 2.4–7　王打卦镇项目区田园综合体分布

图 2.4–8　王打卦镇项目区景观节点效果

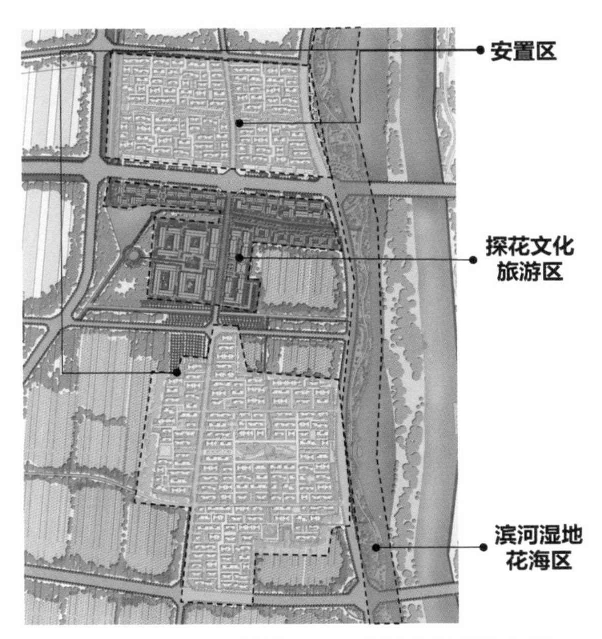

图 2.4-9 王打卦镇项目区生活空间功能布局

图 2.4-10 王打卦镇项目区生活空间总平面图

便利，紧邻马颊河，环境优美，且位于整片安置区的中部位置，便于服务南北两侧安置居民，具体包括：餐饮、工艺作坊、民宿、养老、文化等多种功能。居民安置区配套相应的公共服务设施，包括文化、医疗、养老、教育、集市、活动场地、停车等，为村民生产、生活以及旅游提供服务。

案例 5　天津市武清区黄花店镇生态空间规划

1. 项目概况

黄花店镇地处天津市武清区西南部，镇人民政府距武清城区 15 km。镇域总面积 53.17 km^2，下辖 22 个行政村，有户籍人口 24 681 人。黄花店镇交通便捷，对外交通依赖杨王公路与来鱼公路，同时京沪高速与 112 国道绕镇经过。镇区距京沪高速公路豆张庄出口 9 km，距 112 国道汊沽港出口 11 km，距京津塘高速杨村出口 15 km。

黄花店镇以农业种植为主，辖区内土质肥沃，农业水利与排污设施完备，以小麦与玉米为主要粮食作物。同时，蔬菜生产与畜牧养殖也是黄花店镇农业生产的重要组成，其中芹菜与西红柿是具有地方特色的品牌农产品。黄花店镇工业发展迅速，2019 年，黄花店镇有工业企业 123 个，规模以上企业 5 个，以医药化工、燃料化工、纸制品、不锈钢制品四大行业为主。此外，镇内有营业面积超过 50 m^2 的综合商店与超市 15 个。

黄花店镇镇区水系发达，镇域 60% 面积位于蓄滞洪区范围内，同时在蓄滞洪区堤坝外也有零星水系分布。因蓄滞洪区自然特性，黄花店镇土壤肥沃且水源充足，因此原生性植被覆盖情况优良，尤其水体附近植被类型丰富，生态环境得天独厚。

2. 生态敏感性与适宜性现状评价

基于黄花店镇的气温、降水、土壤质地、植被覆盖、坡度等自然生态情况，对黄花店镇进行生态脆弱性以及生态功能重要性评价，并综合得到生态敏感性评价结果。

黄花店镇无生态极脆弱区域，一般脆弱区则在镇域内广泛分布（图 2.5-1）。黄花店镇地处华北冲积平原下端，土壤成土母质多为永定河冲积物，土壤多为砂性土、壤质土与黏性土。虽然土壤疏松肥沃利于农业生产，但在缺乏植被覆盖的区域，尤其是人为活动频繁区域，比如在镇域内广泛分布的耕地与建设用地等，容易出现土地沙化与水土流失等生态问题。与之相反，在镇域南部及中东部等有较多林地与草地等生态空间的区域，生态脆弱性则较低。

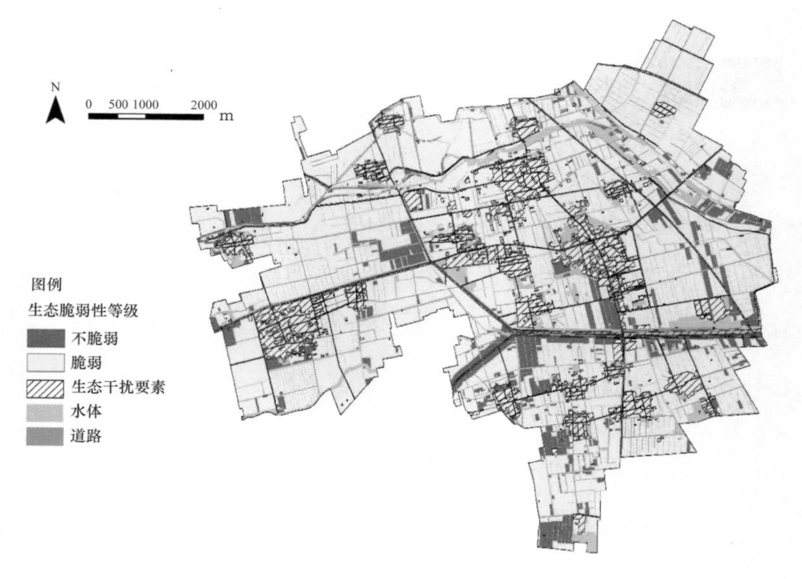

图 2.5-1　黄花店镇生态脆弱性评价结果

黄花店镇生态功能重要性评级较高与高的区域主要集中在生态环境良好的林草地区域。天然水系与人工水渠周边有植被覆盖的湿地区域具有重要的水源涵养功能，而林地、草地以及果园等有人工植被覆盖的区域具有防风固沙与水土保持的生态功能（图 2.5-2）。

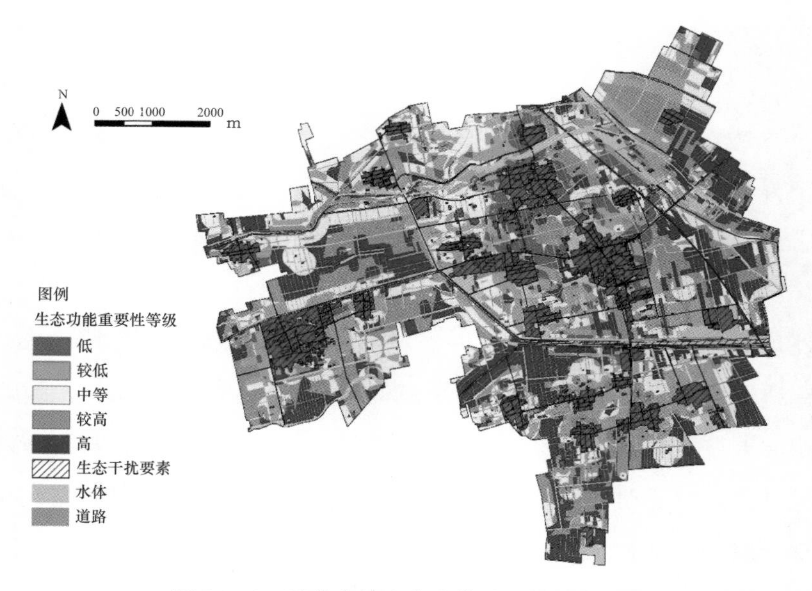

图 2.5-2　黄花店镇生态功能重要性评价结果

结合生态脆弱性与生态功能重要性发现，黄花店镇的生态敏感性整体较高，主要原因是黄花店镇具有较高的生态功能重要性。黄花店镇生态极敏感区广泛分布在有水系穿过且有植被覆盖的区域，无植被覆盖的其他水系分布区域生态敏感性则相对较低（图 2.5-3）。

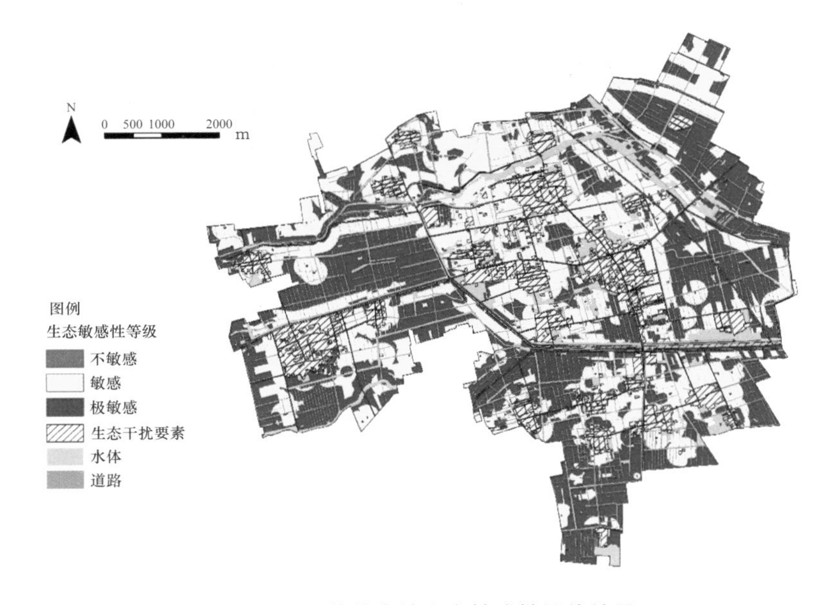

图 2.5-3　黄花店镇生态敏感性评价结果

黄花店镇具有面积广阔的种植业生产适宜区。作为冲积平原，黄花店镇土壤肥沃，地势平坦，十分有利于种植业发展。除因水系密布与植被丰茂导致部分区域属于生态功能极重要区域外，集中居住区周边的区域多数属于种植业发展的适宜区（图 2.5-4）。

黄花店镇工业生产适宜与较适宜地区零星分布在中部建设用地周边。这些地区是生态敏感性一般区域，同时距离集中生活区较远，现状土地利用类型多为旱地（图 2.5-5）。

黄花店镇无服务业发展适宜区，少量较适宜区位于中部集中建设用地周边，中部、西南部、南部 3 个集中建设片区均为一般适宜区。这一区域生态敏感性相对较弱，到最近居民点距离较近，1 km 半径内居住用地面积较大（图 2.5-6）。

黄花店镇居住适宜区主要分布在东北部的旱地，西北部、西南部的建设区外为部分较适宜区。这一区域生态敏感性相对较弱且远离现有的工业用地（图 2.5-7）。

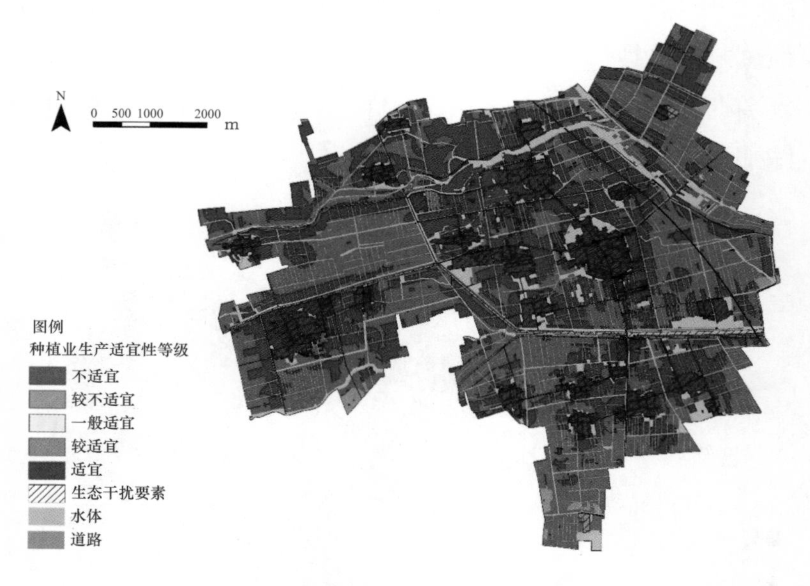

图 2.5-4 黄花店镇种植业生产适宜性评价结果

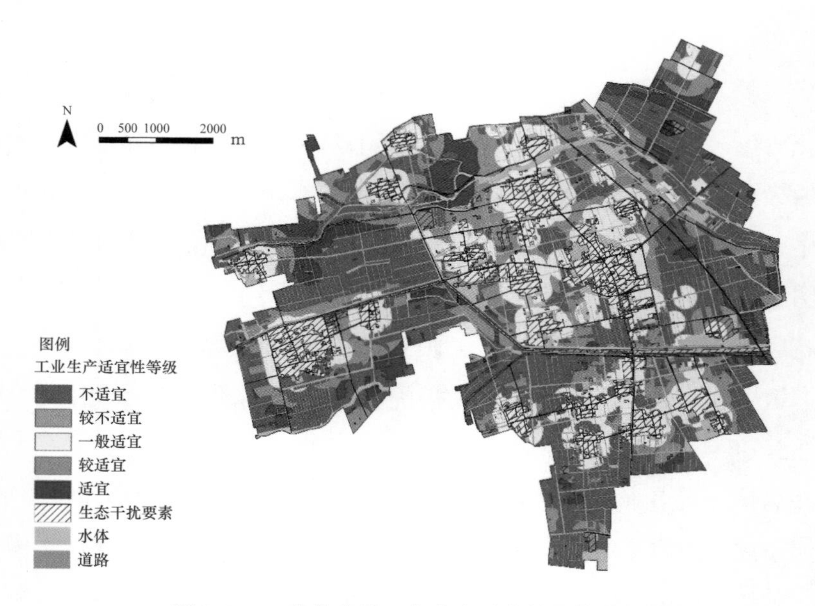

图 2.5-5 黄花店镇工业生产适宜性评价结果

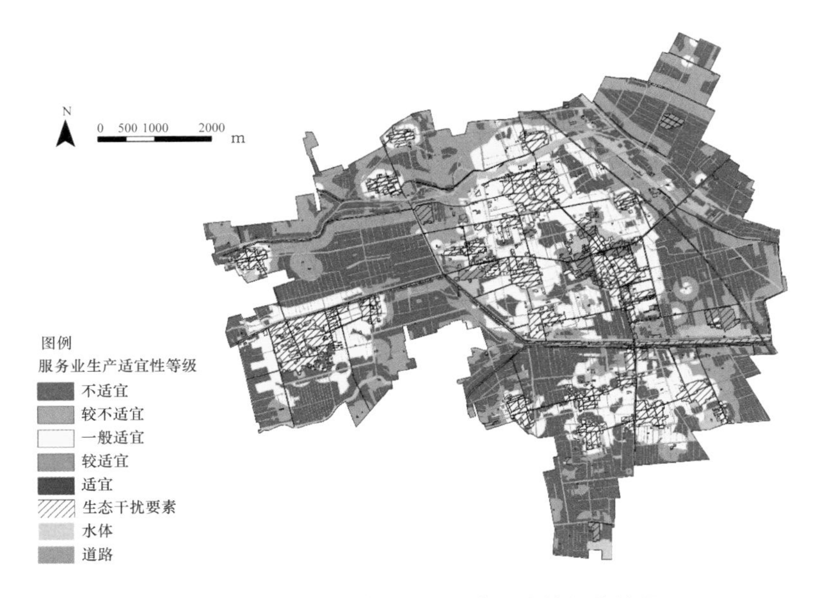

图 2.5–6　黄花店镇服务业生产适宜性评价结果

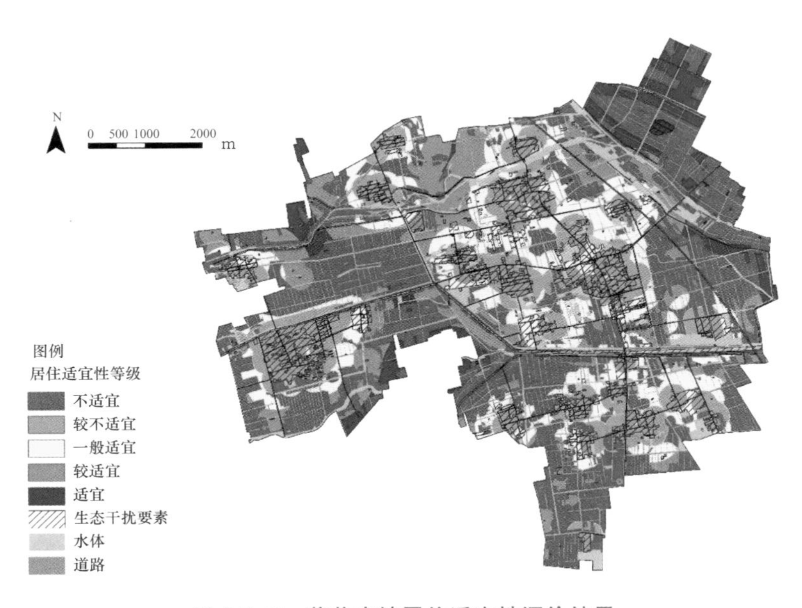

图 2.5–7　黄花店镇居住适宜性评价结果

3. 村内生态空间问题识别

从生态敏感性与生态适宜性评价结果来看，黄花店镇优良的生态环境、冲积平原的肥沃土质有助于种植业发展。但在休耕或其他无植被覆盖情况下，有一定的水土流失与土地沙化风险。同时，黄花店镇水系密布且有湿地植被，具有重要的生态功能并表现为整体较高的生态敏感性。

因此，对于耕地集中的高敏感区，如北部、西部，应降低建设开发和耕作强度，适当退耕还林还草，着力解决水土流失、土地沙化等生态问题，加强水土保持、防风固沙措施；对于几乎没有建设开发的高敏感区，如西北部、东北部，应适当减少耕地，保护现有林草地，并扩大林草地的种植范围，注重防风固沙、水土保持；对于开发程度、耕作强度、生态保持相对平均的高敏感区，如南部，应严格遵守生态红线，保护现有林草地，维护农田质量，适当扩种经济林；对于建设强度较大的镇区，如中敏感区的中部，应适当控制建设强度，协调开发和生态保护之间的关系，加强镇域内部绿化；对于天然河道及灌溉沟渠等水利设施，应优先保护天然水源，保证水量、水质，提高人工水利设施的效率，控制坑塘养殖规模。

4. 生态空间优化指引

基于黄花店镇的生态敏感性与适宜性现状评价，结合镇域内生态空间问题识别结果，提出以下三个生态空间优化的具体对策（图 2.5-8）。

（1）发展生态农业：结合现代化技术打造集生产、观光、体验为一体的生态农业观光园，既能提高农作物产量，确保可持续的农业生产活动，又能够成为体验自然、学习自然的场所。

（2）布局口袋公园：利用社区开敞空间进行口袋公园的改造，积极选用具有当地特色的花木营造社区内部景观，同时设置休闲步道和建筑小品，为村民提供休憩空间。

（3）修建滨水步道：在考虑安全的同时，修建滨水步道，塑造健康融于自然的生活氛围、生态融于场地的生态空间、河流融于乡村的共生空间，建设乡村生态网络框架。

图 2.5–8　黄花店镇生态空间优化指引

5. 生态敏感性与适宜性优化效果

经过系统生态空间优化后，对黄花店镇生态敏感性与各项生活生产适宜性重新评价，结果如下：

在生态空间优化后，黄花店镇有一定生态风险的生态脆弱区域面积占比从 90.9% 下降至 11.1%，下降了 79.8 个百分点。除少数水系周边的集中建设用地外，均为生态不脆弱区域（图 2.5-9）。

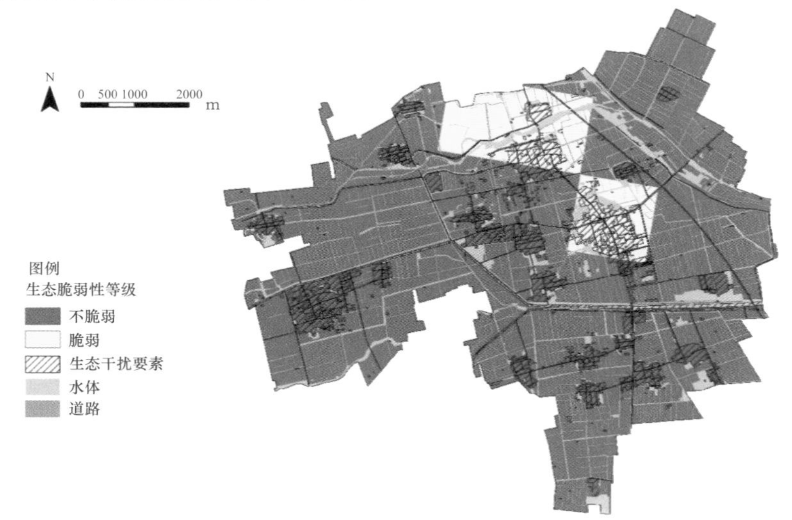

图 2.5–9　黄花店镇优化后生态脆弱性评价结果

降低黄花店镇的土地沙化与水土流失风险后，黄花店镇生态敏感性评级为敏感的区域面积占比从 60.1% 下降至 29.4%，生态极敏感区均为具有重要生态功能的区域（图 2.5-10）。

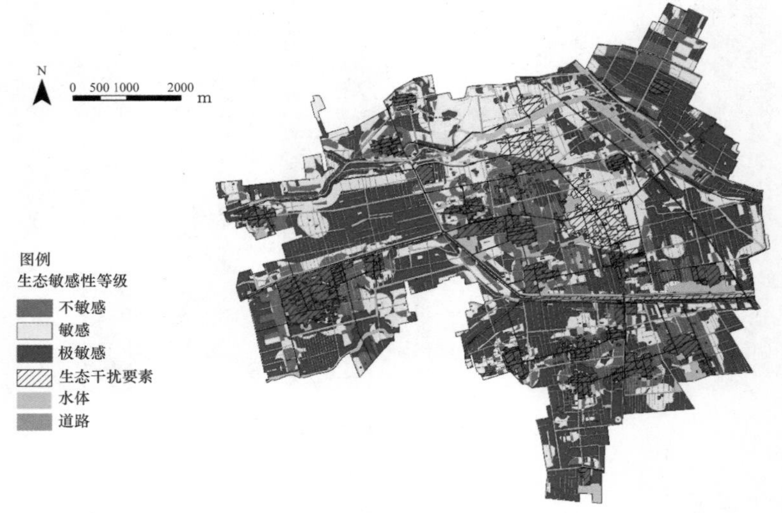

图 2.5-10 黄花店镇优化后生态敏感性评价结果

改善生态环境问题后，黄花店镇服务业生产适宜性有明显提升，集中建设用地内部与周边均为适宜区与较适宜区。服务业生产较适宜区占比从 1.6% 提升至 20.3%，适宜区占比从 0 提升至 13.7%，主要为原先的较不适宜区与一般适宜区优化而来（图 2.5-11）。

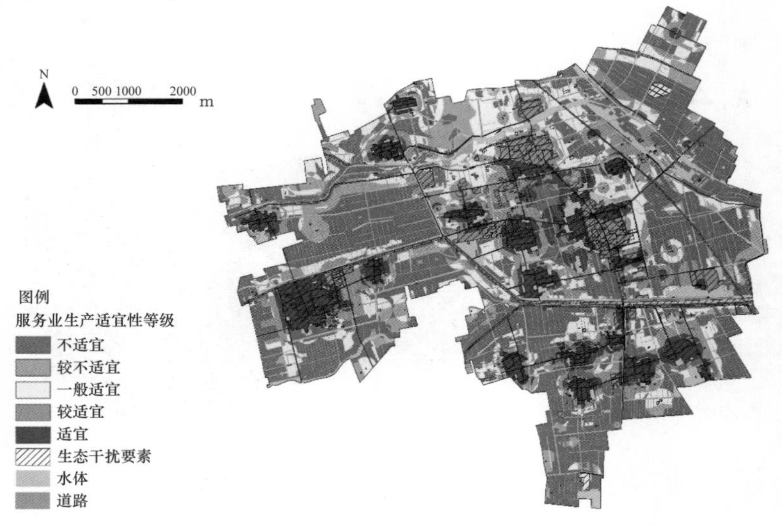

图 2.5-11 黄花店镇优化后服务业生产适宜性评价结果

案例6　天津市武清区黄花店镇甄营村生态空间规划

1. 项目概况

甄营村位于天津市武清区黄花店镇北部，距离黄花店镇政府驻地3.6 km。甄营村共有1000余户，户籍人口3000余人。全村共有耕地面积7030亩、林地面积230亩以及水面230亩。甄营村是武清区最大的无公害温室生产专业村，温室蔬菜占地5000余亩。全村90%的村民从事温室芹菜与西红柿的种植与销售，村民总收入的2/3源于温室蔬菜种植。甄营村是黄花店镇温室种植西红柿与芹菜的发源地，自20世纪80年代起开始从事温室蔬菜生产的技术探索，随后逐渐扩展至全镇22个村庄。如今，在甄营村的带领下，黄花店镇成为华北最大的芹菜种植基地，种植面积已经发展到3万亩左右，产品销往全国各地。

甄营村地处华北冲积平原，地势低平且少发地质灾害，土层深厚且疏松肥沃，生态环境优良。同时，甄营村属于温带季风气候区，四季分明，雨热同期，不仅有利于农业生产，也有利于其他生产建设。甄营村境内水系发达，村北部有一级河道永定河自西向东穿过，在村东北方向与新龙河交汇。村内自然水系、养殖坑塘与人工池塘等构成内部零星水系。甄营村沿河为沼泽湿地、人工湿地与林地，植被类型丰富，生态环境优越。但甄营村除沿河区域有自然植被覆盖外，其他区域多为耕地，因此具有一定水土流失与土地沙化风险。

2. 生态敏感性与适宜性现状评价

基于甄营村的气温、降水、土壤质地、植被覆盖、坡度等自然生态情况，对甄营村进行生态脆弱性以及生态功能重要性评价，并综合得到生态敏感性评价结果。

从生态脆弱性评价结果来看，甄营村无生态极脆弱区。在西南部、中东部水域周边有少量林地覆盖区域，生态脆弱性最低。但村域内少有天然植被覆盖，主要为耕地与建设用地，加之有天然河道与灌溉沟渠，有一定土地沙化与水土流失风险，因此全村绝大部分区域表现为生态脆弱性中等（图2.6-1）。

图 2.6-1 甄营村生态脆弱性评价结果

从生态功能重要性评价结果来看，甄营村中西部和中东部的零散林地具有较高的水土保持和防风固沙的生态功能重要性；东北部、西部和北部的高重要性区主要为河流和沟渠及其流域的耕地，因甄营村少有自然植被覆盖，因此耕地在有种植物时具有较高的水源涵养功能；中部的集中建设区东北部具有一片高重要性区域，由于该区域两侧均有建设用地，有植被覆盖的耕地有相对较高的生态功能重要性（图 2.6-2）。

结合生态脆弱性与生态功能重要性结果，甄营村生态极敏感区主要集中在东北部、西部及北部，因村域内天然林地与草地较少，有植被覆盖且位于流域周边的耕地表现出较高的生态重要性（图 2.6-3）。

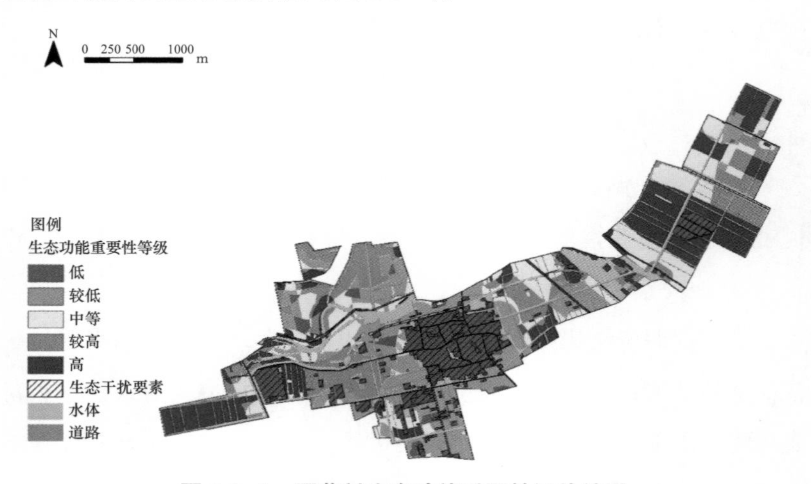

图 2.6-2 甄营村生态功能重要性评价结果

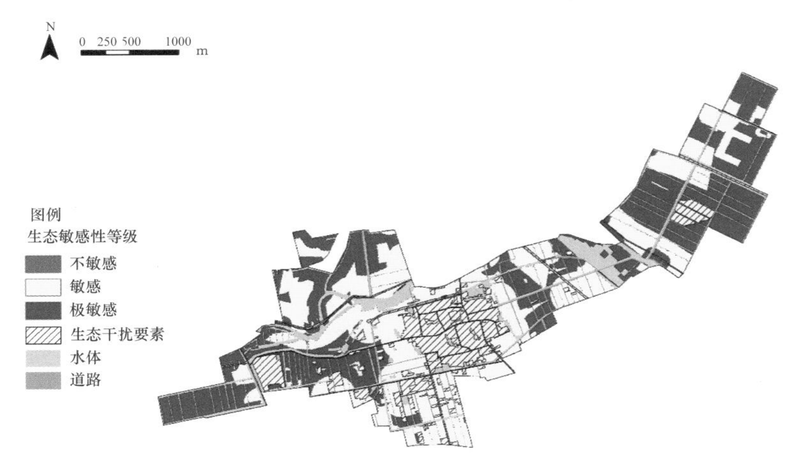

图 2.6-3　甄营村生态敏感性评价结果

从种植业适宜性评价结果看，甄营村大部分属于种植业生产较适宜与适宜区。除少部分生态敏感性较高地区外，中部集中建设区周边、东北部等距离居住区较近的区域均为适宜建设区与较适宜建设区（图 2.6-4）。

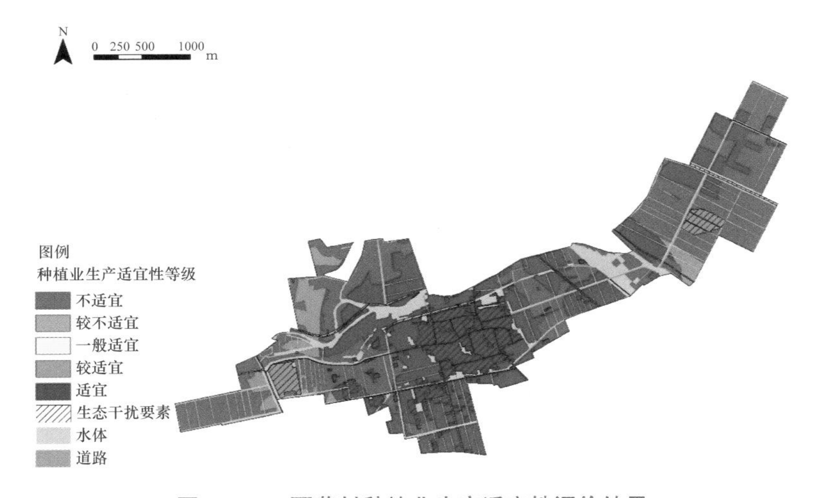

图 2.6-4　甄营村种植业生产适宜性评价结果

从工业生产适宜性评价结果来看，甄营村工业生产适宜区与较适宜区主要分布在生态敏感性较低且与中部集中建设区有一定距离的区域（图 2.6-5）。

甄营村无服务业生产适宜区，一般适宜区位于中部集中建设用地及其外围。这一区域距最近居民点较近，1 km 半径内居住用地面积较多，适宜发展服务村庄内部居民的生活性服务业（图 2.6-6）。

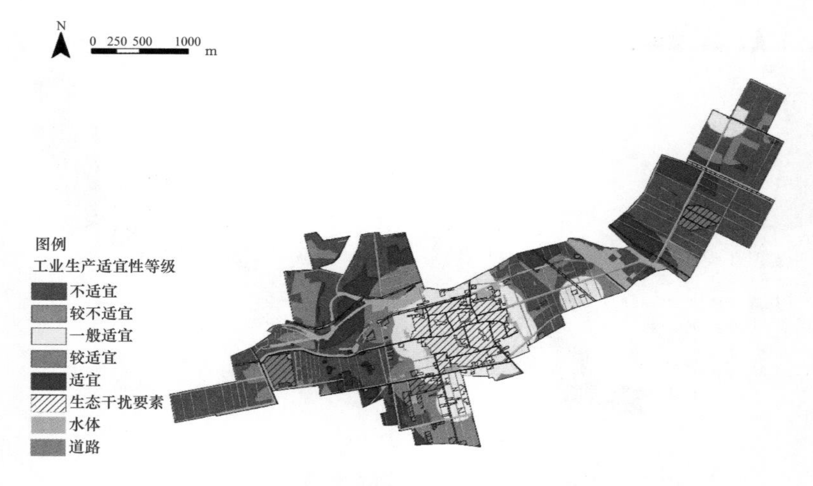

图 2.6-5 甄营村工业生产适宜性评价结果

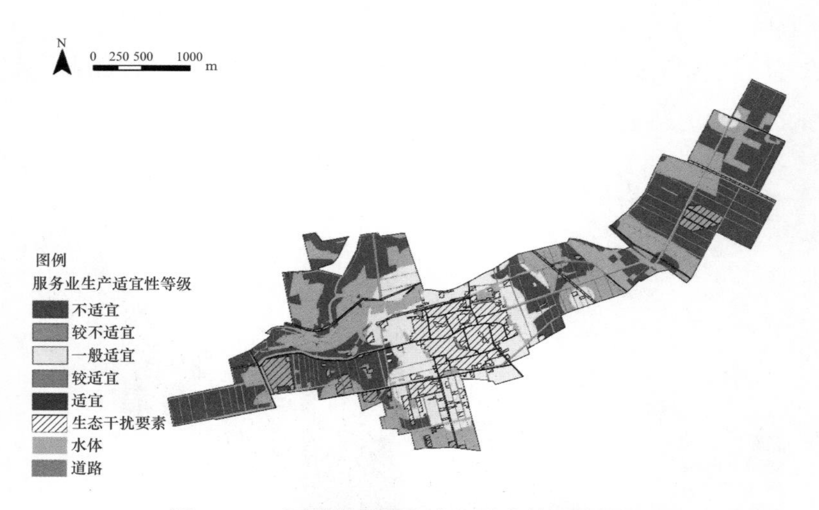

图 2.6-6 甄营村服务业生产适宜性评价结果

甄营村居住适宜区主要分布东北部和西部的农地，中部建设区外围为较适宜区，这一区域到最近工业用地距离较远（图 2.6-7）。

3. 村内生态空间问题识别

从生态敏感性与生态适宜性评价结果来看，甄营村的沿河区域因有水系与自然植被，水土流失与土地沙化风险较低，但村域内部多为耕地与建设用地，因此有一定水土流失与土地沙化风险。

图 2.6–7 甄营村居住适宜性评价结果

甄营村全村范围需要增加林地、草地的种植，加强东北部和西部的防风固沙及水土保持，在中部建设区增加绿地及绿化设施，尤其在建成区附近的高敏感区需要控制建设强度。

4. 生态空间优化指引

基于甄营村的生态敏感性与适宜性现状评价，结合村内生态空间问题识别结果，提出以下三个生态空间优化的具体对策（图 2.6-8）。

图 2.6–8 甄营村生态空间优化指引

（1）修复保育滨河湿地：整治和种植滨水植物，形成沿河线性湿地，确保河流发挥生物多样性、净化水质、提供休憩场所的功能，恢复河道的生态、休闲功能和社会效益。

（2）注重提升街边绿化：在道路沿线通过栽种大型乔木、小型灌木等方式优化线性绿地空间，积极选用具有当地特色的花木，营造富有特色的社区内部景观。

（3）布置打造社区花园：利用村落闲置空间打造社区花园，种植有当地特色的植物和蔬菜，同时能够成为寓教于乐的教育中心，培养社区儿童自给自足、亲近自然的能力。

5. 生态敏感性与适宜性优化效果

经过系统生态空间优化后，对甄营村生态脆弱性与各项生活生产适宜性重新评价，结果如下。

甄营村整体生态脆弱性有明显改善。生态脆弱性评级为脆弱的区域面积占比从 98.3% 下降至 31.4%。村域内除集中建设用地与水域周边区域有一定生态问题风险外，均为生态不脆弱区域（图 2.6-9）。

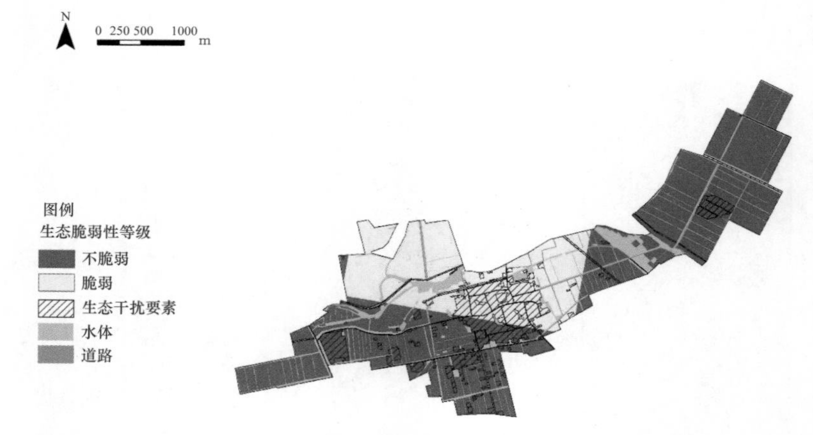

图 2.6–9　甄营村优化后生态脆弱性评价结果

在降低甄营村生态脆弱性后，其因生态脆弱导致生态敏感的区域面积占比明显下降，从 59.8% 下降至 37.1%。区域内生态极敏感区主要为有重要水源涵养等生态功能的区域（图 2.6-10）。

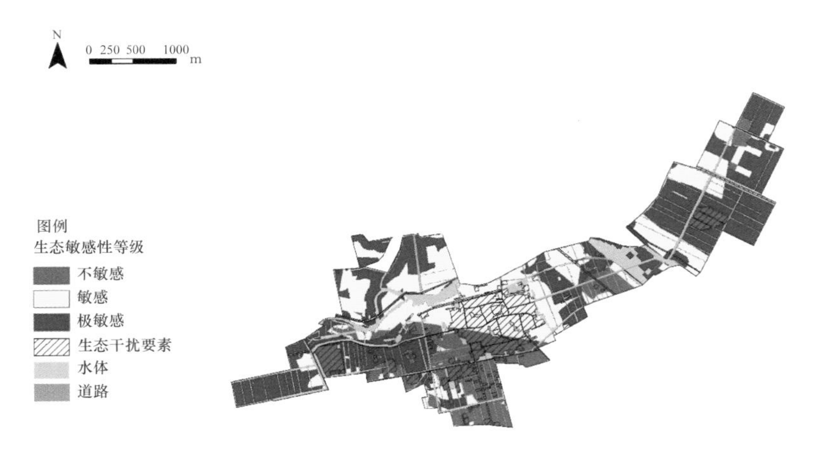

图 2.6-10 甄营村优化后生态敏感性评价结果

生态脆弱性降低后，甄营村服务业生产适宜性有一定提升。其中，较适宜区面积占比从 0 提升至 5.2%，主要由原先的较不适宜区与一般适宜区优化而来。较不适宜区面积占比下降 3.9%，一般适宜区面积占比下降 1.1%（图 2.6-11）。

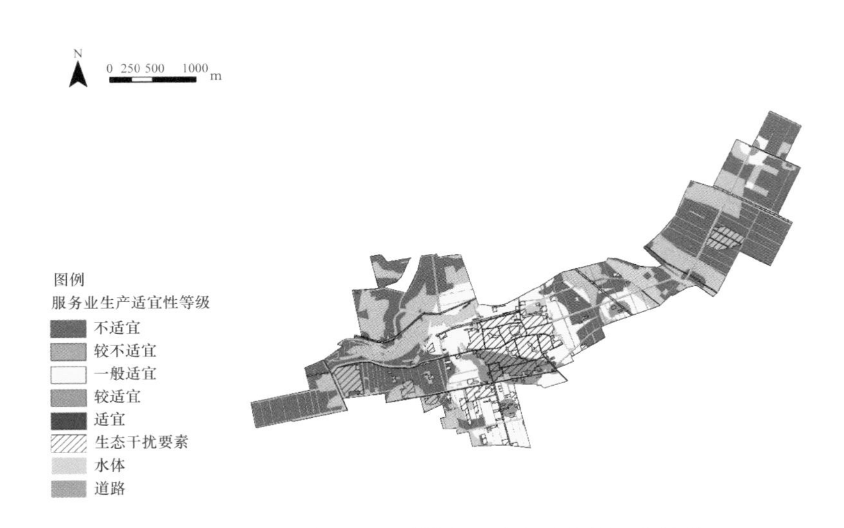

图 2.6-11 甄营村优化后服务业生产适宜性评价结果

案例 7　山东省潍坊市峡山生态经济开发区北辛庄村生态空间规划

1. 项目概况

北辛庄村位于山东省潍坊市峡山生态经济开发区太保庄街道，村西部紧邻峡山水库，气候、土壤、植被与水文条件均十分优越。北辛庄村地处温带季风气候区，夏季暖热多雨，冬季寒冷干燥，四季分明。地势低平，均为平原地区，少发地质灾害。全年空气优良天数达 300 天以上，负氧离子浓度大于 3000 个 /cm^3，被称为“半岛绿肺”。北辛庄村乔木种类较少，主要为零星生长的杨树、柳树、榆树、槐树、柏树等。

北辛庄村背靠山东省最大的水库——峡山水库，灌溉条件优越、渔业资源丰富。峡山水库控制流域面积 4210 km^2，总库容 14.05 m^3，兴利库容 5.03 m^3。峡山水库水质稳定保持在地表水Ⅲ类以上标准。地处峡山水库灌区的北辛庄村农业生产得到极大便利，村内主要种植小麦、玉米等农作物。因背靠水库，北辛庄村淡水鱼类资源较丰富，典型鱼类共 12 科、46 种。传统地方鱼类有鲤鱼、鲫鱼、长春鳊、三角鲂、团头鲂、黄尾密鲴、鲶鱼、鲈条鱼、鳜鱼、黄鳝、泥鳅等；虾蟹类有日本沼虾，中华绒螯蟹、锯齿溪蟹、锯绿青蟹等。同时，峡山水库周边绿化覆盖率大于 47%，北辛庄村除水库周边区域有林地覆盖，其他区域多为耕地，少有绿化。

2. 生态敏感性与适宜性现状评价

基于北辛庄村的气温、降水、土壤质地、植被覆盖、坡度等自然生态情况，对北辛庄村进行生态脆弱性以及生态功能重要性评价，并综合得到生态敏感性评价结果。

从生态脆弱性评价结果来看，北辛庄村表现为脆弱的区域主要为大面积的耕地和建设用地。这些区域植被覆盖度低，存在水土流失问题。生态不脆弱的区域则主要为沿水库与灌渠周围有林地绿化的片区（图 2.7-1）。

从生态功能重要性评价结果看，北辛庄村生态功能重要性高的范围主要集中在东部和西南部。其中，西南部不仅背靠水库，且域内具有大面积水体，周边分

图 2.7–1　北辛庄村生态脆弱性评价结果

布林地；东部为主要的落叶阔叶林覆盖范围，水系连通度高，在水源涵养和水土保持方面的重要性高（图 2.7-2）。

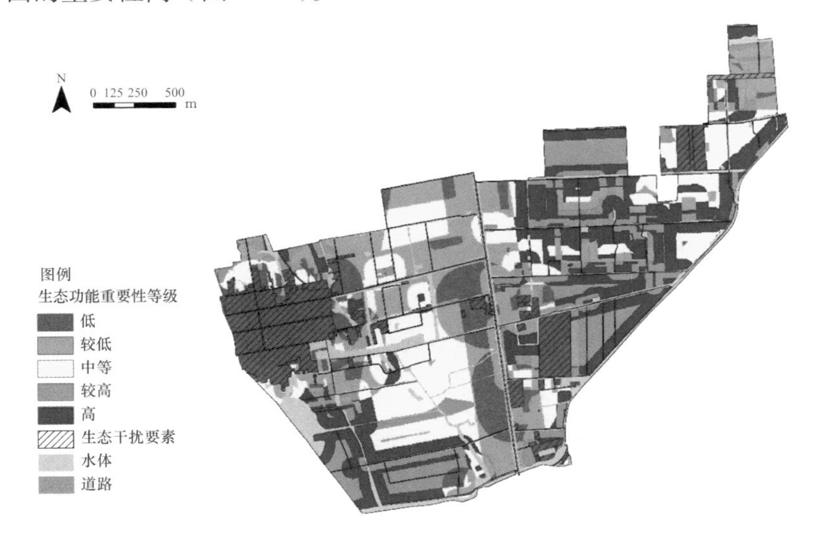

图 2.7–2　北辛庄村生态功能重要性评价结果

结合生态脆弱性与生态功能重要性评价结果，北辛庄村生态极敏感区集中在东部和西南部，覆盖了地块内的主要乔木林地、水域及少量草地，其余范围普遍敏感（图 2.7-3）。

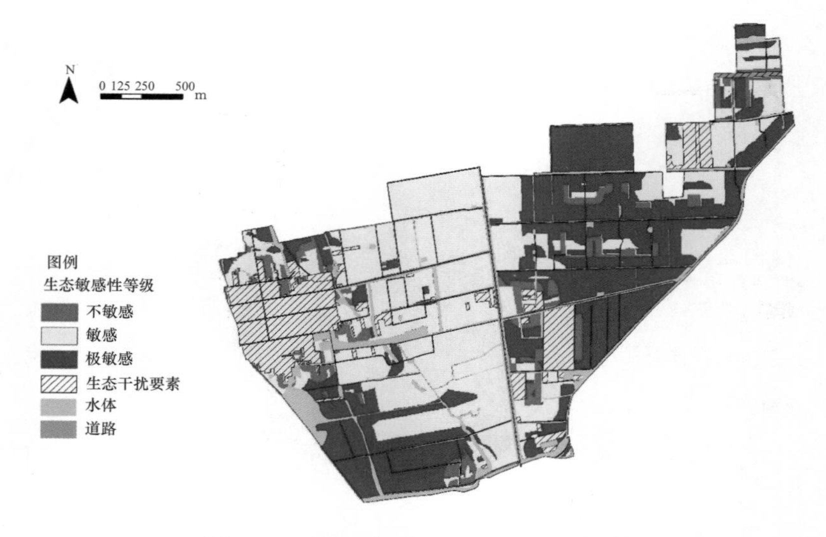

图 2.7-3　北辛庄村生态敏感性评价结果

从种植业生产适宜性评价结果来看，北辛庄村整体表现出极高的种植业生产适宜性。北辛庄村种植业生产适宜区分布在村域西北部的建设区、中部和西北部的小部分设施农用地，因此，在距离集中居住区较近且不具备重要生态功能的区域均为种植业生产适宜区（图 2.7-4）。

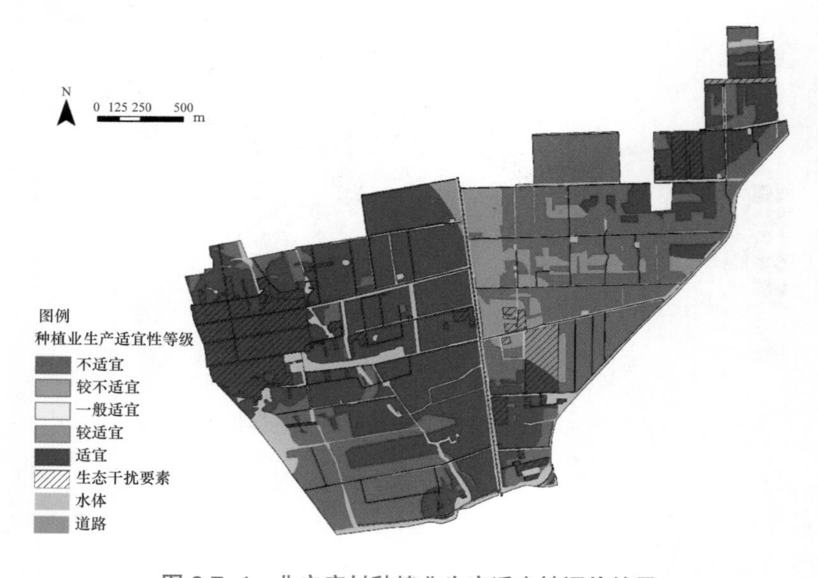

图 2.7-4　北辛庄村种植业生产适宜性评价结果

北辛庄村工业生产适宜区主要分布在村域中部距建设区较远的区域。村域中部和东北部有大范围的工业生产适宜区。这一区域生态敏感性相对较低且坡度平缓，到最近居民点距离较远（图 2.7-5）。

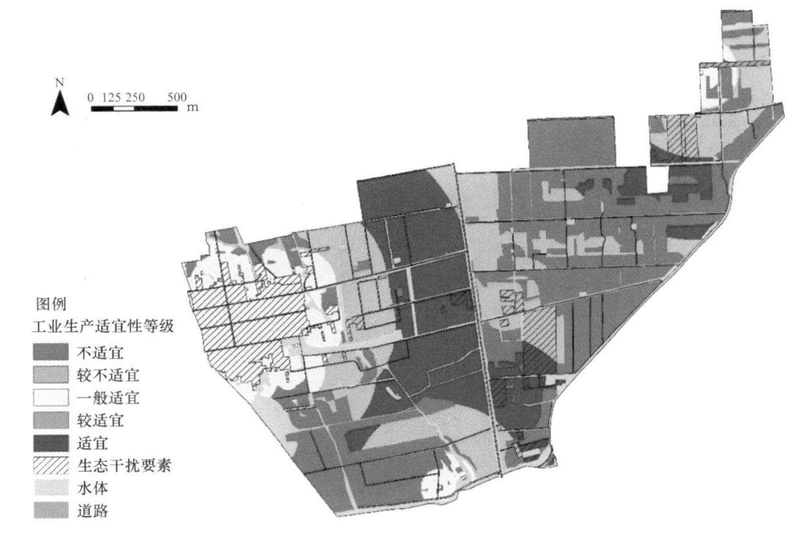

图 2.7–5　北辛庄村工业生产适宜性评价结果

北辛庄村服务业生产适宜性整体较低，零星分布在集中建设区周边以及南部区域。因此，北辛庄村服务业业态主要为面向村内居民的生活性服务业（图 2.7-6）。

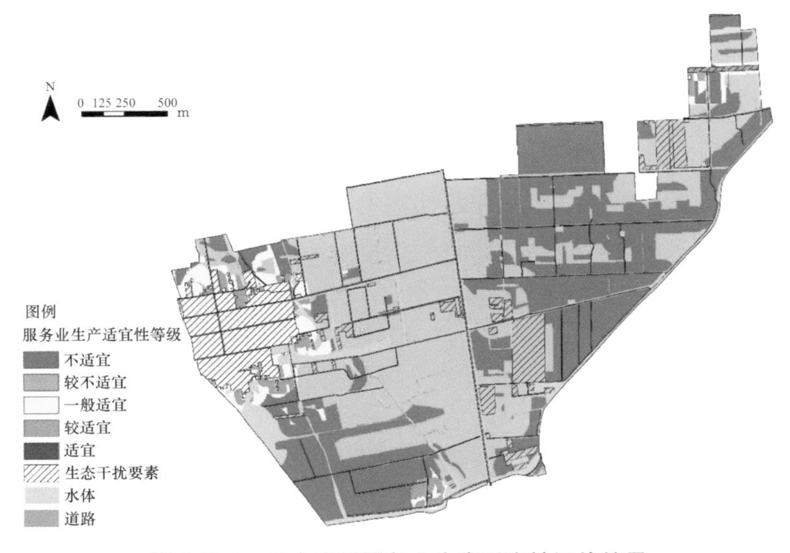

图 2.7–6　北辛庄村服务业生产适宜性评价结果

除生态敏感性较高区域、集中建设区东南部的工业用地周边以及连片耕地区域外，北辛庄村居住适宜性均较高。居住适宜区主要分布在中部和东北部，生态敏感性相对较弱且到最近工业用地距离较远（图 2.7-7）。

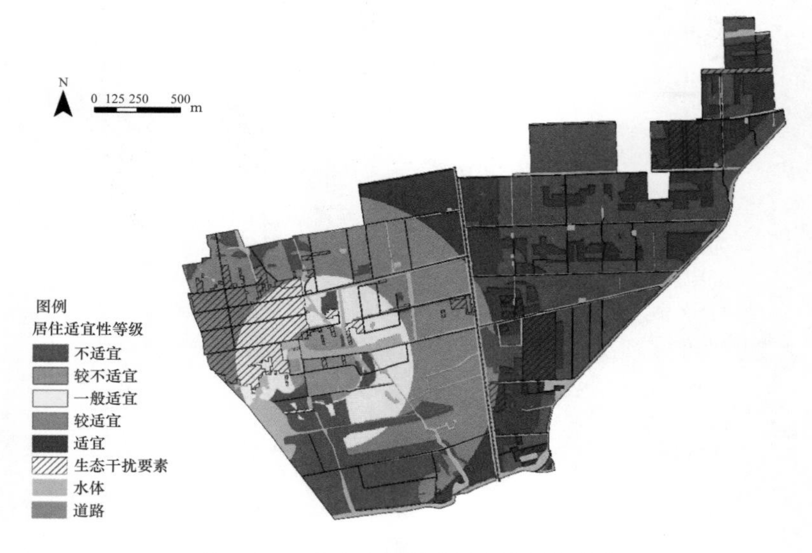

图 2.7–7　北辛庄村居住适宜性评价结果

3. 村内生态空间问题识别

根据生态敏感性与生态适宜性评价结果，北辛庄村整体生态环境优越。全村范围内水系与周边绿化林地充足，有较强的生态系统功能。但除林地与水系外，北辛庄村耕作区面积广阔，存在土地沙化与水土流失风险。此外，西南部地区因水系发达、水土流失风险更高。因此，北辛庄村需要在保持林地生态功能的同时，控制建设开发范围与强度；在西部集中建设区以及主要耕作区“见缝插绿”，降低水土流失与土地沙化风险；同时，注重农业面源污染管控治理，保护村内水系与水库的生态环境。

4. 生态空间优化指引

基于北辛庄村的生态敏感性与适宜性现状评价，结合村内生态空间问题识别结果，提出以下三个生态空间优化的具体对策（图 2.7-8）。

图 2.7–8　北辛庄村生态空间优化指引

（1）提升宅边绿化：在住宅旁边栽植具有当地特色的花木，既能营造富有社区特色的内部景观，提升整体村落人居环境，又能够为村民提供休闲空间。

（2）建设生态农田：通过在农田与道路的交界处沿线种植植物或景观作物，营造连续的村镇社区田园景观。

（3）打造生态驳岸：河流水渠等的流路应尽量避免直线，通过设置剖面上的宽度、深度等变化，以及放置石块、栖木、水生植物等方法，形成浅滩，使水流变化平缓，确保生态环境的多样性，同时也提高了亲水性。

5. 生态敏感性与适宜性优化效果

经过系统生态空间优化后，对北辛庄村生态敏感性与各项生活生产适宜性重新评价，结果如下。

北辛庄村生态脆弱性明显降低。除靠近水库的村内大面积水体周边依旧有一定生态环境风险外，村内其他区域生态脆弱性等级均降至最低。经过优化，北辛庄村生态脆弱区域面积占比从 70.0% 下降至 3.2%，下降了 66.8 个百分点（图 2.7-9）。

生态脆弱性明显下降后，北辛庄村生态敏感性也有所下降。生态敏感区面积占比从 54.3% 下降为 22.6%。北辛庄村生态极敏感区域均为具有重要生态功能的区域（图 2.7-10）。

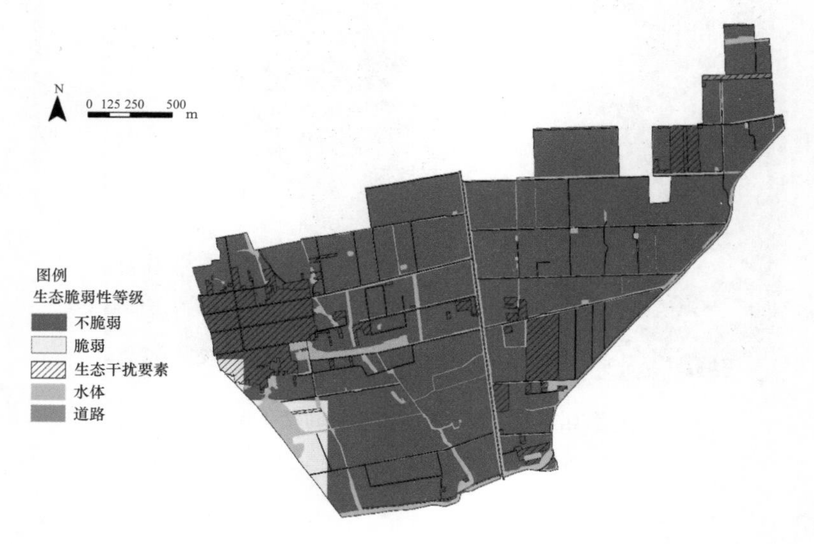

图 2.7-9 北辛庄村优化后生态脆弱性评价结果

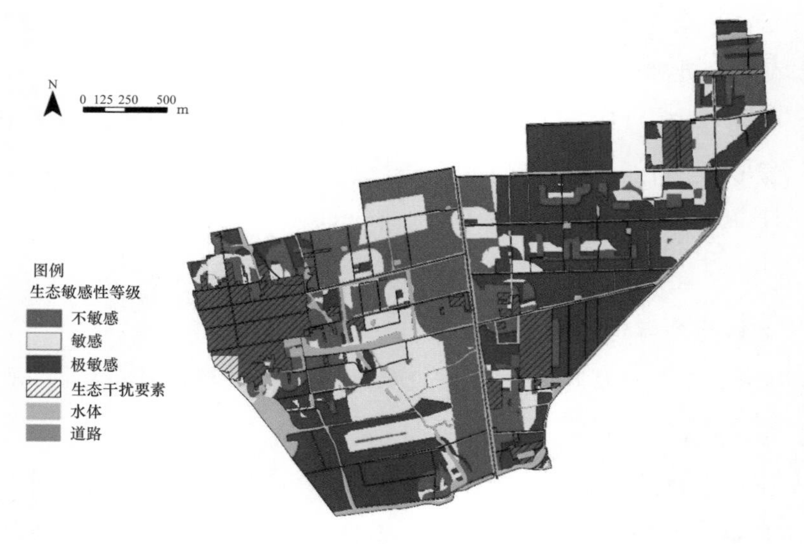

图 2.7-10 北辛庄村优化后生态敏感性评价结果

生态脆弱性下降后，北辛庄村服务业生产适宜性也有所提升。集中建设区全域几乎均为服务业生产较适宜区。整体来看，北辛庄村服务业生产适宜性较适宜区面积占比从 2.0% 提升至 9.3%，主要由原先的较不适宜区优化而来，较不适宜区面积占比从 47.8% 下降至 38.6%（图 2.7-11）。

图 2.7-11　北辛庄村优化后服务业生产适宜性评价结果

案例8　山东省高唐县杨屯镇生态空间规划

1. 项目概况

杨屯镇隶属山东省聊城市高唐县，位于高唐县城东 10 km 处，总面积 104.57 km^2，东与德州市禹城市接壤，南邻琉璃寺镇，西靠鱼邱湖街道，北接固河镇。截至2019年年末，杨屯镇户籍人口 49 371 人。杨屯镇农业以种植小麦、玉米、棉花、蔬菜为主，耕地 9.4 万亩；工业以铸造、建筑机械加工、针织、化工为主，2019年杨屯镇有工业企业 50 个，其中规模以上 9 个。杨屯镇交通区位优势明显，国道308、省道 520、高东高速公路形成“A”字形道路交通网，镇政府驻地距青银高速路口仅 4 km、距高东高速路口 2 km，沿国道 308 驱车 40 分钟可达省会济南。

杨屯镇气候属温带季风气候。该镇地势平坦，土壤肥沃，土壤类型以潮土和褐化潮土为主，土壤状况为中壤土。杨屯镇境内沟渠纵横，水利条件优越，徒骇河自西南而东北流经全镇 14 km。该镇属于浅层淡水较丰富区，基本能满足人民生活和农业生产的需要。

根据《聊城市国土空间总体规划（2021—2035 年）》，在聊城市“四区、五廊、多点”的生态格局中，杨屯镇位于东北部林地生态发展区，“五廊”之一的徒骇河生态廊道贯穿其中。根据《高唐县杨屯镇总体规划（2019—2035 年）》，提出“以徒骇河生态景观廊道打造为契机，以现代生态农业、建筑板材加工、乡村振兴等为新的增长突破口，积极发展相关链条产业，大力推进乡村旅游业发展，将杨屯镇建设成一个环境优美、特色鲜明的高唐城郊休闲小镇”的发展目标。其镇域空间结构规划为三大片区，包括以徒骇河蓝色发展带为核心的观光农业发展区、西北部的城镇发展区和东南部的高效农业发展区。

2. 生态敏感性与适宜性现状评价

基于杨屯镇的降水、土壤、植被等自然要素对杨屯镇进行生态脆弱性以及生态功能重要性评价，并综合得到生态敏感性评价结果。

从生态脆弱性评价结果来看，杨屯镇镇域内除徒骇河沿岸及乡村居民点外围的少量林地为不脆弱区以外，其余大部分地区为脆弱区，包括村庄建设用地和耕地，这些地区主要开展镇村建设以及耕作、养殖等农业生产活动，生态要素较少，生态脆弱性主要表现为水土流失（图 2.8-1）。

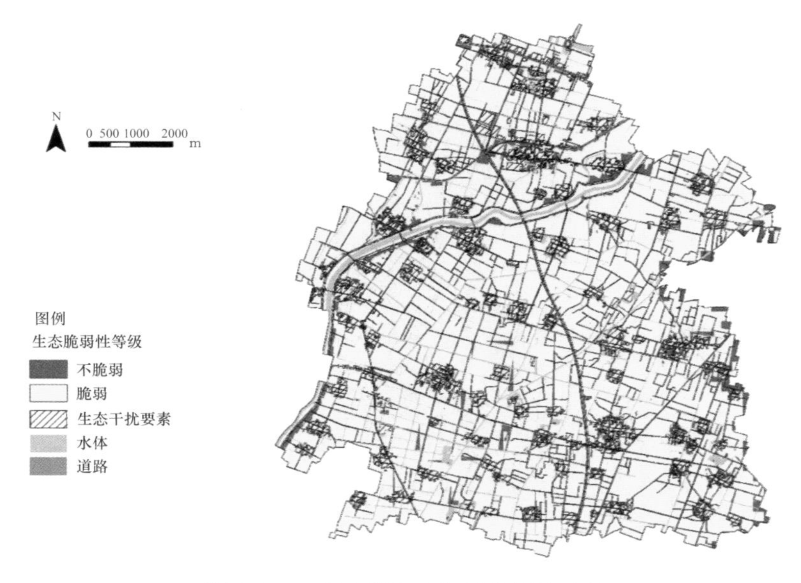

图 2.8-1　杨屯镇生态脆弱性评价结果

从生态功能重要性评价结果来看，杨屯镇生态功能重要性高的区域主要分布在徒骇河东南侧地区。杨屯镇坑塘沟渠密布，坑塘沟渠周边的生态功能重要性较高，表现出较高的水源涵养重要性。此外，一些距离农村居民点较远的耕地也属于生态功能重要性高的地区，林地在水土保持方面的重要性高。而徒骇河西北侧为镇区所在地，以村镇建设为主，生态功能重要性较低（图 2.8-2）。

综合来看，杨屯镇大部分地区为生态极敏感区和敏感区，其中生态极敏感区主要分布在河流和沟渠周边的林地、耕地，生态敏感区主要分布在乡村建设用地及其外围，仅少量林地为不敏感区。

在种植业生产适宜性方面，杨屯镇的种植业生产适宜区主要分布在农村居民点周边，这些地区地形平缓，且符合村民就近耕作的原则，而沟渠密布的地区相对不适宜种植业生产（图 2.8-3）。

在工业生产适宜性方面，杨屯镇的工业生产适宜区主要分布在西北部的镇区外围以及镇域东部周老庄村附近，这些地区毗邻现有的工业用地，相对集聚，生态敏感性相对较低，坡度平缓（图 2.8-4）。

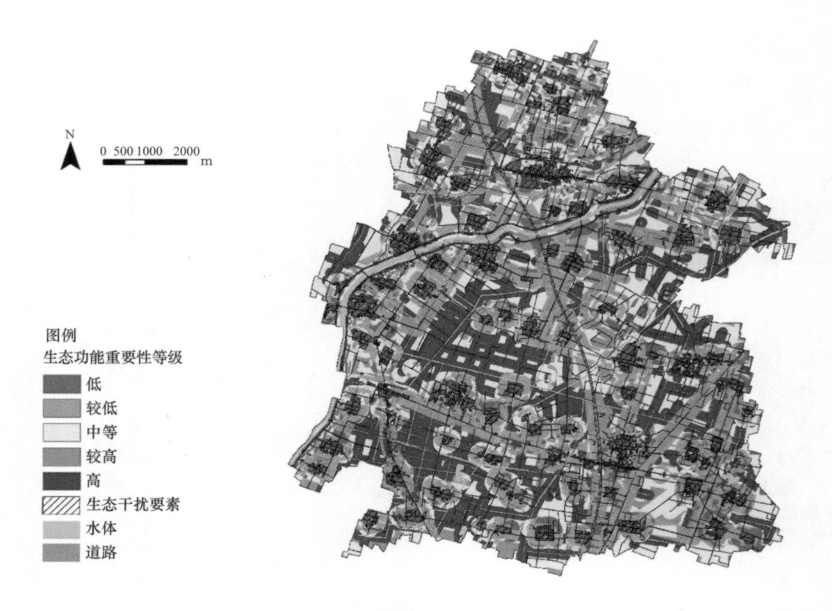

图 2.8–2 杨屯镇生态功能重要性评价结果

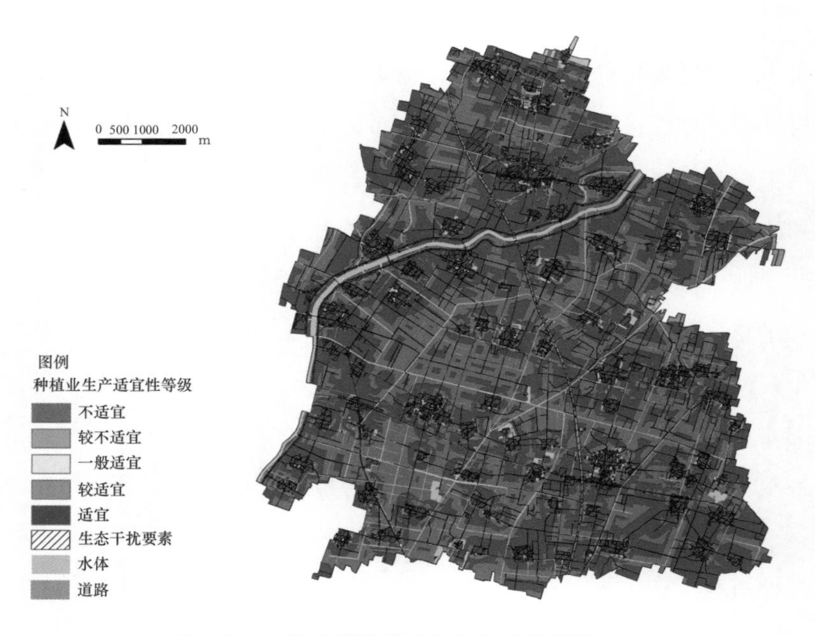

图 2.8–3 杨屯镇种植业生产适宜性评价结果

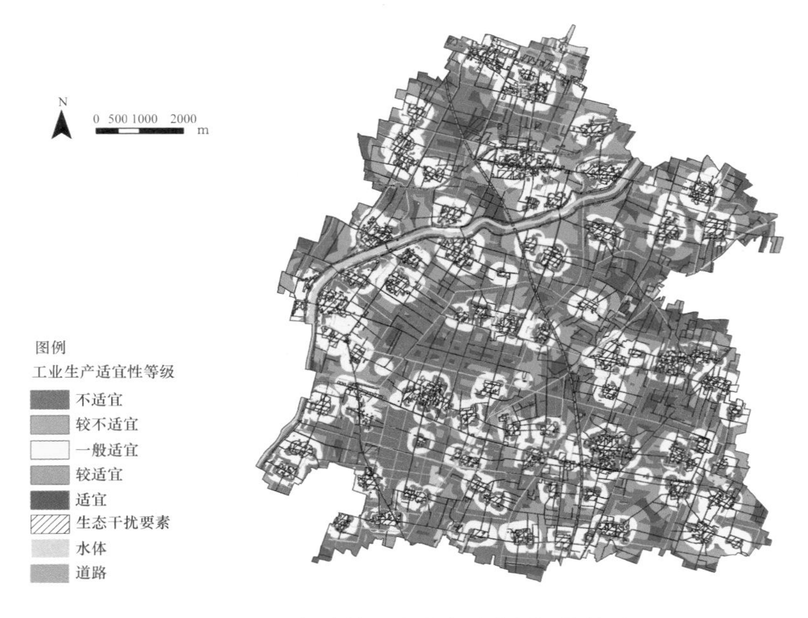

图 2.8-4 杨屯镇工业生产适宜性评价结果

在服务业生产适宜性方面，杨屯镇的服务业生产适宜区主要分布在农村居民点内和与农村宅基地距离较近的地区，方便服务农民生产生活（图 2.8-5）。

图 2.8-5 杨屯镇服务业生产适宜性评价结果

在居住适宜性方面，杨屯镇的居住适宜区主要分布在现有的农村居民点及其周边，远离工业集中区，这些地区生态敏感性相对较低，坡度平缓（图 2.8-6）。

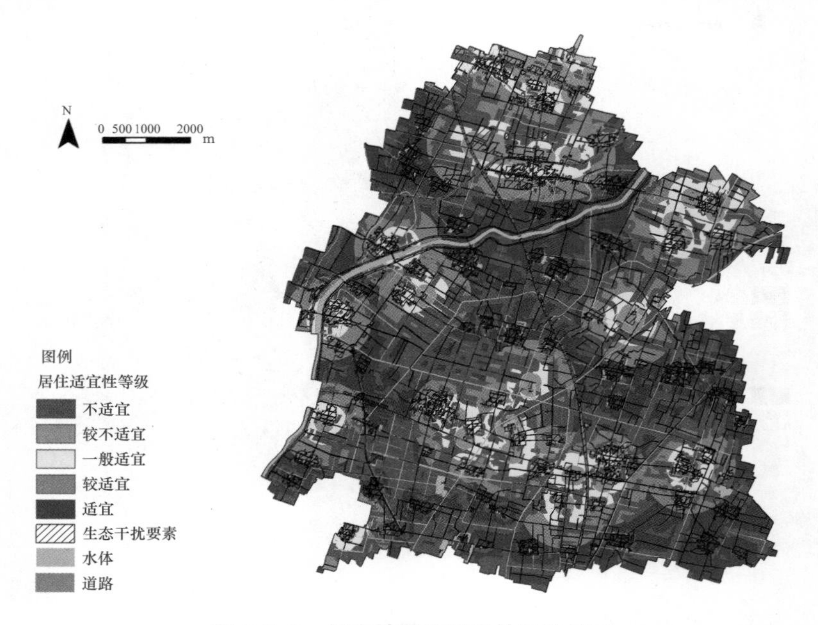

图 2.8-6 杨屯镇居住适宜性评价结果

3. 生态空间问题识别

基于杨屯镇的自然生态环境和人工绿化情况，结合生态敏感性和适宜性评价结果，可以看出杨屯镇整体的生态基底较好，表现在以下两方面：① 镇域内水网密集，徒骇河和密布的沟渠提供了重要的生态功能；② 镇域内地形平坦，工业用地较少且分布相对集中，使得杨屯镇整体的居住适宜性和种植业适宜性较高。

同时，杨屯镇的生态空间布局也有一定的问题，包括：① 镇域内虽然水系丰富，但是缺少林地资源，生态不脆弱区较少；② 生态空间布局相对破碎，廊道、斑块等生态要素之间的联系有待加强；③ 农村居民点内绿化不足，只有零星的林地。

因此，杨屯镇的生态空间优化方向包括两方面：一是保护现有的河流沟渠和少量的林地，最大限度保持和发挥其生态功能；二是应在整个镇域适当退耕还林、还草，加强生态要素的培育。

4. 生态空间优化指引

基于杨屯镇的生态敏感性与适宜性现状评价，结合镇域内生态空间问题识别结果，提出以下 3 个生态空间优化的具体对策（图 2.8-7）。

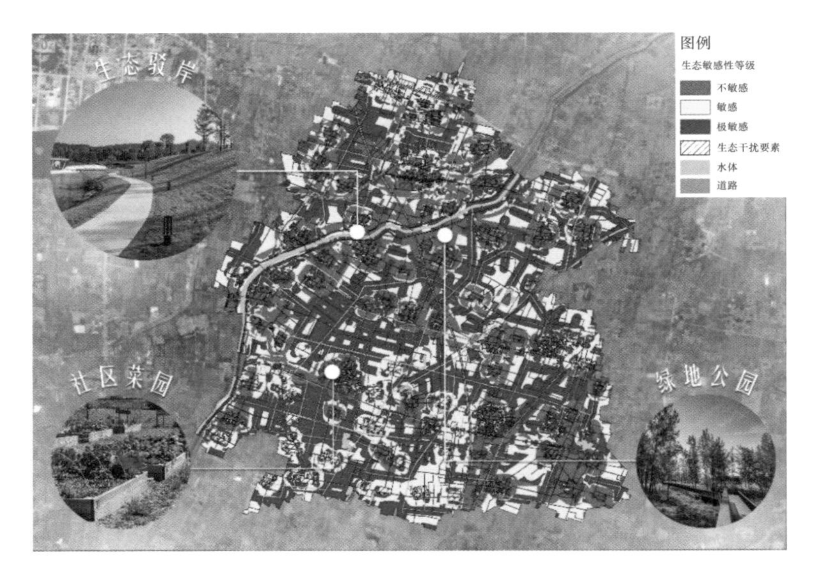

图 2.8–7　杨屯镇生态空间优化指引

（1）建设生态驳岸：沿徒骇河两岸构建生态廊道，采用坡度较缓的草坪形成草坪式生态驳岸，在保护徒骇河生态功能的基础上，设置亲水步道，打造亲水宜人的滨水空间。

（2）建设社区菜园：针对目前村内宅前绿化不足的问题，利用社区内部的小型农田以及宅前空地打造社区菜园，使得社区菜园既是塑造社区景观、调节微气候的开敞绿地，又是促进邻里交流、实现自给自足的公共场所。

（3）增补绿地公园：目前整个镇域内的林地、草地都较少，生态要素有所欠缺。基于此，应该改造村落内原有小型林地，栽培具有当地特色的花木，并修建游憩小径，既起到防风固沙、净化空气、涵养水源的作用，又为当地居民提供生态休闲场所，提升整体生态环境质量。同时应将绿地公园与现有的河流和坑塘沟渠相结合，实现蓝绿空间的优化，通过带状公园加强各生态要素斑块的连通性。

5. 生态敏感性与适宜性优化效果

经过系统生态空间优化后，对杨屯镇生态敏感性与各项生活生产适宜性重新评价，结果如下。

杨屯镇生态脆弱区面积占比明显下降，由 95.1% 下降至 18.9%，而生态不脆弱区面积占比明显上升，提升至 81.1%（图 2.8-8）。在生态空间优化后，杨屯镇全域生态问题发生风险降至最低。同时，杨屯镇的生态敏感性也相应降低，大多数农村居民点地区由生态敏感区转为不敏感区，生态敏感区面积占比从 57.5% 下降至 29.3%。优化后的生态极敏感区大多为具有重要生态功能的区域（图 2.8-9）。

通过对生态脆弱性与生态敏感性的优化，杨屯镇的服务业生产适宜性也有明显提升，农村居民点及其周边大部分由一般适宜区优化为较适宜区。服务业生产较适宜区面积占比从 1.2% 提升至 13.3%，而服务业生产一般适宜区和较不适宜区面积占比分别下降了 4.5% 和 7.6%。

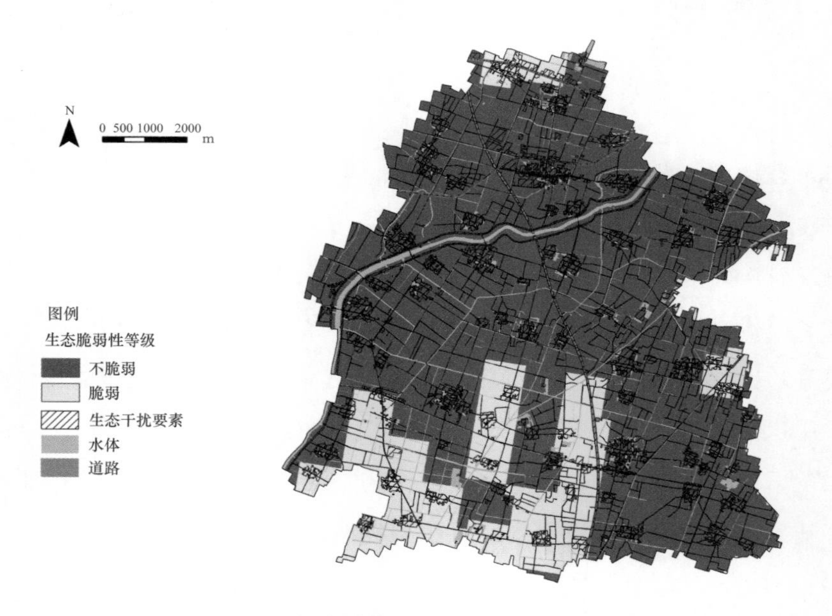

图 2.8-8　杨屯镇优化后生态脆弱性评价结果

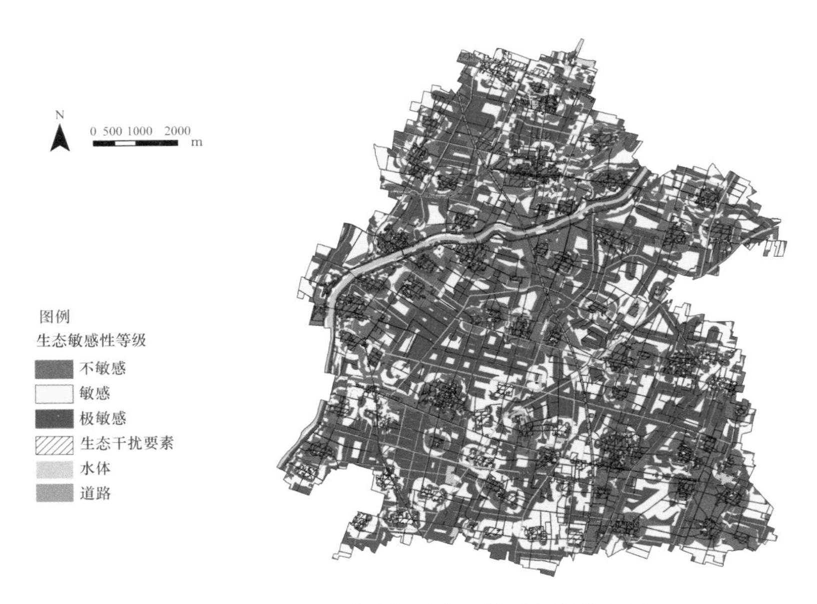

图 2.8-9　杨屯镇优化后生态敏感性评价结果

案例 9 河北省邢台市南和区河郭乡南张庄村生态空间规划

1. 项目概况

南张庄村位于河北省邢台市南和区河郭乡，处于邢台市中心城区东南部，距离邢台市中心 18 km，距离南和区中心 5 km。邢台市重要的河流南澧河从村庄东侧流过。南张庄村农业以种植小麦、玉米为主，村内蔬菜种植 400 多亩；工业方面，邢台奥贝宠物食品有限公司坐落于该村，带动了该村经济发展，提高了该村就业率和农民收入。

南张庄村属于温带季风气候，村内地形平坦。在《邢台市国土空间总体规划（2021—2035 年）》中，南张庄村位于 9 条重要河流廊道之一的沙河生态廊道。由于距离中心城区较近，在《邢台市南和区乡村振兴战略总体规划（2019—2022 年）》中，南张庄村位于规划的三区中的“产城融合区”。

2. 生态敏感性与适宜性现状评价

基于南张庄村的降水、土壤、植被等自然要素对南张庄村进行生态脆弱性以及生态功能重要性评价，并综合得到生态敏感性评价结果。

从生态脆弱性评价结果来看，南张庄村整体属于生态脆弱区，在土地沙化、水土流失、土壤盐渍化等方面，村域内各地区情况一致，均表现为脆弱，其中生态脆弱性主要来源于土地沙化问题（图 2.9-1）。

从生态功能重要性评价结果来看，南张庄村东部、西北部、西南部的大范围耕地受农村居民点建设的影响相对较小，生态功能相对重要，村庄东南侧沿公路分布有少量草地，具有一定的防风固沙功能。而农村居民点及其周边地区整体上生态功能重要性较低（图 2.9-2）。

因此，综合来看，南张庄村以生态极敏感区和敏感区为主，其中极敏感区主要分布在距离农村居民点较远的东部及西北部，地类以旱地为主，受村镇建设的干扰较小；此外，在村域东南部的少量草地和北部的少量裸地范围，也表现为生态极敏感区，其余区域为生态敏感区（图 2.9-3）。

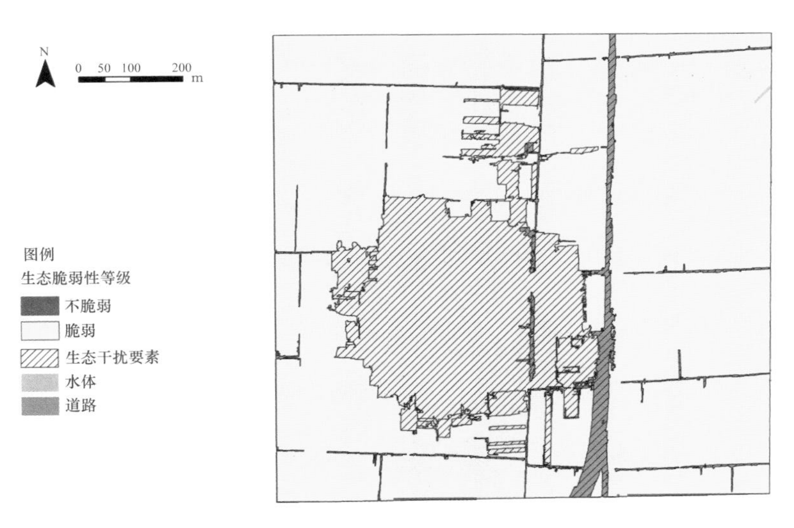

图 2.9-1　南张庄村生态脆弱性评价结果

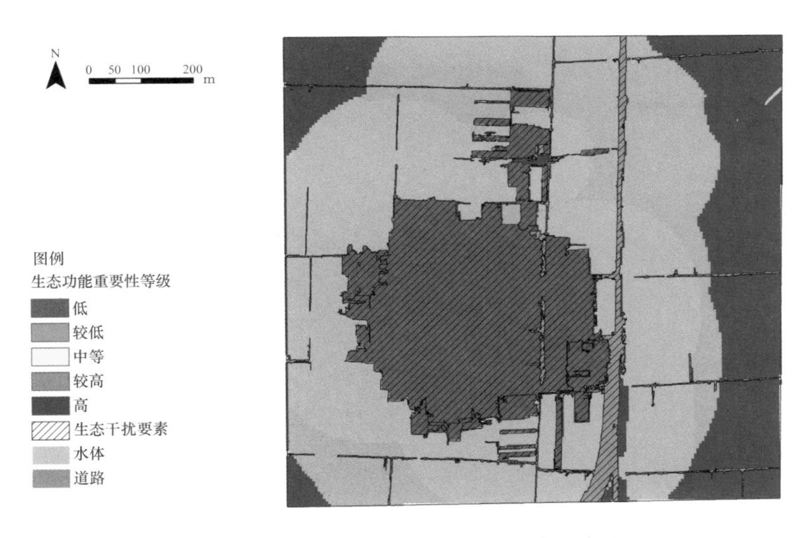

图 2.9-2　南张庄村生态功能重要性评价结果

从种植业生产适宜性评价结果来看，南张庄村种植业生产适宜区主要分布在农村居民点范围内及其周边，这些地区生态敏感性相对较低，且坡度平缓，而且符合农民就近耕作的原则（图 2.9-4）。

从工业生产适宜性评价结果来看，考虑到工业用地布局与乡村居住用地（宅基地）布局相互干扰的特性，南张庄村的工业生产较适宜区域压缩到村庄北部边

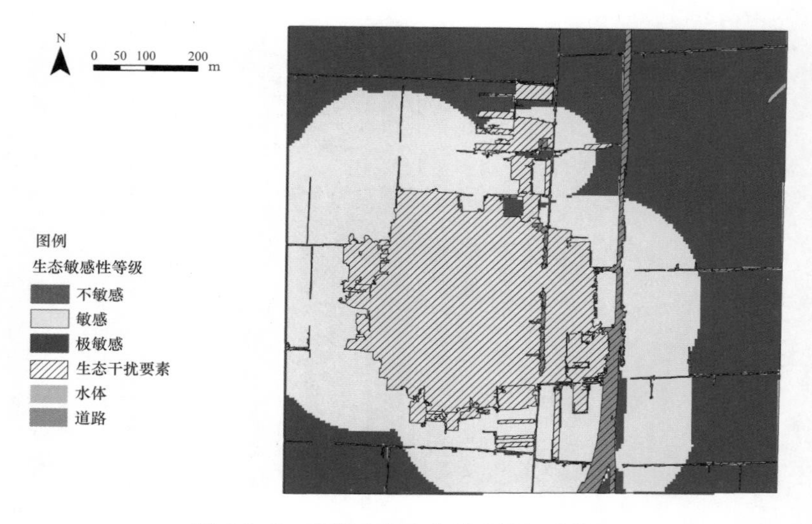

图 2.9-3 南张庄村生态敏感性评价结果

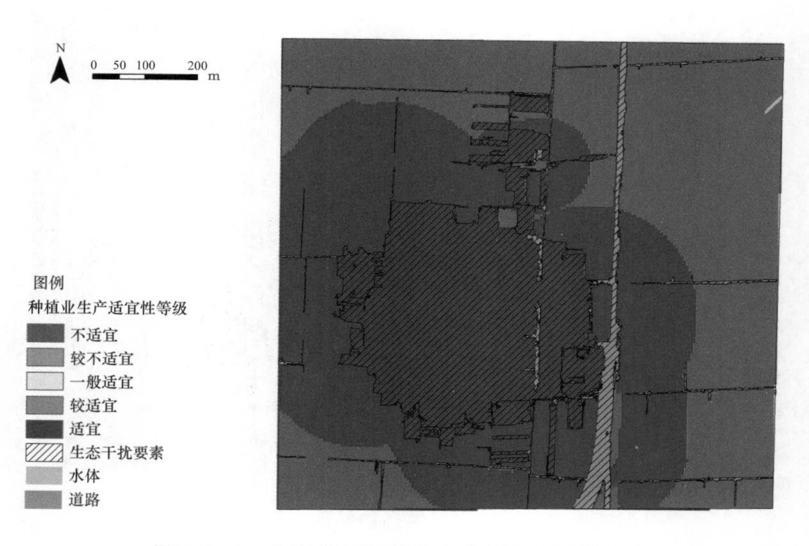

图 2.9-4 南张庄村种植业生产适宜性评价结果

缘和东南部边缘，面积非常小。这些地区敏感性相对较低，坡度平缓，且对居民生活影响较小（图 2.9-5）。

从服务业生产适宜性评价结果来看，村内基本上无服务业生产适宜区，农村居民点及其周边为一般适宜区，在这些区域布局服务业便于村民使用（图 2.9-6）。

图 2.9–5　南张庄村工业生产适宜性评价结果

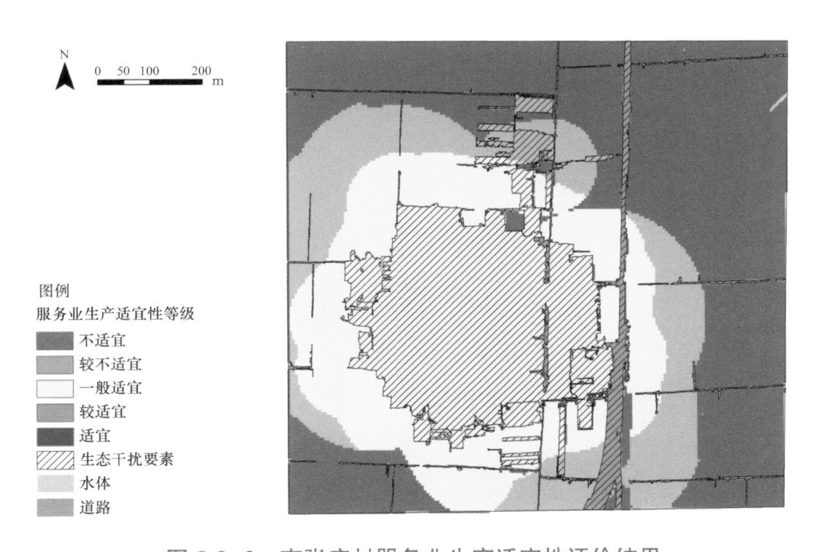

图 2.9–6　南张庄村服务业生产适宜性评价结果

从居住适宜性评价结果来看，南张庄村现有的村庄建设用地范围内出现了一般适宜区和较不适宜区两种类型，主要是因为村庄南北边缘的两处工业用地的干扰，因此体现出现有建设用地的外围为一般适宜区而内部为较不适宜区的特点（图 2.9-7）。

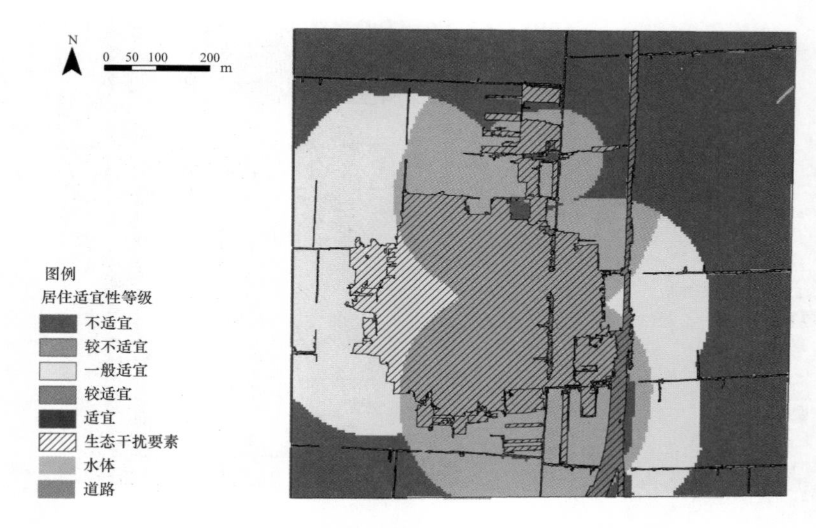

图 2.9-7　南张庄村居住适宜性评价结果

3. 生态空间问题识别

基于南张庄村的自然生态环境和人工绿化情况，结合生态敏感性和适宜性评价结果，可以看出南张庄村整体生态基底较差，表现在以下两方面：① 虽然村边有南澧河流经，但是村内部没有坑塘、沟渠等与之贯通的水域，也没有林地、草地等生态要素，大部分地区提供不了很强的生态功能；② 村内人工绿化也相对较差，未能弥补天然生态要素不足的状况。

因此，南张庄村的生态空间优化方向包括 3 个方面：首先，应在整个村域控制建设，适当退耕还林、还草，加强生态要素的培育；其次，保护现有在东南部公路边分布的小面积草地，最大限度保持和发挥其生态功能；最后，增加地表水体，在保持耕地斑块完整性的前提下，增加水系联通度。

4. 生态空间优化指引

基于南张庄村的生态敏感性与适宜性现状评价，结合村内生态空间问题识别结果，提出以下 3 个生态空间优化的具体对策（图 2.9-8）。

（1）补足宅边绿化：采用乔木与灌木结合的方式，通过在宅边种植具有当地特色的花木，保障社区内绿地空间，同时提升人居环境，为村民提供休憩娱乐的场所，以弥补南张庄村自然生态要素缺乏的问题。

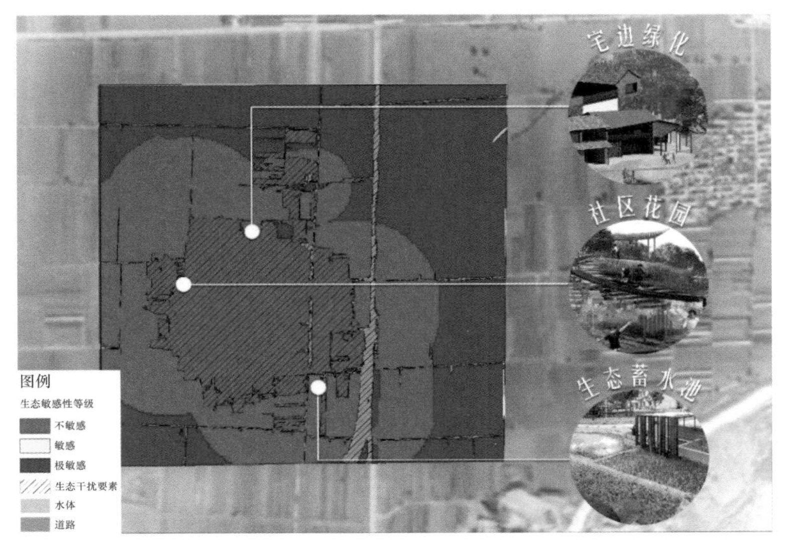

图 2.9-8 南张庄村生态空间优化指引

（2）建设社区花园：利用社区开敞空间打造小规模的社区花园，增加居民点内部的植被覆盖度，同时设置游憩小径、凉亭、运动场地、休闲广场等公共设施，既提升了社区生态环境，又为村民提供了休闲、集聚的场所。

（3）增加生态蓄水池：虽然村边紧邻南澧河，但是村域范围没有水系，可以通过设置阶梯式生态蓄水池，达到雨水逐级净化与收集的作用，同时增加滨水活动及亲水空间，植入景观构筑，改变原有视线焦点，将人的活动引入场地，丰富场地的空间形态，实现乡村公共活动与生态景观的有机融合。

5. 生态敏感性与适宜性优化效果

经过系统生态空间优化后，对南张庄村的生态敏感性与各项生活生产适宜性重新评价，结果如下。

在生态脆弱性方面，南张庄村整体基本上由生态脆弱区转变为生态不脆弱区；对应地，在生态敏感性方面，村庄居民点及其周边由生态敏感区优化为生态不敏感区，生态不敏感区面积占比提升 41.3%，而村域外围仍属于生态极敏感区（图 2.9-9，图 2.9-10）。

图 2.9-9　南张庄村优化后生态脆弱性评价结果

图 2.9-10　南张庄村优化后生态敏感性评价结果

通过对生态脆弱性与生态敏感性的优化，南张庄村的服务业生产适宜性也有明显提升。农村居民点及其周边大部分地区由服务业生产一般适宜区优化为适宜区，服务业生产适宜区和较适宜区面积占比分别提升 41.2% 和 18.6%，而服务业生产一般适宜区和较不适宜区面积占比分别下降 41.1% 和 18.3%（图 2.9-11）。

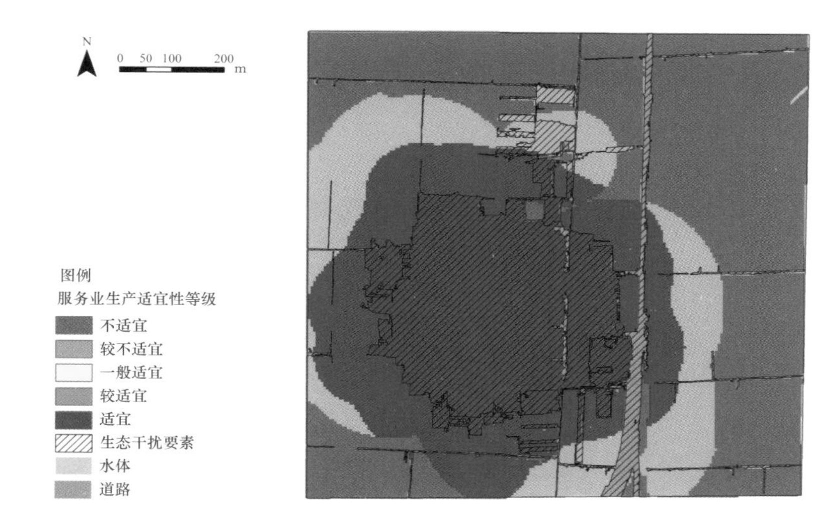

图 2.9-11 南张庄村优化后服务业生产适宜性评价结果

案例 10　山东省沂源县悦庄镇两县村乡村振兴战略规划

1. 项目简介

两县村位于山东省淄博市沂源县悦庄镇东侧，因地处沂源、临朐两县交界处而得名。两县村地理区位优势明显，距镇区 10 km，距县城 15 km（图 2.10-1）。作为区域服务中心，其幼儿园、小学等公共服务设施辐射桃花峪村、七里寺村等 10 余个村庄（图 2.10-2，图 2.10-3）。

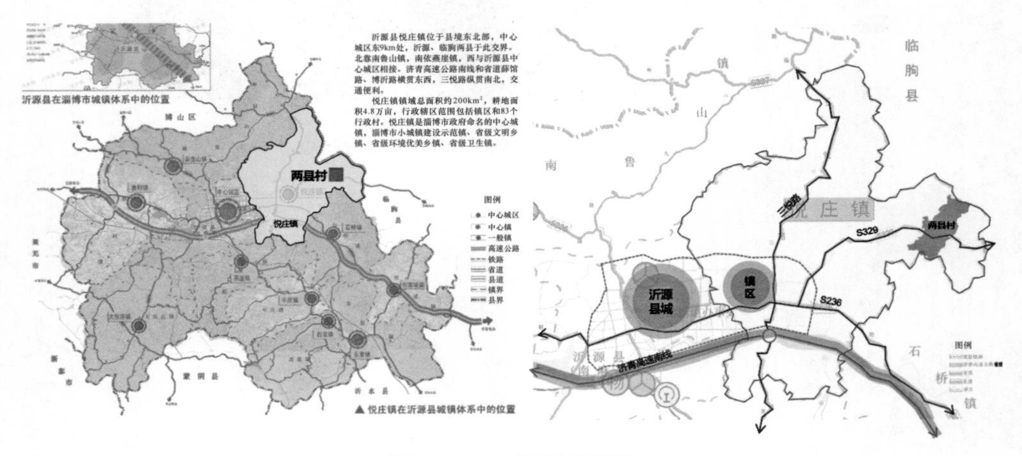

图 2.10-1　两县村区位

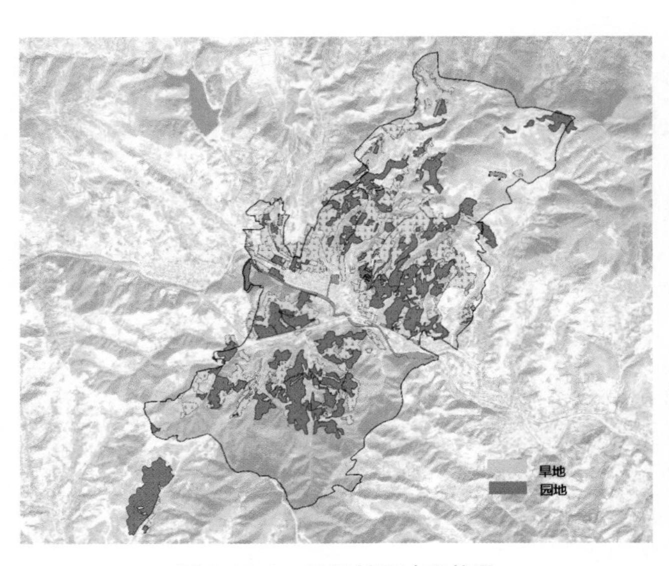

图 2.10-2　两县村用地现状图

图 2.10–3　两县村现状鸟瞰图

社会人口方面，2019 年年底，两县村共 310 户，1010 人，324 套宅基地。村庄劳动力占比 57%，其中 59% 的劳动力外出务工，外出务工地主要分布在沂源县城、张店区以及临朐县等邻近区县。农业产业方面，两县村耕地规模约 1400 亩，主要种植小麦、玉米等；园地规模约 1500 亩，主要种植苹果、樱桃等。总体而言，两县村农用地空间分散、种植类型多样、农业以家庭为单位的组织方式为主。

2. 规划思路

两县村村庄规划侧重两点：一方面，如何运用其城市近郊的区位优势，引导传统农业向都市订单农业转型；另一方面，如何改善并提升两县村的公共服务设施能力，促进以两县村为中心的社区化建设。

3. 规划要点

3.1　村域空间结构

两县村整体上构建“一廊、两圈层、三生片区”的空间结构（图 2.10-4）。“一廊”指居民点向 S239 延伸的功能走廊，集中了主要的公共服务设施、生产服务设施及文旅服务设施；“两圈层”指为农服务圈层和生态景观圈层，布局了若干个生产服务驿站、商贸服务驿站、旅游服务驿站；“三生片区”指以西部生活区为中心，分别向南北两侧辐射的中部生产区和南北两侧生态区。

一廊：居民点向S329延伸的功能走廊

两圈层：为农服务圈层和生态景观圈层

三生片区：西部生活区、中部生产区、南北两侧生态区

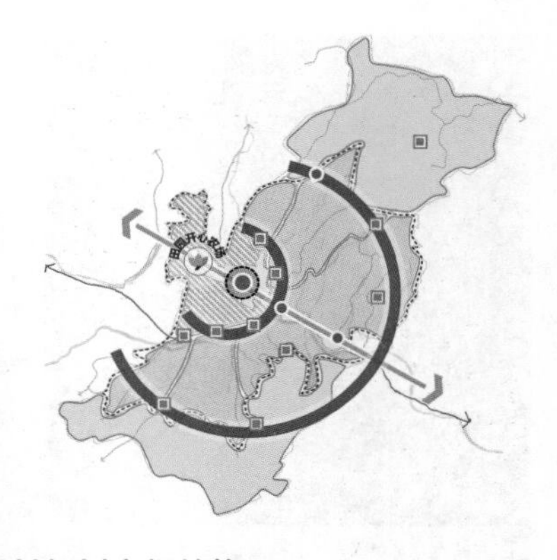

图 2.10–4　两县村规划空间结构

3.2　村域道路交通规划

基于现状地形及生产生活需求，构建网状放射性路网。首先，对现有的对外道路进行修葺拓宽。其次，基于生产、生活需要，依山循势构建服务现代农业生产需求的生产性道路（图 2.10-5）。

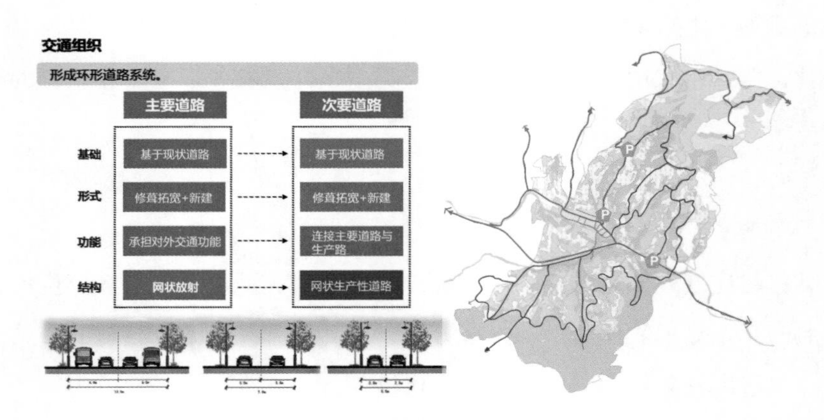

图 2.10–5　两县村交通组织

3.3　全域景观格局规划图

依托两县村的人文自然景观优势，空间上构建人文景观风貌区、田园景观风貌区以及生态景观风貌区（图 2.10-6）。近景——人文景观风貌区依托两县村居民点，打造红色文化旅游点、田园开心农场以及滨河景观带。中景——田园景观风貌区以梯田化的大地景观及林果采摘为主。远景——生态景观风貌区作为两县村的生态涵养地，保障生态本底。近、中、远景通过田园生态环进行串联。

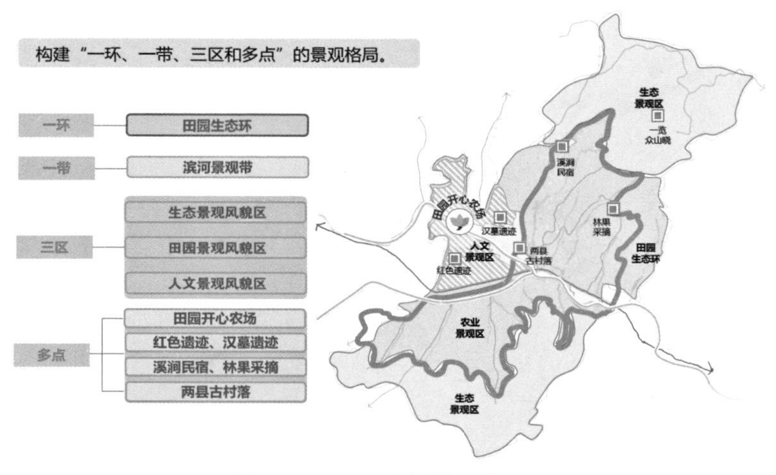

图 2.10-6　两县村景观格局图

3.4　居民点规划

第一，对居民点布局进行调整，将北侧 16 户居民迁移至南侧居民点，布局低层住宅建筑。一方面北侧居民点宅基地有近半闲置，南移后可以更好地共享公共服务设施；另一方面北侧居民点视野开阔，大地景观环境较好，适合将住宅建筑改造为民宿及相关配套服务设施，增加农民收入（图 2.10-7）。第二，服务设施配套上，考虑订单农业的产业化需求，将村内既有的集体经营性用地改造为农产品初加工厂和农业服务中心，以进一步提升现代农业生产（图 2.10-8）。第三，完善道路交通组织，结合新的服务设施和居民点需求，连通主街、次街和巷道，

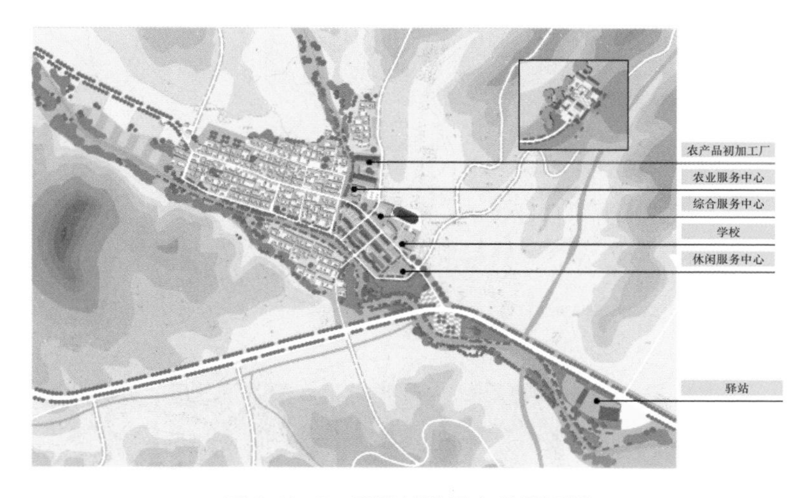

图 2.10-7　两县村居民点总平面图

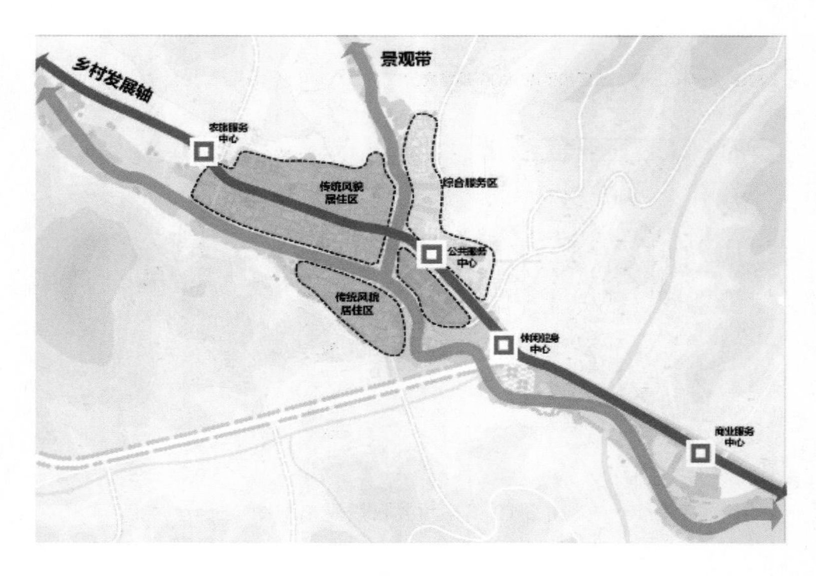

图 2.10-8　两县村服务设施规则

并对局部道路适当拓宽，增加部分生产、生活性停车位（图 2.10-9）。第四，水系整治和景观提升，对既有河道进行清淤，并改造南侧河道驳岸。

3.5　村域生产生活布局规划

两县村依托区位优势，积极对接县城市场需求，以粮食、蔬菜和水果生产为主，构建“种-养-加工-销售”一体化的现代农业产业体系。

空间上，首先，整合土地资源（图 2.10-10）。一方面，基于“三调”数据，调出侵占基本农田的园地等其他用地；另一方面，以村集体为单位，成立村集体

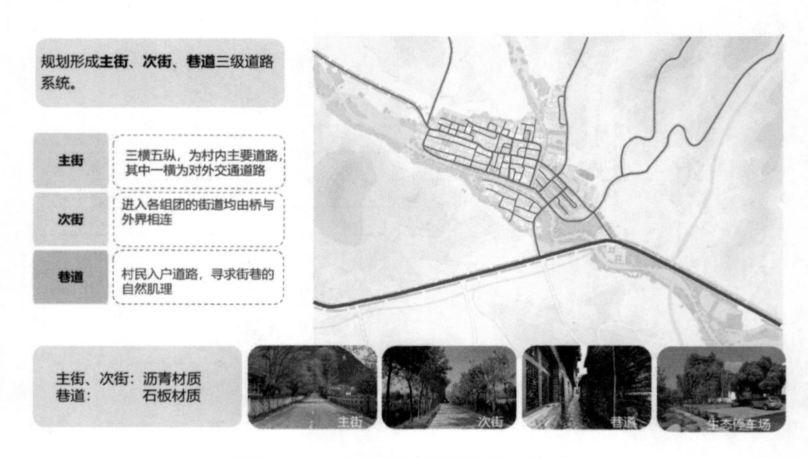

图 2.10-9　两县村道路体系规划

图 2.10-10　两县村土地资源整合

合作社，整合村内闲置、撂荒的土地，将整合的土地资源流转给种粮大户或家庭农场，进而实现土地的规模化。其次，按订单农业需求，将整合好的土地资源划分为放心农场-麦、放心农场-黍、放心农场-稷、蔬菜基地、北山立体果园、茶韵谷6个生产基地。整合两县村周边的土地资源，布局开心农场，服务文旅产业（图2.10-11）。

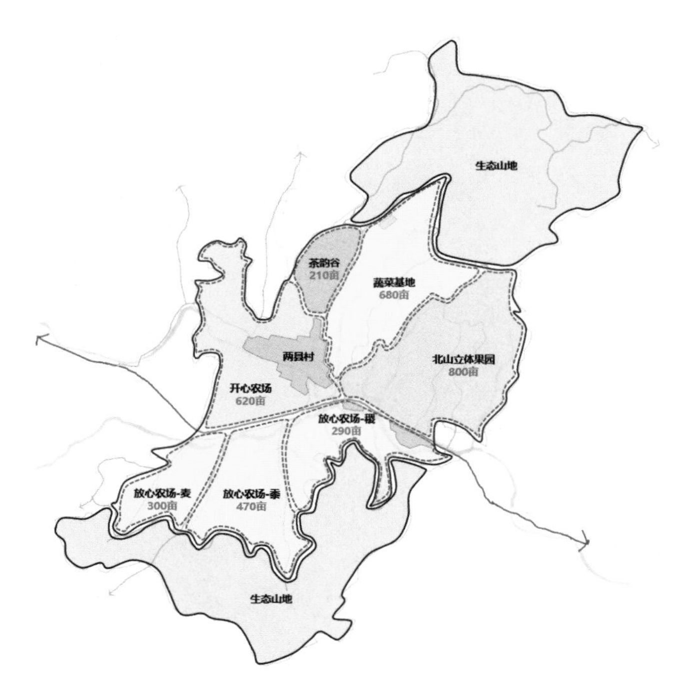

图 2.10-11　两县村生产基地布局

案例 11 山东省荣成市荫子夼社区乡村振兴胶东样板策划与规划

1. 项目概况

荫子夼社区位于胶东半岛腹地，地处海陆交汇之处，西靠威海大水泊机场和荣成高铁站，省道横穿全境，交通便利（图 2.11-1）。该地气候温润，是一个以农耕为主的传统耕作型村落。荫子夼社区包括前荫子夼、后荫子夼、青岘庄 3 个行政村，以及周边 5 个村的部分非建设用地，总面积 9577 亩，共计 697 户，1291 人，耕地面积 6183.3 亩。

2. 规划要点

2.1 规划目标及定位

发展目标上，围绕乡村振兴战略，荫子夼社区目标定位为“集聚提升类”村庄引领示范性项目，探索乡村振兴“一揽子”解决方案，形成乡村振兴胶东样板。特色定位上，围绕“外修生态、内筑人文”的理念，将荫子夼社区打造成集康养小镇、田园综合体、文化旅游发展于一体，人居环境优美、服务设施完善、生产生态空间和谐的“花・果・村落、溪・畔・人家”式的新型社区。

2.2 全域规划

（1）全域规划结构

荫子夼社区南北狭长，整体形态顺着中间山脊向外延伸，规划以山脊为轴，形成“一廊、二心、三区、四园”的空间布局结构（图 2.11-2）。

“一廊”：指沿中部山脊形成的自北至南山水村落有机结合，林果花海飘香的十里景观长廊。

“二心”：指西江月文化中心和乡村大舞台，其中西江月文化中心以公社遗址为核心，作为整个村落的公共服务核心区，同时也是未来的旅游区和民宿区；乡村大舞台位于村落的东侧，将原有的工业遗留建筑进行改造，成为宣传乡村文化、展现乡村人员文艺的重要舞台。

“三区”：北部生态区、中部花果区、南部农场区。

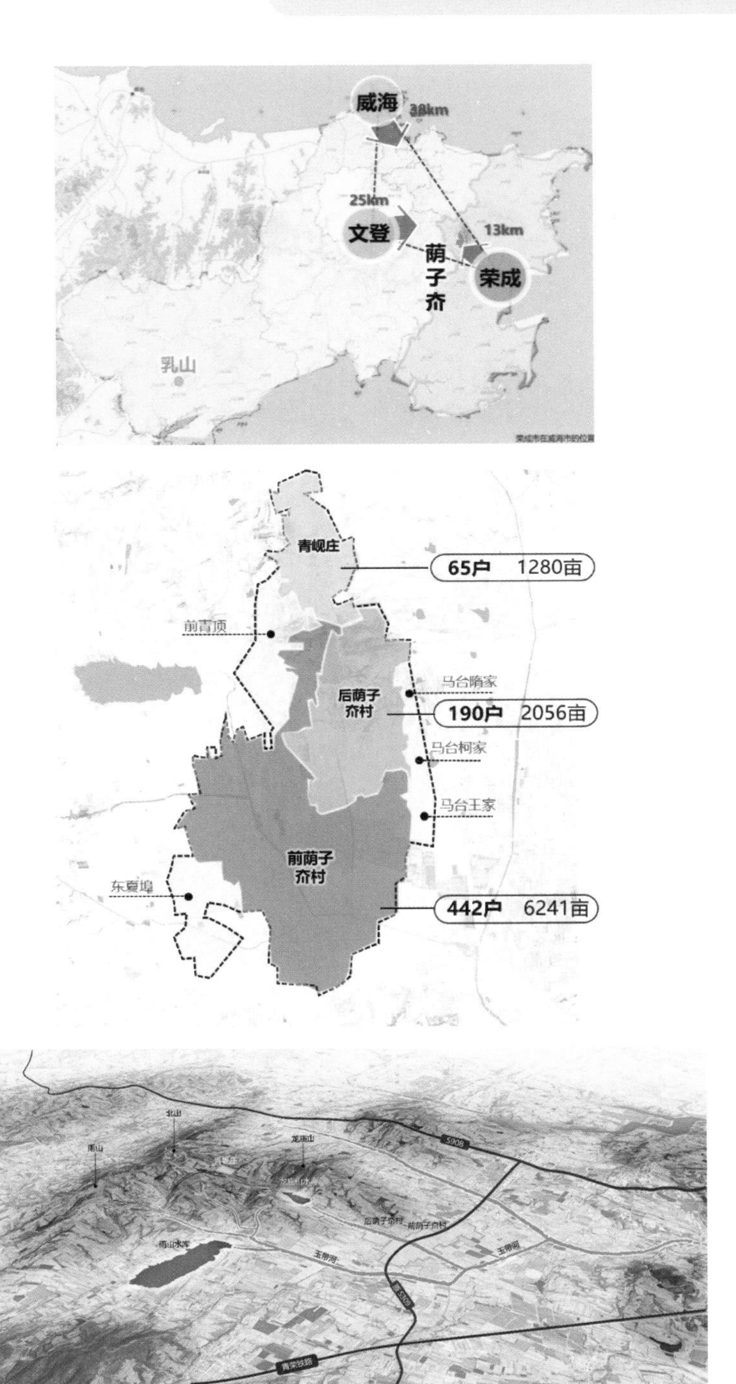

图 2.11-1　荫子夼社区区位

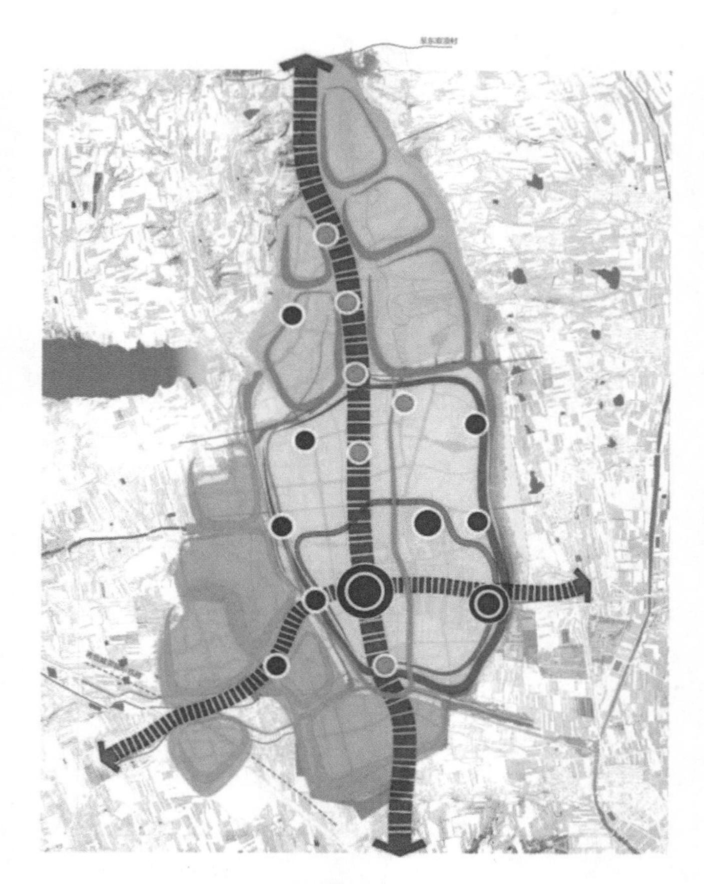

图 2.11–2　荫子夼社区全域规划结构

“四园”：花果园、玫瑰园、茶香园、孝亲园。

（2）全域道路系统规划

规划形成“三纵五横”的道路系统和均衡分布的停车系统（图 2.11-3）。主要道路在现状道路基础上进行修葺拓宽和新建，道路红线宽度以 7 m 和 12 m 为主，用于承担对外交通，形成“六横两纵”的规划结构。次要道路在现状道路基础上进行修葺拓宽和新建，道路红线宽度 5 m，用于连接主要道路与生产路，形成网状的生活性道路。此外，在旅游旺季时段对整个区域实行交通管制，禁止外来车辆进入村落内部，其余时段允许车辆自由通行。

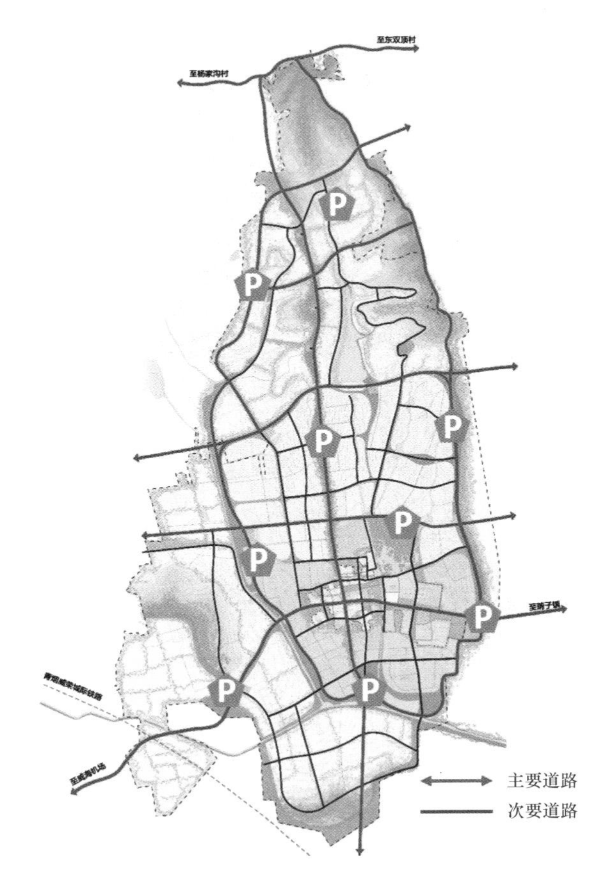

图 2.11–3　荫子夼社区全域道路系统规划

（3）全域生态空间优化规划

系统优化生态空间，突出“山、河、林、田、湖”生态格局。荫子夼社区生态本底优势突出，本次规划在保护生态环境的基础上，采用“理水”“置绿”的方式改善生态环境。

理水：开展玉带河和坑塘治理，打造生态水岸，在现状基础上，疏通河道、连接坑塘、修葺水库，形成水网，使之互通互联，构建乡村海绵（图 2.11-4）。

置绿：构建景观水系、美化四季、田园花海，形成以美丽田园为本底，水网、绿网为纽带的生态荫子夼格局。通过打造田园生态林网，提高植被覆盖率，明确农田边界，形成蓝绿交织的景观体系（图 2.11-5）。

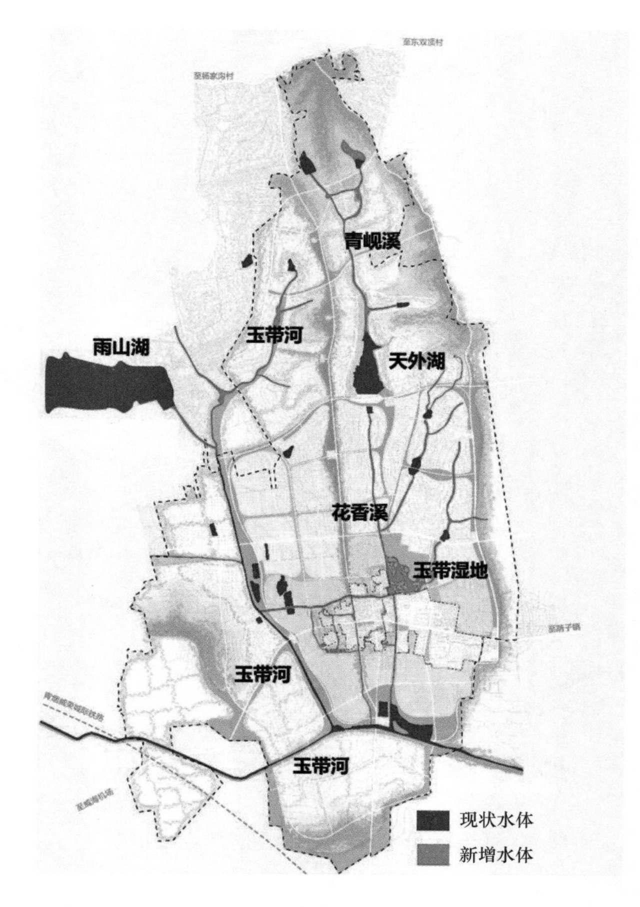

图 2.11–4　荫子夼社区理水规划

2.3　社区居民点规划

（1）规划结构

规划形成“一轴、双心、二区、一带、多组团”的规划结构（图 2.11-6，图 2.11-7）。以东河为界形成东、西两大片区，东区是在人民公社和乡镇企业基础上的再发展片区，包括一个村庄安置的居住组团，两个多功能复合街区和一个养老宜居组团；西区是以前荫子夼为主的乡村振兴片区，包括 4 个安置居住组团和荫子夼社区核心区。“一轴”，是指宜居发展轴。“一带”，是指东河景观带。“双心”，是指综合服务中心和乡村振兴创意展示中心。

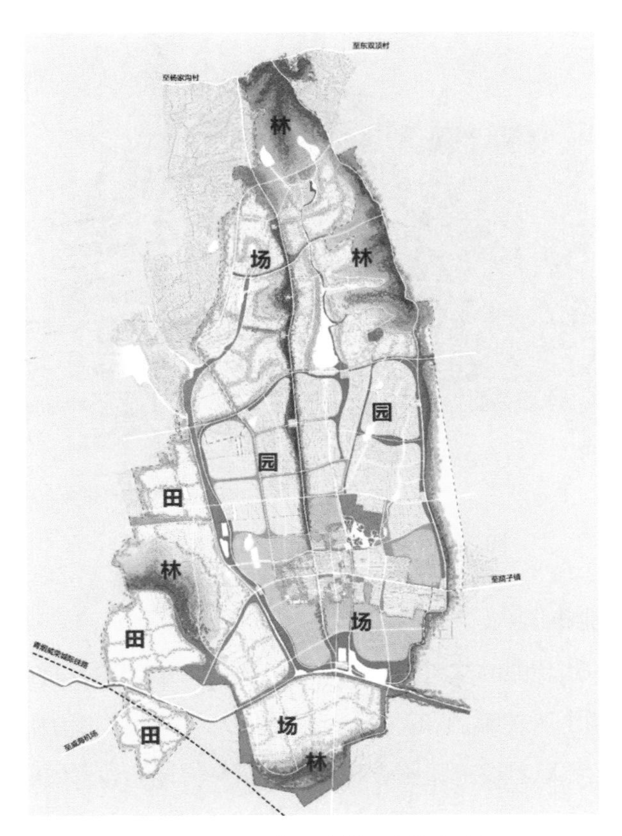

图 2.11-5　荫子夼社区置绿规划

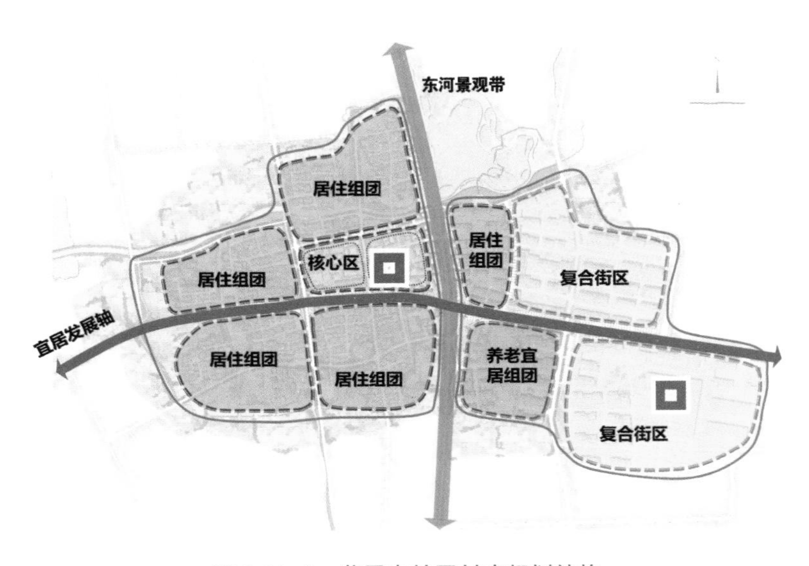

图 2.11-6　荫子夼社区村庄规划结构

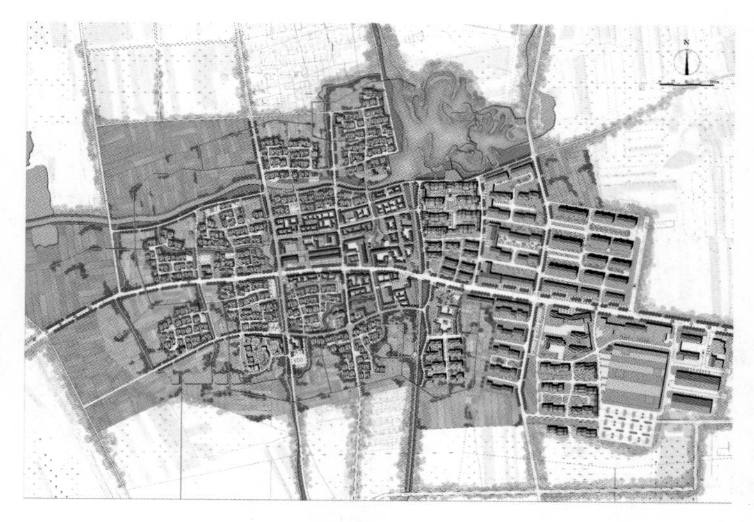

图 2.11-7　荫子夼社区规划总平面图

（2）村庄功能布局

东、西两个片区功能的组织和实施，以两团为一组，共形成九团十八组。西区形成五团十组：四个居住组团和一个核心区组团。四个居住组团以独院安置为主，并配套相应的养老、康养设施，核心区组团包括乡村记忆和人民公社文化创意园两个组。东区包括四团八组，分别是：多层安置和叠拼安置组团、多层居住组团、机构养老和别墅居住组团、多层居住和乡村振兴创意展示基地组团（图 2.11-8）。

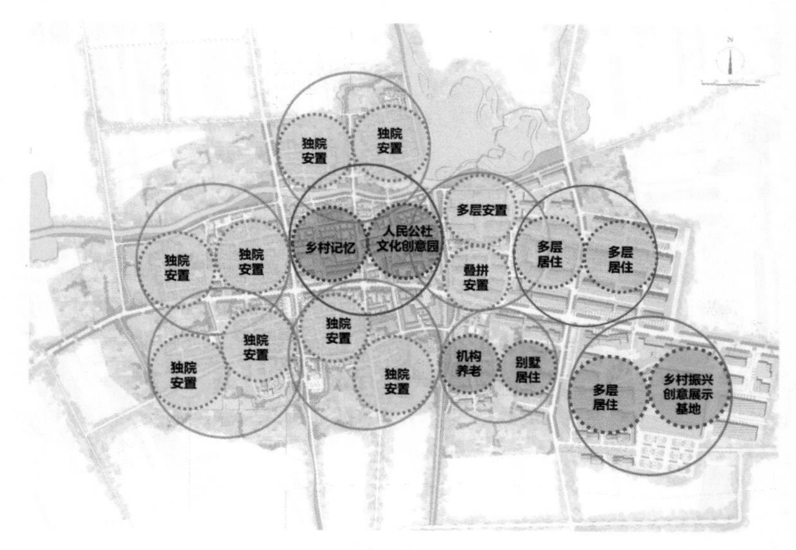

图 2.11-8　荫子夼社区村庄功能分区规划

在村庄外围，将嵌入组团的农田做成开心农场，以 2 ～ 3 分地为基本划分单元，分给本地居民、外来常住居民耕种，或者本地居民有偿替城市居民耕种，实现自给自足的生活方式，同时也保留了传统的农耕方式。在空间上形成近村以人工的、体力劳动为主的农场风貌，外围以果树、花卉的现代化、规模化种植为主的风貌，两者有机结合，形成村庄的整体特色风貌。

（3）安置规划

通过对前荫子夼等三村家庭户的全样本调研，发现三村人口老龄化问题突出，青少年及儿童人口比例过低（图 2.11-9）。在安置规划中，针对上述问题，对安置户进行规划引导。基于现状数据统计，70 岁以上独自居住户和 60 ～ 70 岁单个老人户（子女不在本村居住）建议社区养老。60 岁以上老人与子女同时居住在村里的建议大小院安置。最终安置规划总户数 1127 户，3000 ～ 3300 人。

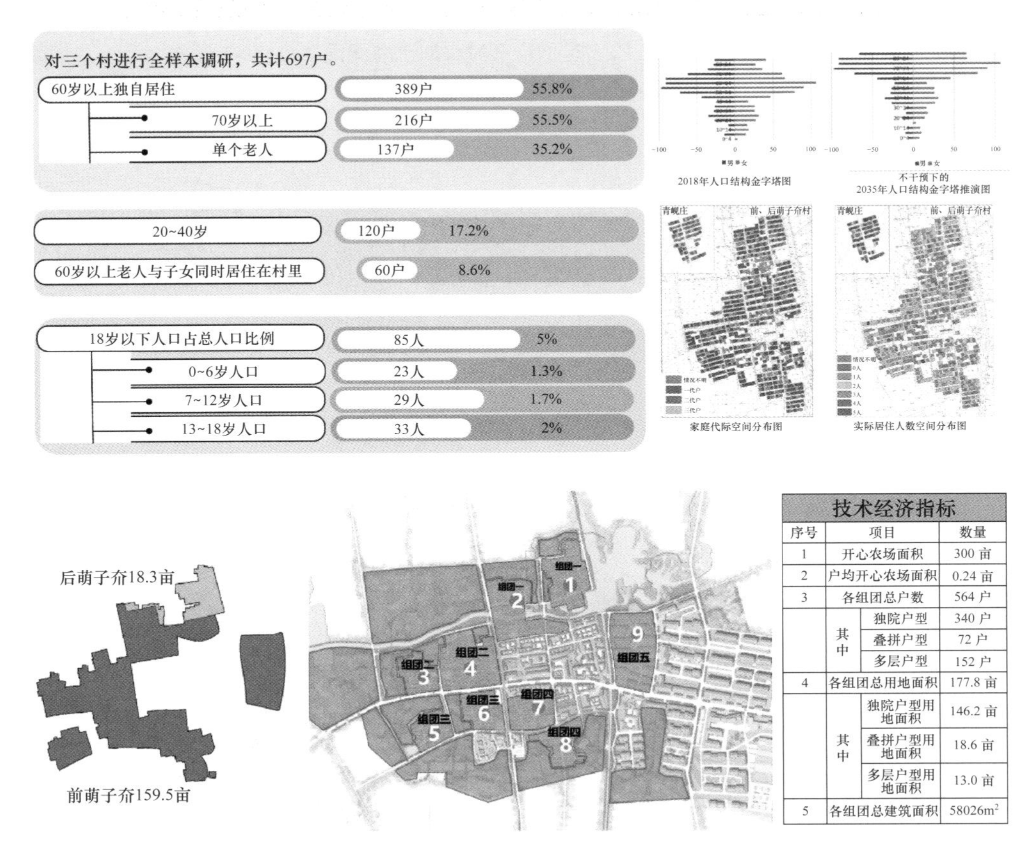

技术经济指标			
序号	项目		数量
1	开心农场面积		300 亩
2	户均开心农场面积		0.24 亩
3	各组团总户数		564 户
	其中	独院户型	340 户
		叠拼户型	72 户
		多层户型	152 户
4	各组团总用地面积		177.8 亩
	其中	独院户型用地面积	146.2 亩
		叠拼户型用地面积	18.6 亩
		多层户型用地面积	13.0 亩
5	各组团总建筑面积		58026m^2

图 2.11-9　荫子夼社区人口与住宅分析

规划中 401 套为村民住宅、676 套外来居民住宅、50 套康养住宅，外来户占比 60%。社区开始从“差序”社会向“差序–社团”社会转型（图 2.11-10）。

图 2.11–10　荫子夼三村规划总鸟瞰图

3. 规划特色

3.1　绿色宜居单元建设

宜居单元在空间环境上，荫子夼社区宜居单元保留传统民居的院落形式。在生态环境营建上，民居穿插在溪和畔之间，形成 9 个组团，每个组两面临水，或者至少有一面临水，以此，溪、畔和人家形成有机整体。

（1）组团宜居单元

组团宜居单元设计如图 2.11-11 所示。

图 2.11–11　荫子夼社区组团宜居单元设计

（2）坊式单元

荫子夼社区坊式单元设计如图 2.11-12 所示。

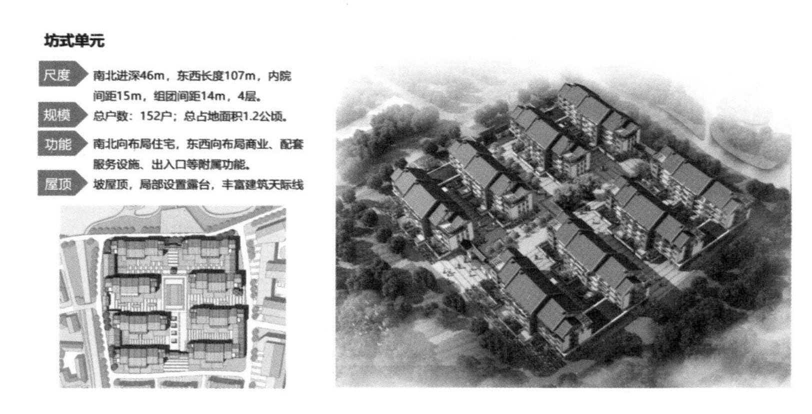

图 2.11–12　荫子夼社区坊式单元设计

规划为村民提供包含三类（独院、叠拼、多层）21 种户型，针对不同类型居民提供针对性户型解决方案（图 2.11-13）。建筑尺度上取自中国传统建筑理念中的天圆地方，选择 1∶1.414 这一适宜比例作为形式美法则；在建筑功能上通过交通核（院落空间）组织各建筑功能；在建筑要素上，保留胶东民居瓦屋顶、门楼、烟囱、雀眼等特征（图 2.11-14）。

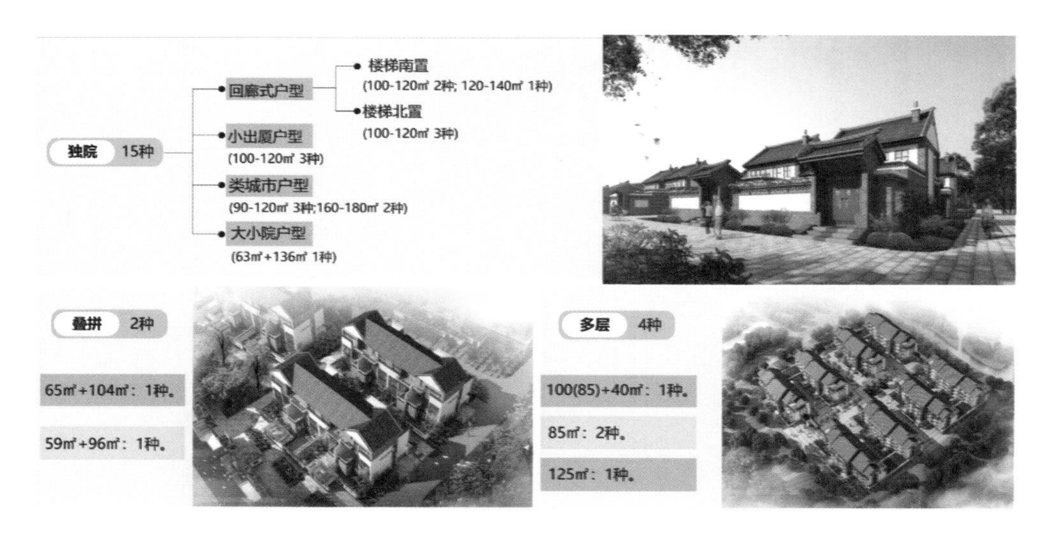

图 2.11–13　荫子夼社区户型设计图

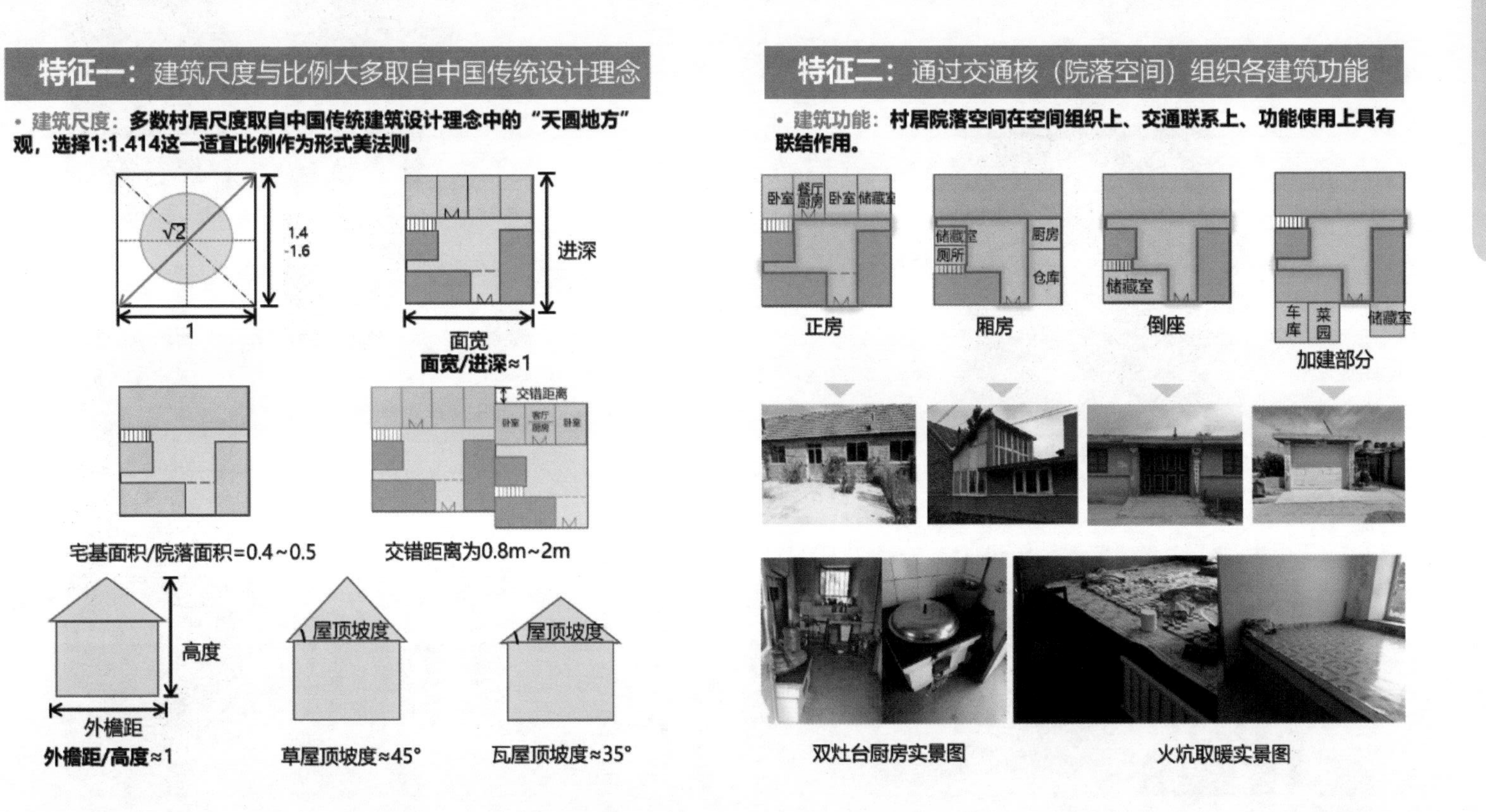
特征一：建筑尺度与比例大多取自中国传统设计理念
• 建筑尺度：多数村居尺度取自中国传统建筑设计理念中的“天圆地方”观，选择1:1.414这一适宜比例作为形式美法则。
√2
1.4
-1.6
1
进深
面宽
面宽/进深≈1
交错距离
卧室
客厅
厨房
卧室
宅基面积/院落面积=0.4~0.5
交错距离为0.8m~2m
高度
外檐距
外檐距/高度≈1
屋顶坡度
草屋顶坡度≈45°
屋顶坡度
瓦屋顶坡度≈35°
特征二：通过交通核（院落空间）组织各建筑功能
• 建筑功能：村居院落空间在空间组织上、交通联系上、功能使用上具有联结作用。
卧室
餐厅
厨房
卧室
储藏室
正房
储藏室
厕所
厨房
仓库
厢房
储藏室
倒座
车库
菜园
储藏室
加建部分
双灶台厨房实景图
火炕取暖实景图

特征三：建筑要素

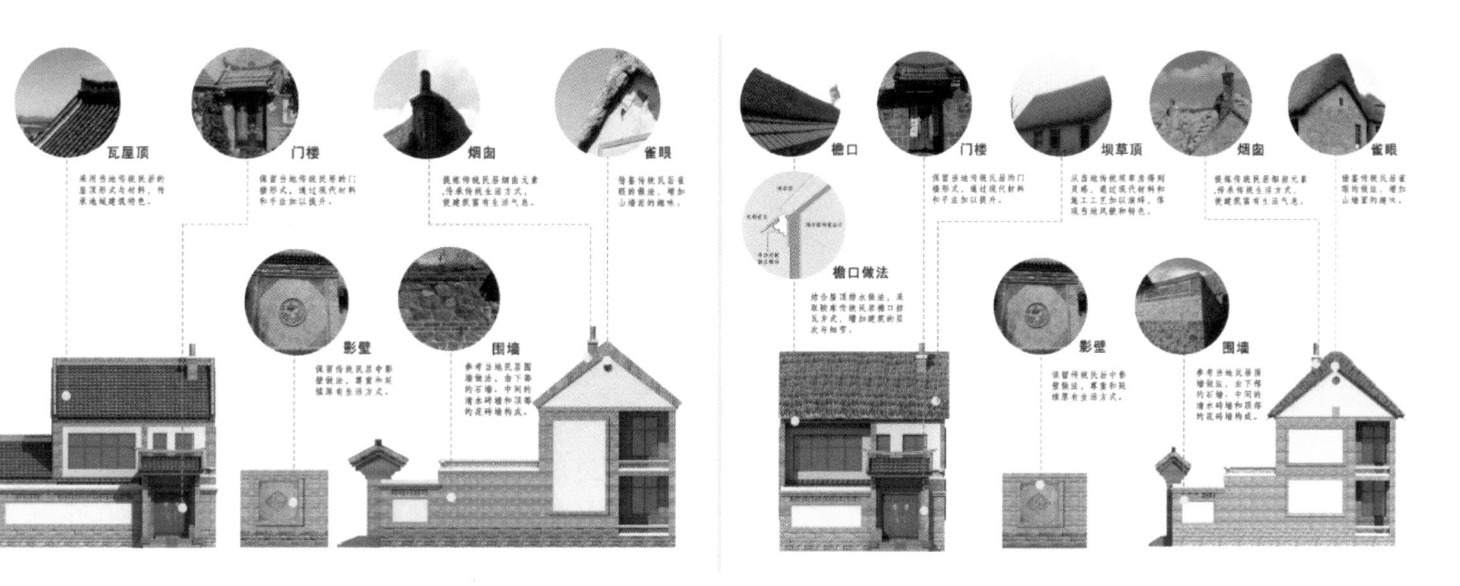

图 2.11-14　胶东民居建筑要素提取图

3.2 “花果村落”——产业空间布局规划

产业带动，协调强化生产空间，构建现代化农业产业体系。严守耕地红线，强化用途管制，加强荫子夼社区永久基本农田治理建设，为优质农产品供给提供基础保障。以荫子夼社区苹果、茶叶、桃等特色种植为基础，打造“荫子牌”农产品品牌特色，大力强化质量兴农、品牌强农。依托特色农产品苹果、茶等，延伸产业链，建设苹果园、茶园、开心农场等，形成田园观光、休闲采摘、旅游度假、文化体验等业态，打造业态丰富、功能完善、产业融合的乡村产业集聚区，推进农业与旅游、文化、教育等融合发展。规划荫子夼社区形成七大产业园区，构建现代化的农业产业体系，实现第一、第二、第三产业融合发展（图 2.11-15）。

图 2.11–15　荫子夼社区全域产业布局

3.3 “溪畔人家”——景观空间布局规划

景观空间布局上体现“溪畔人家”的规划理念，民居穿插在溪和畔之间，形成 9 个组团，每个组两面临水，或者至少有一面临水。以此，溪、畔和人家形成有机整体。每一个居住组团，溪水围绕，过桥进入组团，强化过水进户的方式。村庄形成三溪四桥，过桥方能进村，把水、桥、民居和生活形成一个有机网络（图 2.11-16）。

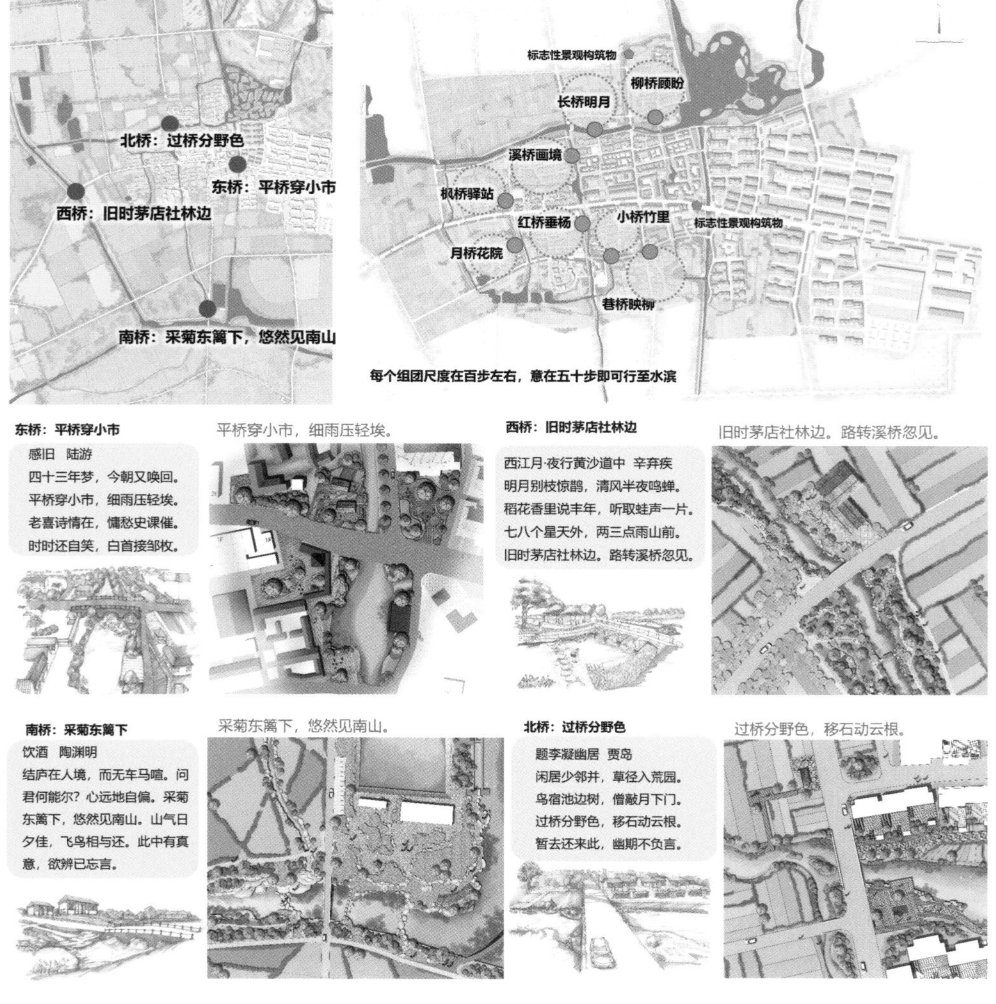

图 2.11-16　荫子夼社区景观空间布局规划

案例 12　北京市平谷区大华山镇砖瓦窑村生态空间规划

1. 项目概况

砖瓦窑村地处北京市平谷区大华山镇北部深山区，全域海拔在 140～165 m，距离平谷区政府驻地 15 km。村庄北部与西峪村交界，南部为大华山镇镇区，以平关路贯穿村域通达南北，交通方便。

砖瓦窑村是重要的北京市东部生态屏障构成部分与生态功能保护区。《平谷分区规划（国土空间规划）（2017 年—2035 年）》将平谷区定位为首都东部重要的生态屏障，是京津冀西北部生态涵养区的重要组成部分。根据平谷分区规划的“两线三区”规划图，砖瓦窑村全村均为“生态控制区”；根据平谷分区规划的国土空间规划分区图，砖瓦窑村全村均为“生态混合区”以及“林草保护区”；根据平谷分区规划的绿色空间结构规划图，砖瓦窑村全村均为“山区生态屏障”的组成部分。因此，砖瓦窑村的建设要求严控浅山区开发规模和强度，加强生态保育和修复，发挥山区生态屏障作用，强化水源涵养、水土保持等重要生态功能。

砖瓦窑村域内土壤多为页片状、铁镁质岩类淋溶褐土，地下水资源较丰富。砖瓦窑村是典型的北方山区村庄，在浅山丘陵中呈现组团分布。砖瓦窑村内部无自然地表水系，村内有泄洪河道与泄洪排水渠，仅在上游西峪水库泄洪时期可见地表水系，其余时候河床出露、水渠干涸。

2. 生态敏感性与适宜性现状评价

基于砖瓦窑村的降水、土壤、植被等自然要素对砖瓦窑村进行生态脆弱性以及生态功能重要性评价，并综合得到生态敏感性评价结果。

从生态脆弱性评价结果来看，砖瓦窑村不存在生态极脆弱地区。村庄区域多为生态脆弱地区，主要表现为沙化和水土流失的脆弱性，原因为植被覆盖度不足而地形起伏相对较大。村庄西北部有少量生态不脆弱地区，其原因为西北部为自然林地且地形起伏相对较小，相对于其他区域的园地和建设用地，沙化和水土流失的脆弱性较低（图 2.12-1）。

图 2.12-1　砖瓦窑村生态脆弱性评价结果

从生态功能重要性评价结果来看，砖瓦窑村生态功能重要性等级高与较高区域主要分布在西北部与东部区域，村庄集中居住区周边果园等园地区域的生态功能重要性较低。西北部与东部的林地在防风固沙、水土保持、水源涵养等方面均具有高生态功能重要性（图 2.12-2）。

因此，整体来看，砖瓦窑村的生态极敏感区域主要分布在西北与东部区域，敏感原因为区域内部的林地具备重要生态功能。同时，村域范围无生态极脆弱地区，因此少发各类生态灾害（图 2.12-3）。

从种植业生产适宜性评价结果来看，砖瓦窑村种植生产适宜区主要分布在西南部的小范围地区，较适宜区分布在中部的集中建设区及其周边。这一区域生态敏感性相对较弱，坡度平缓。同时到最近居民点距离较近，便利耕种（图 2.12-4）。

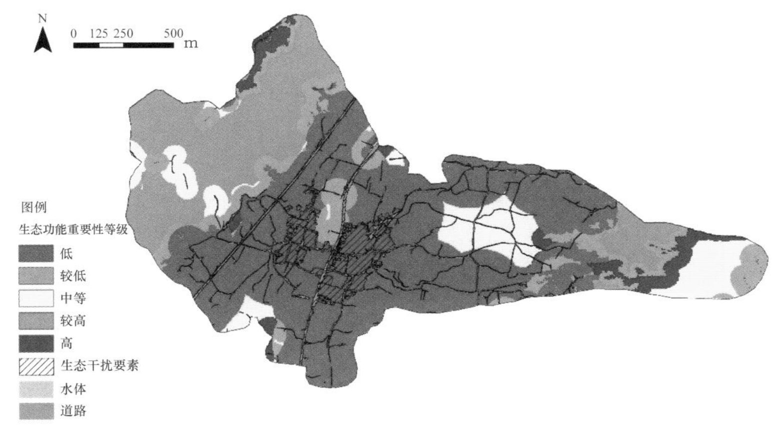

图 2.12-2　砖瓦窑村生态功能重要性评价结果

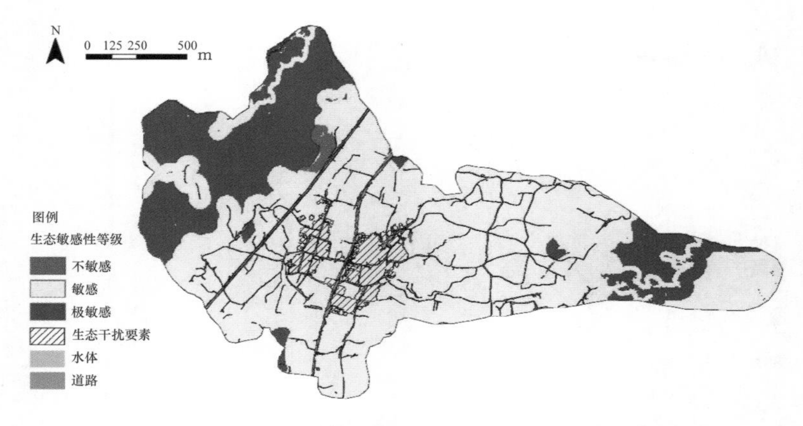

图 2.12–3 砖瓦窑村生态敏感性评价结果

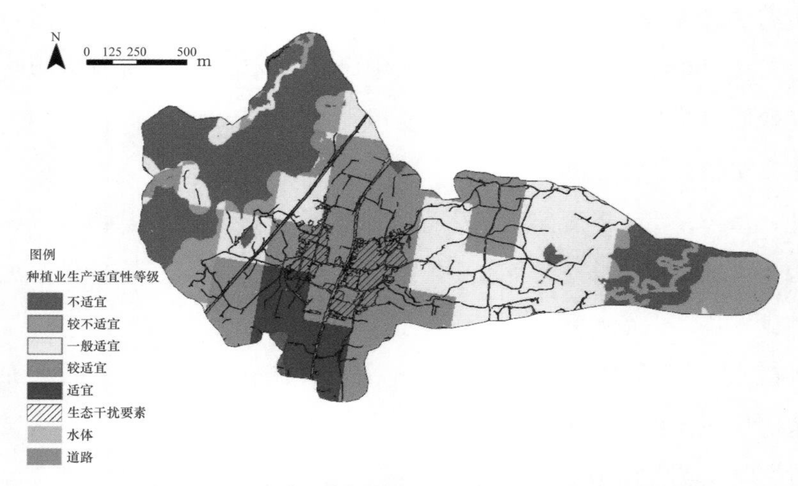

图 2.12–4 砖瓦窑村种植业生产适宜性评价结果

从工业生产适宜性来看，砖瓦窑村大部分村域不适宜工业活动，仅在南部、东部等小部分地块有一般适宜区。砖瓦窑村居民点较多且集中分布，工业生产避让居民生活区后少有适宜工业发展的平坦区域与交通发达区域（图 2.12-5）。

从服务业生产适宜性来看，砖瓦窑村少有适宜服务业生产的地块，仅在中部的集中建设用地和北部、西南与东部的少部分建设用地一般适宜。除村庄内部的集中生活区外，北部、西南与东部区域到最近居民点距离较远，因此仅能支持在村庄内部发展便利居民生活的服务业。同时，砖瓦窑村缺乏特色文化旅游资源，特色文化与休闲旅游业等服务业发展适宜性也较低（图 2.12-6）。

图 2.12-5　砖瓦窑村工业生产适宜性评价结果

图 2.12-6　砖瓦窑村服务业生产适宜性评价结果

从居住适宜性评价结果来看，砖瓦窑村整体较适宜居住，其中居住适宜区主要分布在西南部的小范围地区，较适宜区分布在中部的集中建设区及其周边。这一区域生态敏感性相对较弱，坡度平缓，到最近工业用地距离较远（图 2.12-7）。

3. 生态空间问题识别

基于砖瓦窑村生态敏感性与适宜性评价结果，发现砖瓦窑村生态空间整体情况较好（图 2.12-8），具体表现为：① 无生态环境脆弱、易发生态灾害区域。

图 2.12-7 砖瓦窑村居住适宜性评价结果

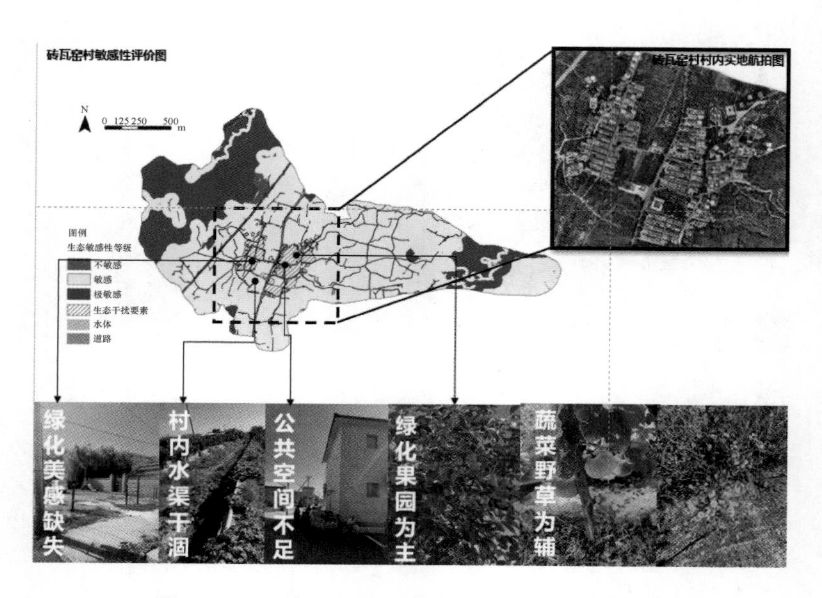

图 2.12-8 砖瓦窑村实地调查生态空间问题识别

② 域内有自然林地且能提供较高的生态功能。③ 村内少有工业企业，整体居住适宜性较高，分布于集中居住区周边的果园也有较高的种植业生产适宜性。

此外，基于砖瓦窑村现场调研，发现砖瓦窑村生态空间布局存在如下问题：① 村内绿化不足，导致村庄建成区与周边地区生态脆弱性相对较高。② 村内绿化以果园为主，有一定水土流失与土壤污染风险。③ 生态功能西高东低，空间不均衡明显。④ 村内缺乏地表水系，加之主要产业林果产业需水量高，有一定地下水超采隐患。⑤ 公共空间缺乏，且无生态功能，难以满足村民亲近自然和休闲娱乐的复合需求。

砖瓦窑村村镇社区居民的问卷调查显示，村民认为村中最主要的生态环境问题为缺乏公共空间与生态景观风貌不足。村民认为较为严重的生态环境问题中，缺乏公园广场等公共空间获选最多，与村民认为最需要增加的生态基础设施相一致。另外，超过半数村民认为村庄生态景观风貌较差，以及 1/3 村民认为村庄建设区内绿化较少，说明村庄的生态景观和绿化需要一定的提升。村内现有绿化景观由宅边果蔬构成，部分废弃土地或房屋周边无绿化管理，较为杂乱。村内绿化整体缺乏协调性和美感，需要统一整理优化。此外，近一半村民认为村庄水域面积较少，村内仅有抽取地下水的水闸和干涸的路旁沟渠，无开放水域景观。还有少数村民认为村庄还存在垃圾无人清扫或清扫不及时、空气污染和噪声污染的问题（图 2.12-9）。

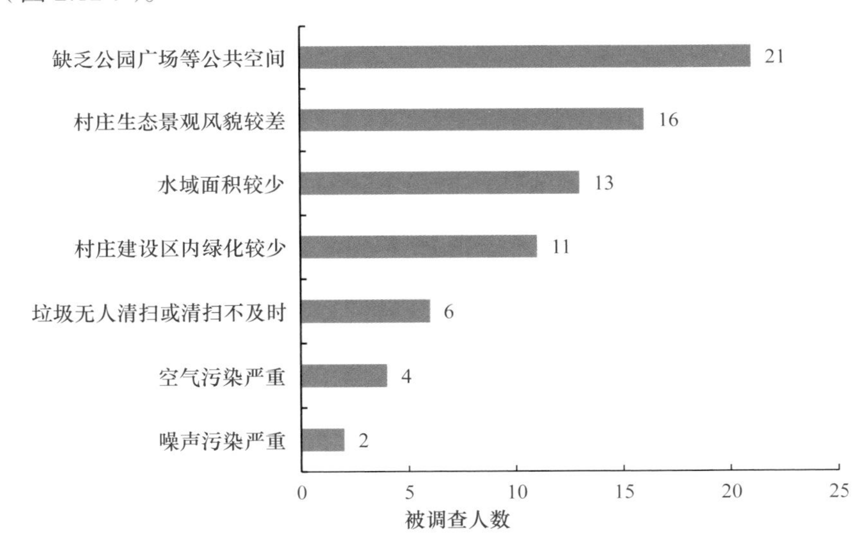

图 2.12-9 砖瓦窑村村镇社区居民生态环境问题感知结果

村内实地调查问卷结果显示，村内最需要增加的生态基础设施为绿地广场，其次为口袋公园，二者的选择人数均超过半数。由此可见，村民对于广场、公园等可供游憩、休闲的公共空间需求较大。选择了生态环保知识宣传栏的村民也达 1/3，说明村民们存在获知生态环保信息的需求，应加强相关知识的普及传播。村内已有垃圾分类收集站和垃圾分类说明指示，所以村民对相关设施需求并不明显，但也存在个别村民不知情的情况，也有人认为应增设分类垃圾点，加强垃圾分类教育宣传。街边绿化和透水铺装道路对于村民的影响较小，相关需求不明显（图 2.12-10）。

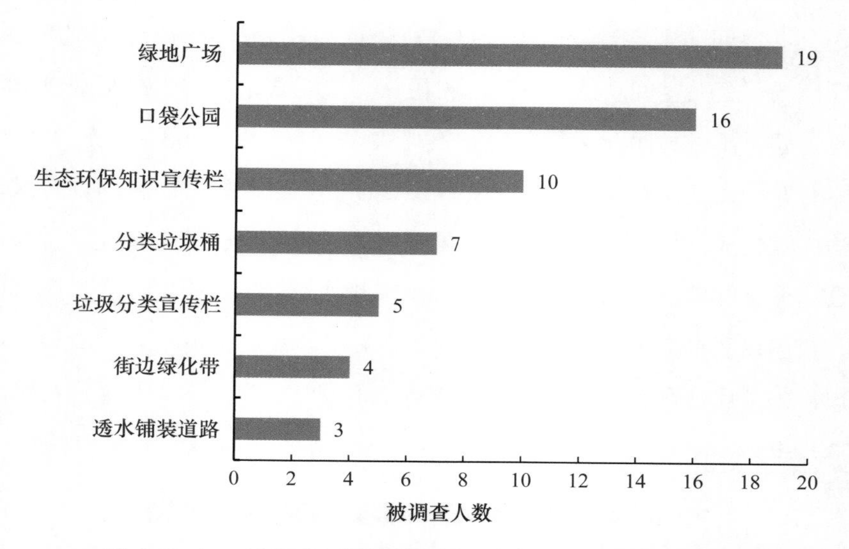

图 2.12–10　砖瓦窑村村镇社区居民生态环境改善需求调查结果

因此，根据生态敏感性与适宜性评价以及实地调研结果，对砖瓦窑村生态空间的优化策略为优先保护西南部和东北部的天然林地，适当控制建设范围和强度；对于种植果园的大范围区域，应当注重土壤肥力的保持和防止污染；适当增加如生态景观池塘等地上水域。同时，从村民需求角度出发，应增设公园绿地等兼具生态与休闲功能的公园广场与口袋公园，增设生态环保知识宣传栏，强化村内绿化景观设计。

4. 生态空间优化指引

（1）生态空间整体优化格局

规划构建“一心一廊四区”的生态空间格局（图 2.12-11）。“一心”为社区绿地生态修复核心，主要范围为村庄居住区，重点提升居住区内部生态环境。“一廊”为生态廊道，主要沿平关路呈南北向延伸，旨在提升交通沿线的生态环境。“四区”主要包括东西两侧的森林生态保育区以及村庄周边的农田生态系统修复区，森林生态保育区主要功能为促进对森林的整治、维护和管理

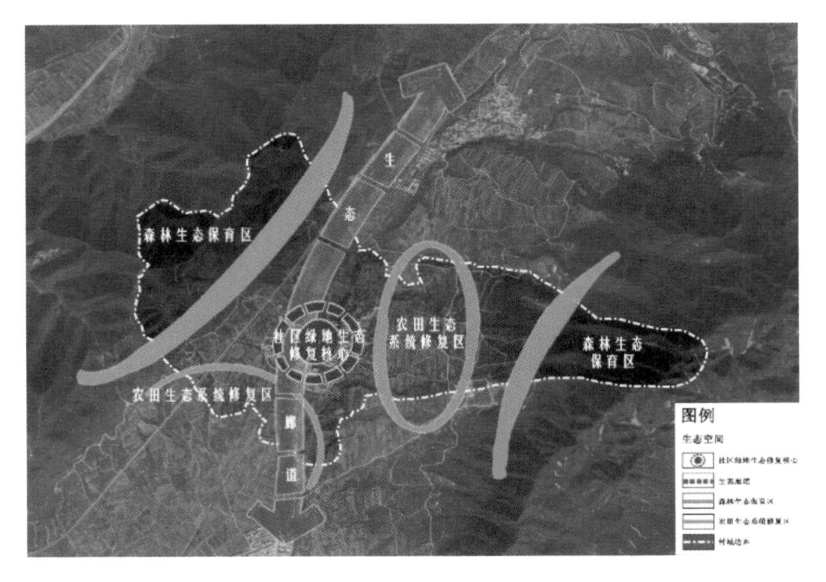

图 2.12-11　砖瓦窑村生态空间规划

以及有效利用森林资源营造体验自然、接触自然的场所，农田生态系统修复区主要功能为优化农田空间、提高现代化程度，以构建与未来农业经营体制相适应的农田空间。

（2）生态空间重点优化方向

基于生态敏感性与适宜性评价，结合村镇社区居民调查问卷结果，砖瓦窑村生态空间优化方向主要包括：修建林间栈道、建设生态农田、配置口袋公园（图 2.12-12）。

① 修建林间栈道

保障东北部自然林地生态功能重要性，以林间栈道提升自然林地生态功能服务半径。依托村落东北部自然林地，设置散步道、休憩设施、导览标识等便民设施，让人们在不破坏生态环境的同时享受森林生态系统提供的多种服务，为村庄营造一系列舒适自然的公共活动空间。

规划提出森林生态栈道修建工程：以生态防腐木为材料铺设林间栈道，优先使用原木色等与自然融合度较高的颜色为栈道颜色设计体系。隔段设计“休憩平台”，布设同色系木条凳满足多人休息需要，放置分类垃圾桶供游客投放垃圾，防止污染山林环境。装备栈道夜间亮化系统，保证夜间行走安全。在栈

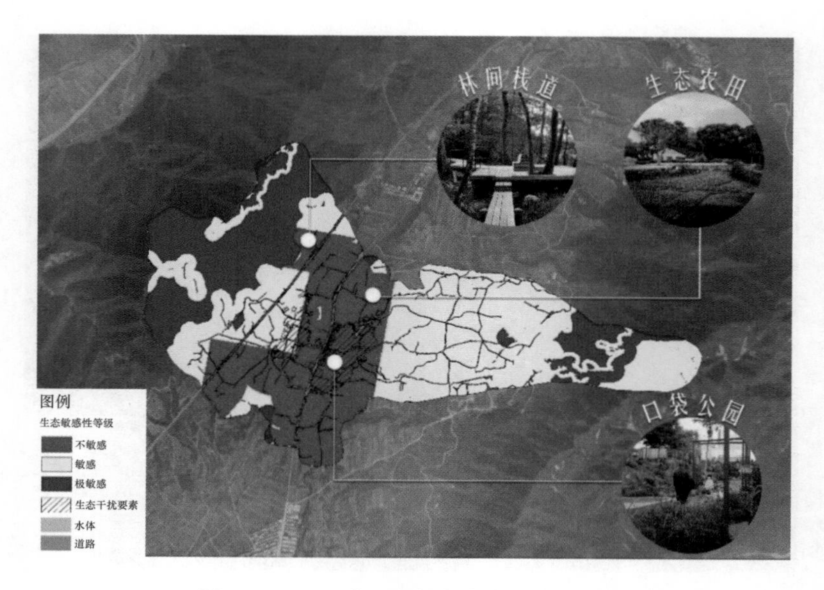

图 2.12-12　砖瓦窑村生态空间优化指引

道台阶、入口、出口与休憩平台等处进行系统灯光设计，营造自然温馨氛围。林间栈道架空铺设，利于导流雨水，减小对森林生态系统水源涵养、防风固沙等功能的影响。

② 建设生态农田

降低农田与道路等人为活动频繁区域的生态系统脆弱性，提升对应区域的生态功能。同时，推动弃耕地的生态改造，防范野生动物入侵风险。通过在农田与道路的交界处沿线种植植物或景观作物，营造连续的村镇社区田园景观。开展农事体验活动，让人们体验农园、学习农业知识，推进各种农业体验场所的发展。砖瓦窑村已经弃耕的果园杂草丛生，容易引来野兽、滋生害虫，对社区构成威胁。因此，应对当地农民恢复弃耕园地进行支援，考虑种植一些当地的植物树木，作为景观绿地来继续使用。

③ 配置口袋公园

以小片绿地提升村内建成区域生态功能，同时降低人为活动与大片硬化地面导致的生态脆弱性。将村落中的小型闲置空间改造成能为周边居民服务的口袋公园，适度的地形变化与丰富的景观配置形成多角度的景观视野，能够最大限度发挥场地功能，为村民提供多元化的休憩娱乐场所，从而实现绿地的有机微更新。

规划提出口袋公园打造工程：保留村内原有树木，通过乔灌草组合绿化方案，运用不同颜色花卉植物，在村庄内部形成串珠式绿化连线。打造动静结合、可休憩、可漫步、可休闲的多功能生态空间。以下凹式绿地与透水铺装等方式调蓄雨水，提升口袋公园水源涵养的生态功能。对口袋公园进行组合式灯光设计，提升村庄夜间照明水平，塑造温馨氛围。

（3）基础设施布局优化

村庄内现有一处垃圾分类中转站、两处分类垃圾桶、一处生态环保知识宣传栏，主要集中分布在村庄南部的居委会周边；健身广场和快递点分布在平关路两侧；另有两处公共厕所，分散在村庄南部。由此可见，村庄内现有基础设施分布不均且较为短缺，缺乏对生态环保知识的宣传，同时缺乏对公共空间的生态化改造（图 2.12-13）。

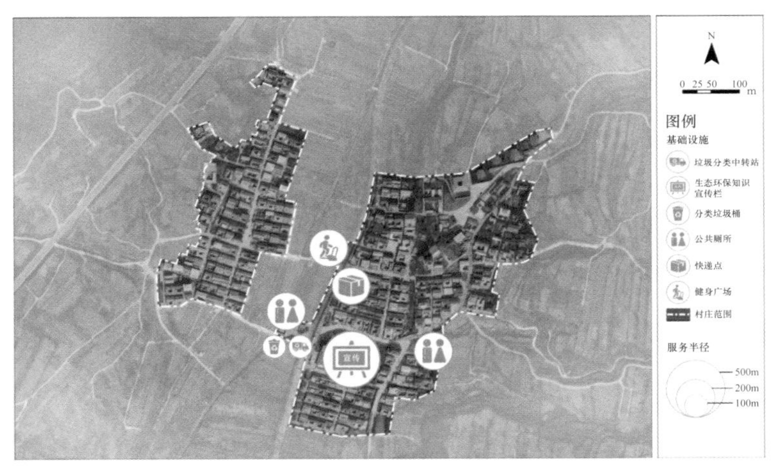

图 2.12-13　砖瓦窑村基础设施布局现状

在村庄现有生态基础设施布局的基础上，新增绿地广场一处、口袋公园两处、分类垃圾桶七处、生态环保知识宣传栏两处（图 2.12-14）。其中，绿地广场拟选址在居委会周边的闲置空地，服务全村居民，为居民生活提供便利；口袋公园拟分别设置在村庄东西两区的闲置空地，服务对象为各片区的居民；生态环保知识宣传栏与分类垃圾桶相配套，提高居民的生态环保意识。

同时，重点对健身广场、快递点、西侧公共厕所门前篮球场以及居委会周边闲置空地进行生态优化改造。健身广场着重进行适老化改造，设置较为舒适

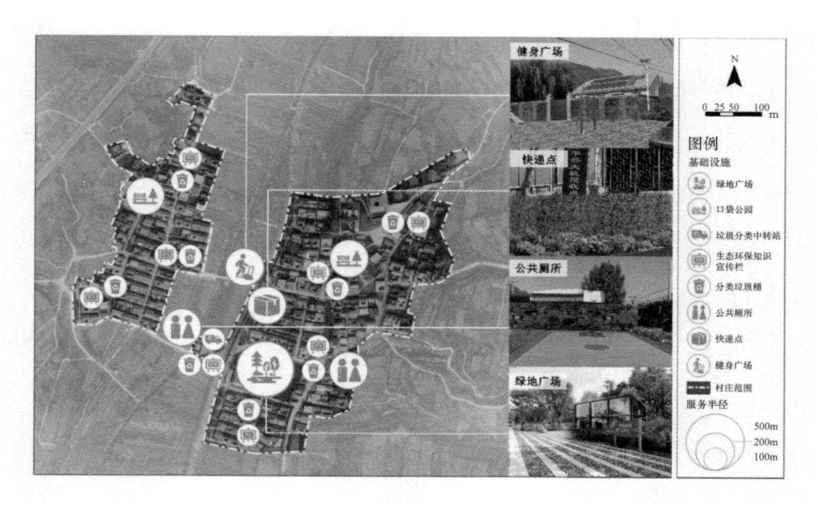

图 2.12-14　砖瓦窑村生态基础设施布局优化

的木质长凳、防滑铺装，同时增加植物景墙和小型花圃，为老年人休闲娱乐提供安全舒适的环境。现状快递点由于距离交通干线过近存在安全隐患，因此将快递点向后移动，并在靠近道路一侧设置绿化隔离带，提高安全性的同时增加美观程度。西侧公共厕所门前篮球场存在的主要问题是与公共厕所、垃圾转运站以及分类垃圾桶共用同一个场地，不利于休闲娱乐，因此在篮球场外侧设置植物景墙，与公共厕所等隔离开来，并进行篮球场场地的优化，提升篮球场品质。将围绕居委会周边的一片空地改造成为绿地广场，同时增设砖瓦窑村桃产品展示中心，既能够为居民生活提供绿色生态休闲空间，又能够为特色农产品提供展示窗口。

5. 生态景观风貌整体优化与重要节点设计

5.1　生态景观风貌整体优化方案

基于砖瓦窑村生态敏感性和生态适宜性评价结果，考虑砖瓦窑村村民生态空间优化需求和优化意愿，对砖瓦窑村进行景观风貌优化（图 2.12-15）。

（1）口袋公园：将社区内现有健身设施场地进行改造，利用植物景墙、渗水铺装以及雨水花园打造具有雨洪韧性的口袋公园，将雨水就地蓄留，就地消化旱涝问题。同时，设置带有渗水铺装的小型活动广场，为村民休闲娱乐提供开敞活动空间。

图 2.12–15　砖瓦窑村生态景观风貌优化

（2）宅边绿化：改善住宅旁边废弃、空置空间，植入景观构筑物，如文化廊架，设置小型宅边花园，打造集文化、休闲于一体的宅边绿化带，使其既能够作为文化展示、宣传的窗口，又能够提升住宅周边整体生态环境，提高居住舒适度。

（3）生态果园：修整撂荒果园，重新栽植果树，基于当地特色设置园区标识，使其成为独具特色且辨识度高的生态果园。同时，采用透水性好的木栈道修缮原有土路，改善果园周边生态环境。

（4）农田景观：拓宽现有水渠，选用多种水生植物改造原有驳岸，提高亲水性。同时，开展绿色农业，辅以栽种景观植物，营造连续的村镇社区田园景观。

5.2　重要生态节点优化设计方案

通过问卷调查了解村民对宅旁庭院、道路以及公共空间的生态节点设计偏好。问卷结果（图 2.12-16）显示，超过半数的村民希望宅边庭院种植的植被类型为乔木，其次为自然生草本植物，最受欢迎的植被组合方式为低矮植被＋乔木，其次是低矮植被＋果树。

对于街道而言，村民最喜爱的植被类型依次为常绿乔木、草本植物、落叶乔木，近 2/3 的村民希望能够在街道上出现草本小花坛与乔木带的组合（图 2.12-17）。

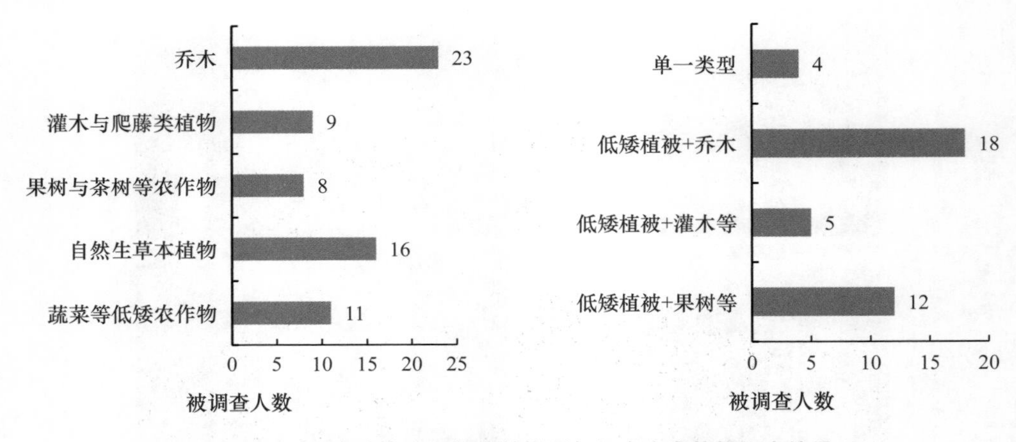

图 2.12-16　宅旁庭院绿化植被类型与组合方式偏好调查结果

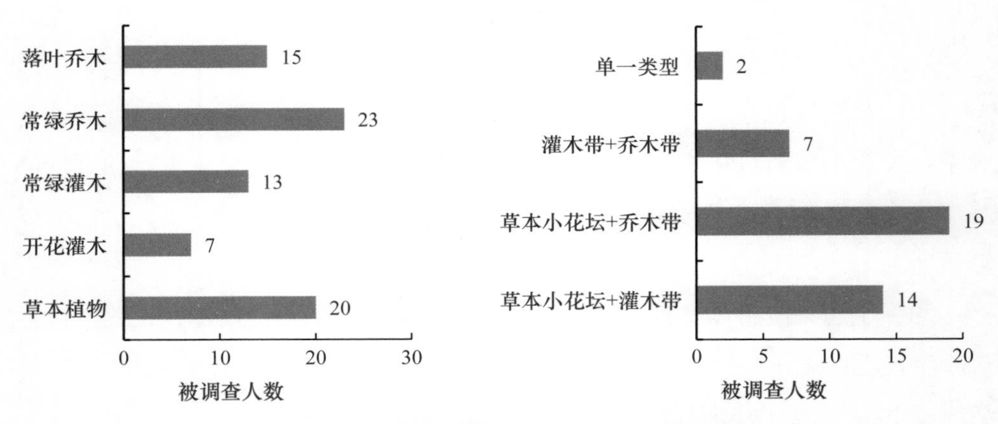

图 2.12-17　街道绿化植被类型与组合方式偏好调查结果

对于公共空间而言，超过 1/3 的村民希望增加的景观类型为口袋花园，其次是小片草地、植物景墙（图 2.12-18）。

宅边庭院以草本植物、果树、乔木、蔬菜四类元素，以乔灌草混合方式，形成 4 个组合方式（图 2.12-19）。

街道以草本小花园、灌木带、乔木带三类元素，以乔灌草混合方式，形成 3 个组合方式（图 2.12-20）。

公共空间以口袋花园、小片草地与植物景墙，形成 3 个组合方式（图 2.12-21）。

对宅边庭院、街道以及公共空间生态景观设计方案进行问卷调查，筛选出村民最偏好的方案分别为草本植物＋乔木、草本小花坛＋乔木带、口袋花园＋植物景墙，形成最终的景观设计与绿化方案。

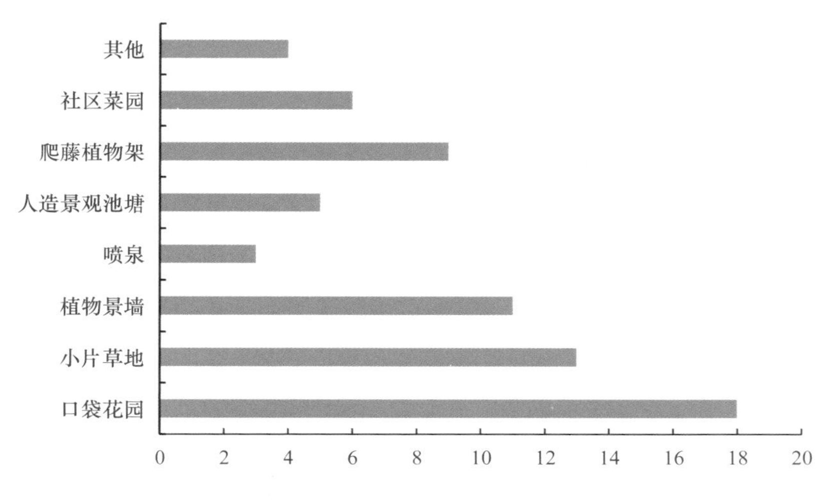

图 2.12-18 公共空间生态景观类型偏好调查结果

图 2.12-19 宅边庭院生态景观设计方案比选

图 2.12–20　道路生态景观设计方案比选

图 2.12–21　公共空间生态景观设计方案比选

6. 示范作用及意义

经过系统生态空间优化后，对砖瓦窑村生态敏感性与各项生活生产适宜性重新评价，结果如下。

砖瓦窑村生态敏感区域占比明显下降，不敏感区域明显上升。在进行生态空间优化后，由生态脆弱导致的生态敏感区域面积下降，生态敏感区域从 75.5% 下降至 48.1%。优化后的生态敏感与极敏感地区均为具有相对重要生态功能的区域（图 2.12-22，图 2.12-23）。

通过对生态脆弱性与生态敏感性的优化，砖瓦窑村的生活与生产适宜性也有明显提升。

图 2.12-22　砖瓦窑村优化后生态脆弱性评价结果

图 2.12-23　砖瓦窑村优化后生态敏感性评价结果

砖瓦窑村种植业生产适宜性明显提升，种植业适宜区面积占比从 6.9% 提升至 28.0%，主要为原先的一般适宜区和较适宜区优化而来（图 2.12-24）。

砖瓦窑村工业生产适宜性有一定提升。较适宜与适宜区无明显提升，不适宜区面积占比也无明显减少。工业生产适宜性提升主要来自部分较不适宜区转换为一般适宜区（图 2.12-25）。

砖瓦窑村的服务业生产适宜性有明显提升，主要表现为较不适宜与一般适宜区有明显下降，转变为较适宜区与适宜区。其中，较不适宜与一般适宜区面

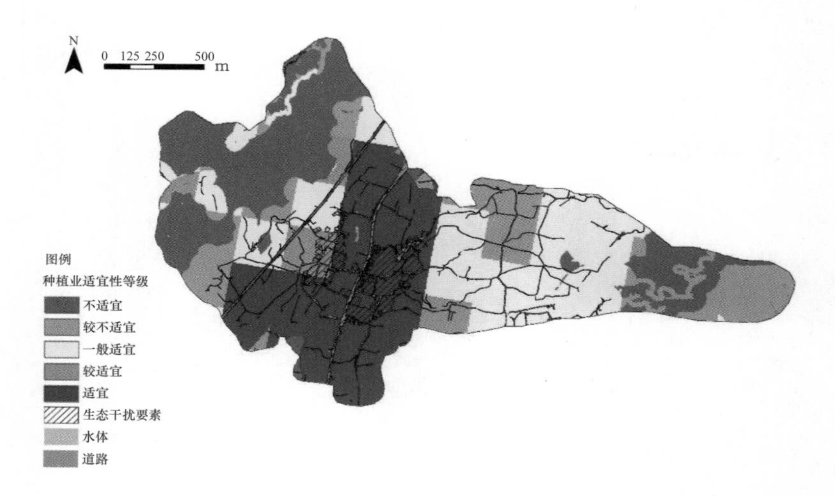

图 2.12-24　砖瓦窑村优化后种植业生产适宜性评价结果

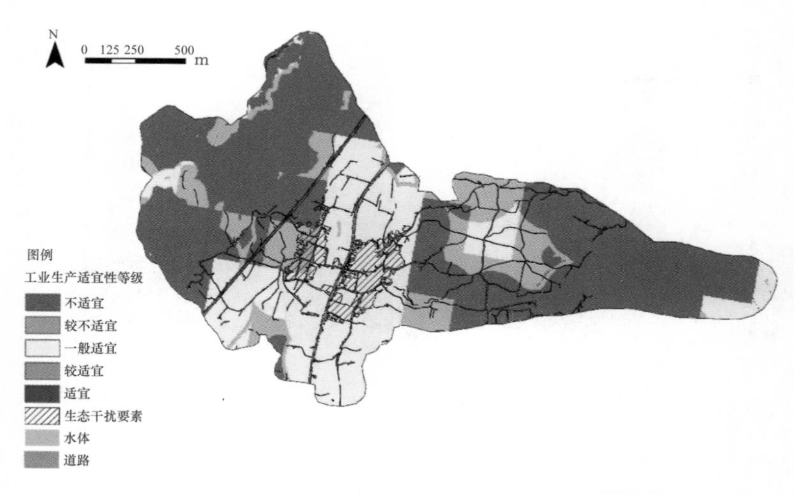

图 2.12-25　砖瓦窑村优化后工业生产适宜性评价结果

积占比分别下降 8.3% 与 9.4%，较适宜区与适宜区面积占比提升 6.4% 与 11.4%（图 2.12-26）。

砖瓦窑村居住适宜性有显著提升，主要表现为较适宜区提升为适宜区，适宜区面积占比提升了 21.1%。同时，一般适宜区与较适宜区面积占比分别下降 0.2% 和 21.0%（图 2.12-27）。

图 2.12-26　砖瓦窑村优化后服务业生产适宜性评价结果

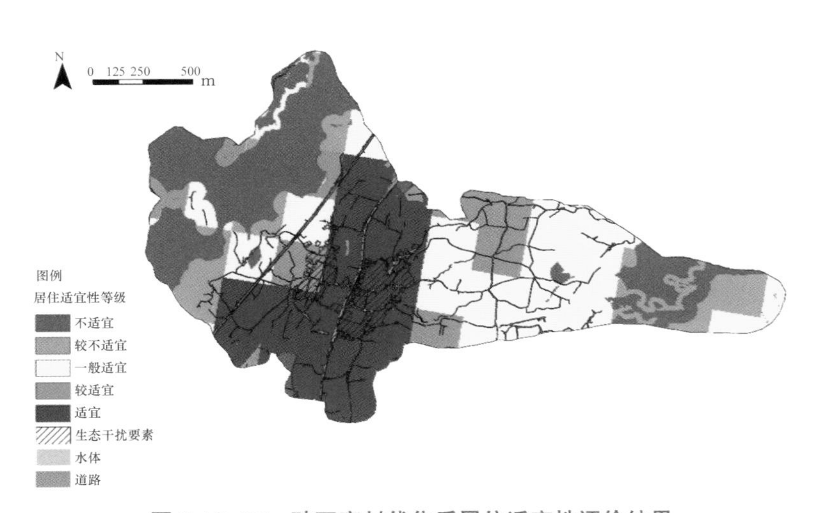

图 2.12-27　砖瓦窑村优化后居住适宜性评价结果

案例 13　北京市延庆区张山营镇靳家堡村村庄规划

1. 项目简介

靳家堡村地处北京市延庆区张山营镇东南部，距镇中心 9 km，距延庆城区 7 km（图 2.13-1）。靳家堡村户籍人口 850 ～ 860 人，村域面积约 14.9 km^2。有耕地约 950 亩，种植的农作物以玉米为主，苹果少量。林地约 890 亩，为经济林。

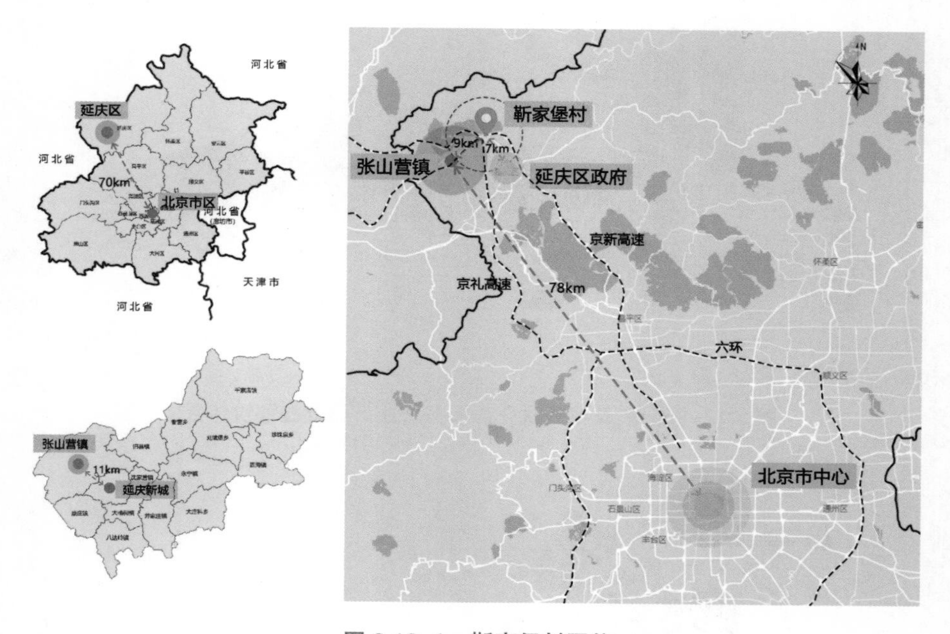

图 2.13-1　靳家堡村区位

2. 拟解决的关键问题

2.1　公共服务设施缺乏

靳家堡村作为曾经的靳家堡乡政府驻地，存在着公共服务设施不健全、配套服务不完善等问题，如缺少学前教育、养老、文体活动等方面的服务设施。

2.2　公共活动空间匮乏，活力不足

靳家堡村村庄面积较大，土地资源较为丰富，村庄建设较为良好，但建筑布局紧凑，村民住宅较为密集，缺少公共活动空间。靳家堡村的现状公共活动空间仅村委会一处，缺少集中的游园绿地和活动广场，缺少茶余饭后用来休憩的街旁绿地，社区活力明显不足。

2.3　空闲地较多，土地利用效率低下

靳家堡村土地资源丰富，但现状存在大量的空置地和闲置地，土地用途不清晰，利用效率低下，限制了村庄的减量提质发展。

2.4　村庄风貌遭到破坏

靳家堡村建筑风貌以北方山地村落风貌特点为主，白墙红瓦，村庄整体风貌较为协调和统一。随着靳家堡村民宿项目的增多，建筑风貌日渐杂乱，建筑风格与村庄整体风貌差异较大，对村庄原有风貌造成了破坏。

3. 规划要点

3.1　功能结构规划

本次规划设计中，靳家堡村的功能结构可以用“两中心、两片区、三组团，四轴线”来概括（图 2.13-2）。

“两中心”分别为行政中心即村委会、公共服务中心即公共服务设施建筑群，包括工商所、中心小学、幼儿园、中心游园、社区卫生服务站、养老服务中心等公共服务设施及场地；“两片区”为两大民宿集中区，是村庄内民宿分布最为密集的区域；“三组团”为三个居住组团，包括一个大型居住组团和两个小型居住组团；“四轴线”为四条发展轴线，包括一条东西向的发展主轴和三条南北

图 2.13–2　靳家堡村居民点功能结构

向的发展次轴。

3.2 村庄总平面图规划

总平面图规划依旧遵循独门独院原则，修建绿地游园及公共服务设施，促进邻里之间的交流。整体建筑色彩以白墙红瓦为基调，适当穿插实土黄色和灰褐色，调和冷色调，以体现传统的华北山地民居村落特色为宗旨，构建一个浑然一体的田园村庄（图 2.13-3）。

图 2.13-3 靳家堡村居民点规划

在功能布局中，整合新建公共服务设施，向村庄核心区集聚，规划建设幼儿园、中心游园、养老服务中心，与原有的工商局、中心小学、社区卫生服务站等公共服务设施结合布局，形成公共服务中心片区。在各个村庄组团中心，利用空闲地，设置绿地游园，同时利用路边和街头的边角地等，见缝插绿，设置若干街旁绿地，全面提升村庄绿化水平。

3.3 公共服务设施规划

公共服务设施依据村庄人口进行配建，参考《北京市村庄规划导则》等指导文件，人口规模在 601 ～ 1000 人的大型村庄必须和建议配建的设施主要有：村委会、其他管理机构、幼儿园、文化站、青少年活动中心、体育活动室、健身场地、运动场地、村卫生室、小卖部、小型超市、餐饮小吃店、公共浴室等。

（1）现状公共服务设施：村委会、小学、工商所、健身场地、运动场地、社区卫生服务中心、小型超市、餐饮小吃店、公共浴室、公厕等。

（2）规划公共服务设施：幼儿园、养老服务中心（功能包括养老驿站、幸福晚年驿站、托老所、老年餐桌等功能，建筑面积 300 m²）、文化活动中心（新建社区文化活动中心，包括文化室、老年活动室、青少年活动室等，用地面积 200 m²）、农家书吧、健身场地、游园等（图 2.13-4）。

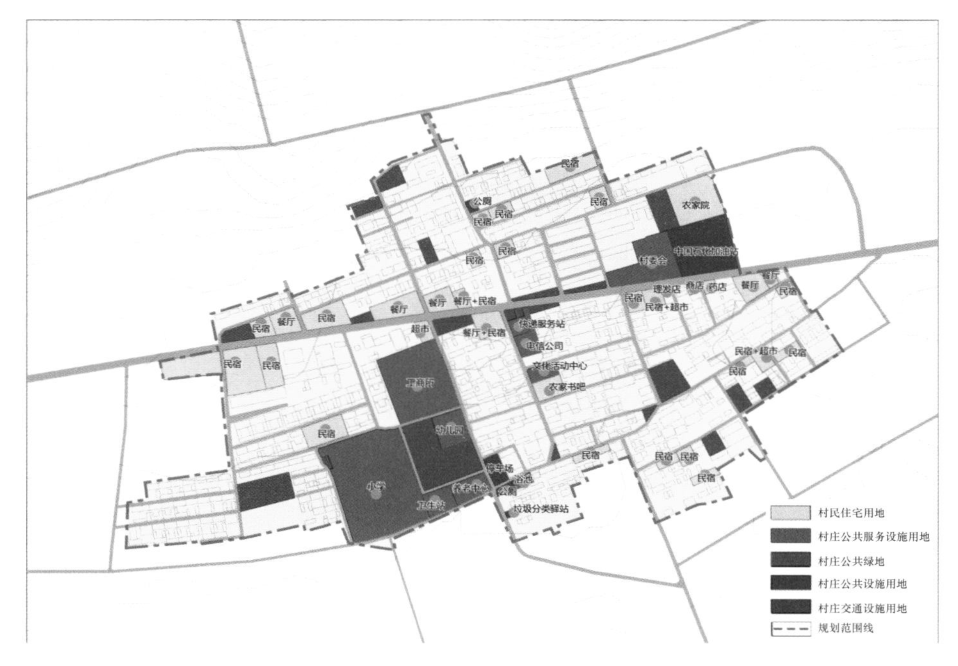

图 2.13-4　靳家堡村公共服务设施规划

3.4　绿地景观规划

靳家堡村的绿地系统大体分为三级。第一级为村级游园，即规划新建的中心游园，是靳家堡村的景观核心。第二级为组团绿地，即利用空闲地规划新建的分散于各个居住组团中心的组团级小游园，是靳家堡村的景观节点。第三级为街旁绿地，即利用路边和街头的边角地所设置的点状绿地、口袋绿地（图 2.13-5）。

除此之外，在村内中心位置还利用破败的老旧房屋规划设计了一处文化活动广场，包括文化活动中心和老屋书吧。丰富的街道绿化使得 110 国道成为靳家堡

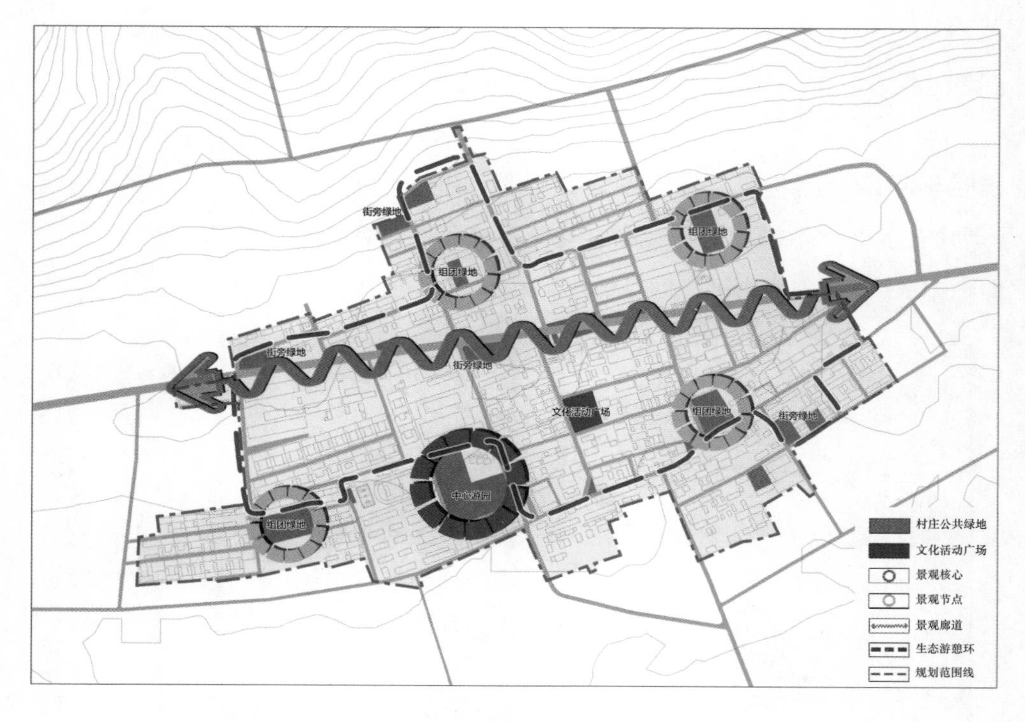

图 2.13-5　靳家堡村绿地景观规划

村的景观廊道，各个景观节点相互串联，形成了具有特色的生态游憩环，可供游客和村民游览。

4. 特色分析

4.1　公共服务中心

（1）中心游园

规划利用工商所和社区卫生服务站之间的闲置空地，充分发挥其中心区位优势，新建村庄中心游园，作为靳家堡村的核心公园绿地。该中心游园将具有规模较大、绿化丰富、设施齐全、场地开阔、道路平坦等特点，成为靳家堡村最高质量的休闲空间。其特殊的中心区位，连接着工商所、中心小学、幼儿园、社区卫生服务站、养老服务中心、停车场等公共服务设施和公共空间，同时成为这些公共服务设施之间的缓冲空间（图 2.13-6）。

图 2.13–6　靳家堡村中心游园效果

（2）健身广场

健身广场位于靳家堡村中心游园内，即中心游园的健身区。该健身广场左邻中心小学的田径运动场地，可以实现健身运动的功能联动。广场南邻游园绿地，与社区卫生服务站和养老服务中心相隔。后两机构距离较近、方便使用又有绿地隔离噪声，就医和养老环境较好（图 2.13-7）。

图 2.13–7　靳家堡村健康广场效果

4.2　社区文化活动中心

规划利用破旧房屋新建社区文化活动中心，用地面积约 200 m^2。建筑功能包括文化室、老年活动室、青少年活动室等。室外有休憩广场和游园绿地，包含丰富的休憩设施。建设初衷为丰富村民的文化活动，提高村民的生活乐趣，重塑乡村的精神家园（图 2.13-8）。

图 2.13–8　靳家堡村社区文化活动中心效果

4.3　街旁游园

在该设计中，将绿化、座椅、健身器材、遮雨设施、垃圾收集设施等相结合。同时，由于村庄老龄化程度较高，因此充分考虑适老化无障碍设计。本规划设计充分利用现状闲置场地、路边和街头的边角地等，新增公共绿地并进行精细化设计，使之成为舒适宜人的口袋小游园（图 2.13-9）。

图 2.13–9　靳家堡村街旁游园效果

案例 14　北京市平谷区大华山镇麻子峪村生态空间规划

1. 项目概况

麻子峪村地处北京市平谷区大华山镇东南部，西北距离平谷区政府驻地 3.8 km。村庄西北部为大华山镇政府驻地所在村大华山村，村东与挂甲峪村相接，东南方向为挂甲峪村长寿山景区。麻子峪村地处山前台地中，三面环山，面对沟谷。村域面积仅 0.79 km^2，全村共 43 户。村庄聚落依山势沟谷走向成型，呈南北向矩形，地势东南高西北低，平均海拔 180 m。

麻子峪村是重要的北京市东部生态屏障组成部分，三面环山导致其生态灾害风险明显。根据《平谷分区规划（国土空间规划）（2017 年—2035 年）》的“两线三区”规划图、国土空间规划分区图以及绿色空间结构规划图，麻子峪村全村均为“生态控制区”“生态混合区”“林草保护区”以及“山区生态屏障”的组成部分。同时，麻子峪村三面环山，以果树种植为主要经济来源。村内果园多数分布在半山腰，为典型坡耕地。

2. 生态敏感性与适宜性现状评价

基于麻子峪村的气温、降水、土壤质地、植被覆盖、坡度等自然生态情况，对麻子峪村进行生态脆弱性以及生态功能重要性评价，并综合得到生态敏感性评价结果。

从生态脆弱性评价结果看，麻子峪村全域均为生态脆弱区。麻子峪村三面环山，面对沟谷，村内集中居住区域面积较小。整体因地形起伏较大、植被覆盖度不足而表现出均衡的生态脆弱性（图 2.14-1）。

从生态功能重要性评价结果来看，分布于麻子峪村东部、南部与西南部区域的自然林地是村域内生态功能最高的地区，表现为防风固沙、水土保持、水源涵养等多种功能。生态功能重要性较低的区域主要为集中建设区、道路以及无植被覆盖的坡耕地（图 2.14-2）。

因此，整体来看，麻子峪村无生态极脆弱区域，生态极敏感区主要为西部、南部与东部区域（图 2.14-3）。

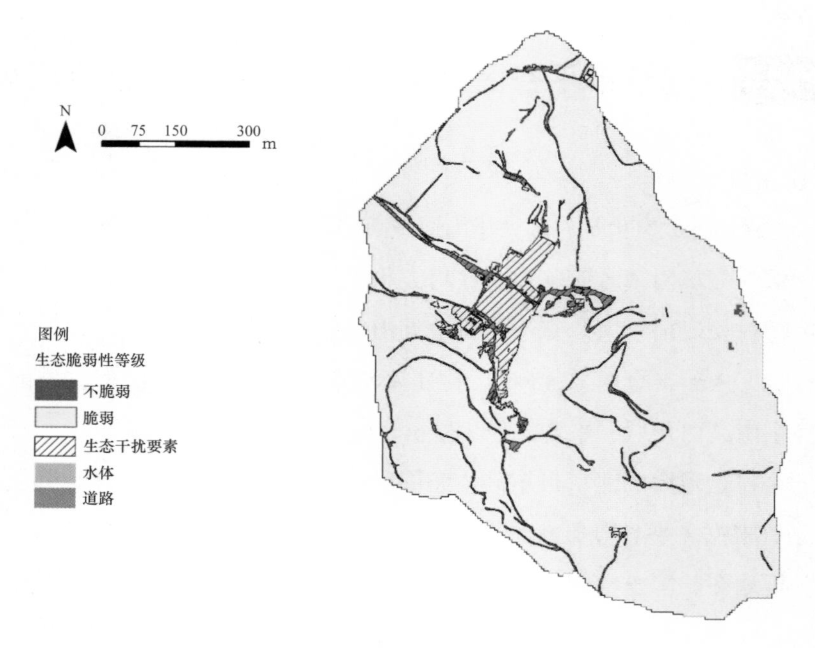

图 2.14-1　麻子峪村生态脆弱性评价结果

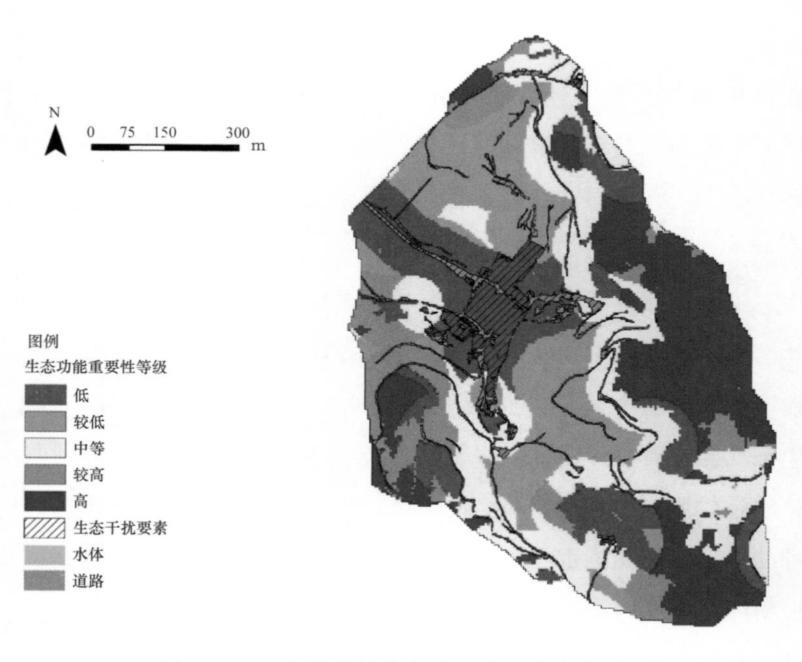

图 2.14-2　麻子峪村生态功能重要性评价结果

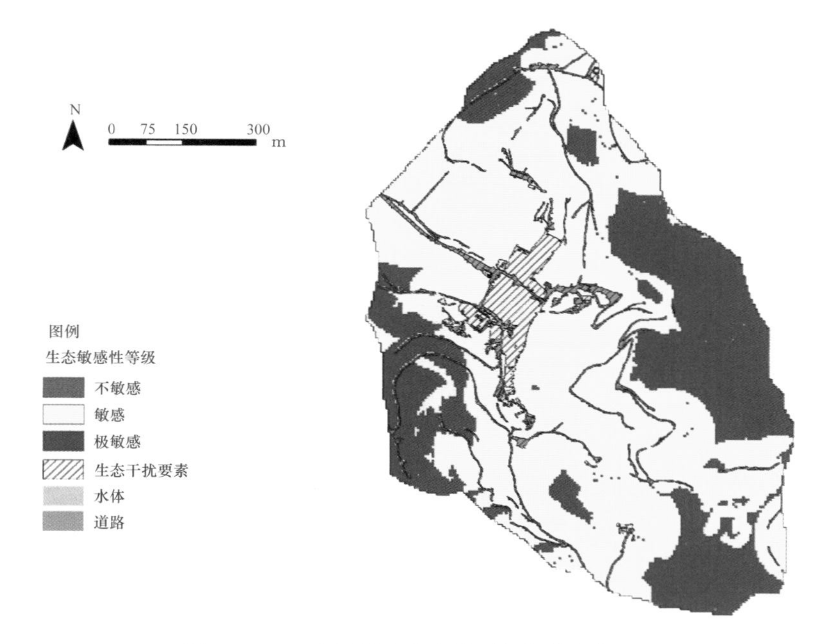

图 2.14-3　麻子峪村生态敏感性评价结果

基于麻子峪村道路交通、居民点分布、工业与服务业用地布局等情况，对麻子峪村进行各项生活与生产适宜性评价，结果如下。

从种植业生产适宜性评价结果来看，麻子峪村几乎无种植业生产适宜区域，其主要原因为麻子峪村三面环山，地势起伏明显，无适宜耕种的平坦区域。较适宜区主要分布在西北部，包括园地和部分建设用地。这部分区域坡度平缓，生态敏感性相对较弱，同时到最近居民点距离较近，便于耕种（图 2.14-4）。

从工业生产适宜性评价结果来看，麻子峪村无工业生产适宜区，主要原因为村域范围狭小，除集中建设区为主要生活区外，无平坦地区适宜工业生产布局（图 2.14-5）。

从服务业生产适宜性评价结果来看，麻子峪村也几乎没有适宜服务业生产的地块，仅在中部的集中建设用地周边一般适宜（图 2.14-6）。

从居住适宜性评价结果来看，麻子峪村无适宜居住区，较适宜区主要分布在西北部，主要为现状园地与部分建设用地。这部分地区坡度平缓、交通便利，不仅生态敏感性较低，距离最近的工业用地距离也较远（图 2.14-7）。

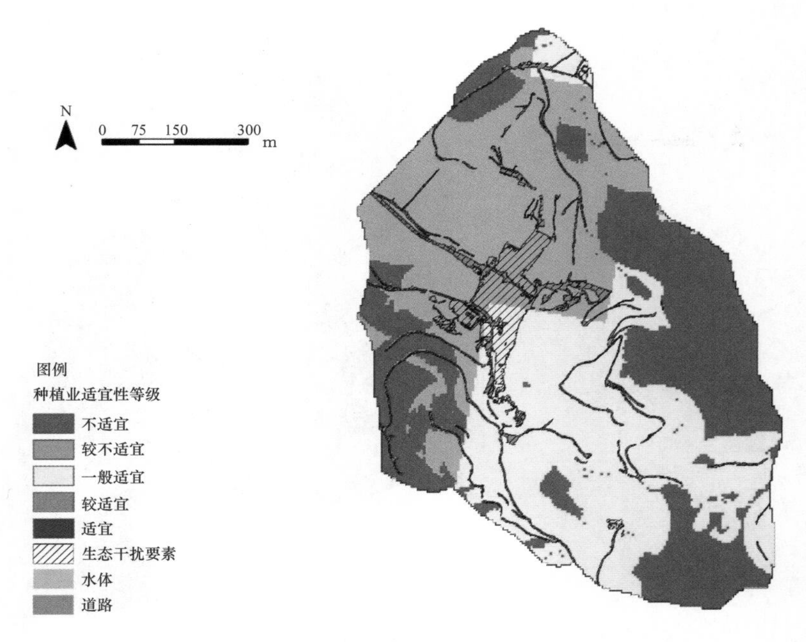

图 2.14-4　麻子峪种植业生产适宜性评价结果

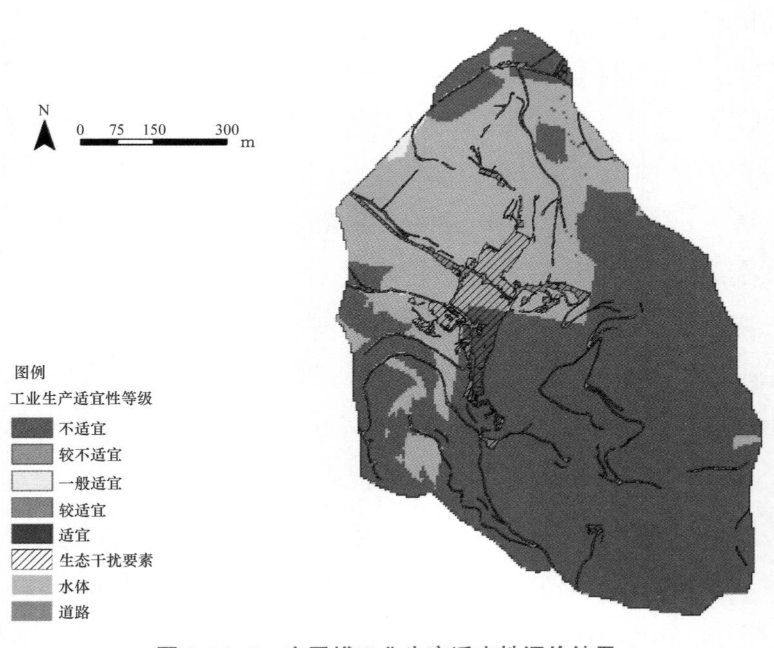

图 2.14-5　麻子峪工业生产适宜性评价结果

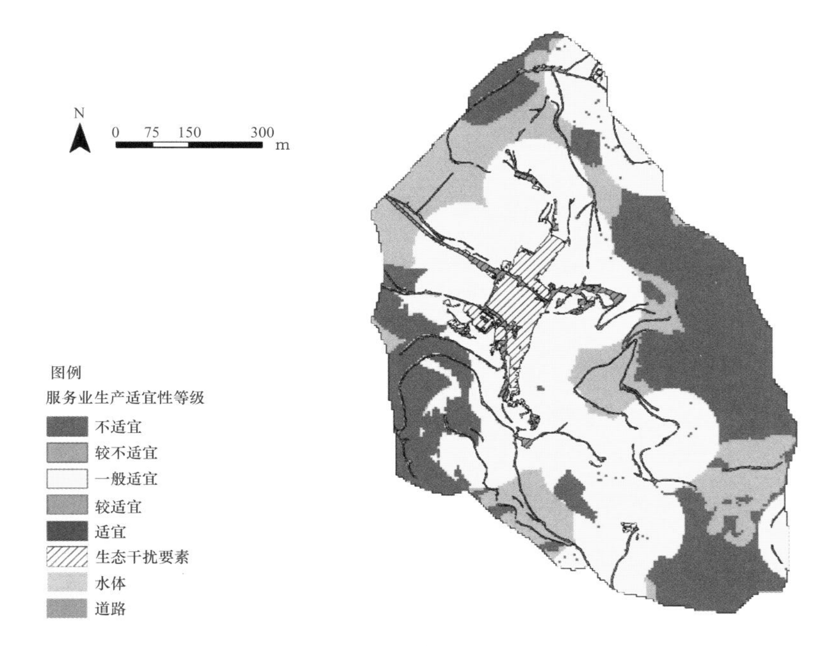

图 2.14-6 麻子峪村服务业生产适宜性评价结果

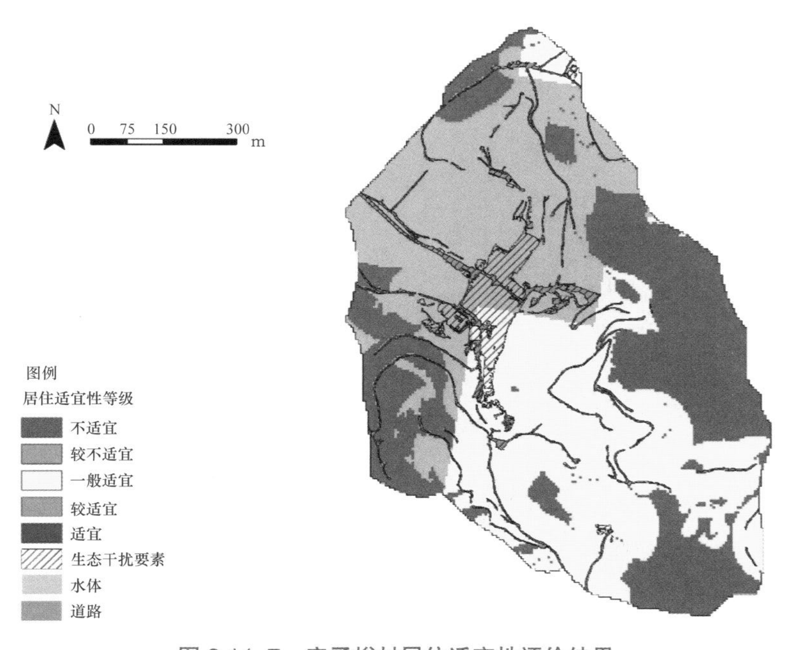

图 2.14-7 麻子峪村居住适宜性评价结果

3. 村内生态空间问题识别

从生态敏感性与生态适宜性评价结果来看，麻子峪村整体并不适宜生活与生产活动。一方面，麻子峪村面积狭小且三面环山，少有平坦地面发展工业与服务业，在坡地进行的种植业活动也极易诱发水土流失等生态问题；另一方面，特殊的地势导致麻子峪村交通不畅，进一步降低生活与生产适宜性。

因此，麻子峪村应当严格控制建设范围与建设强度，同时重点保护西南部与东北部的天然林地；对于已经开发种植的坡地，应当注重护坡护坝设施与水利工程设施修建，在保证农业生产的同时防止雨季水土流失与塌方等生态问题与地质灾害的发生。

4. 生态空间优化指引

基于麻子峪村的生态敏感性与适宜性现状评价，结合村内生态空间问题识别结果，提出以下三个生态空间优化的具体对策（图 2.14-8）。

（1）构建生态梯田：在梯田间开展绿色农业，营造独特的梯田景观。同时，设置田间栈道和观景平台，营造体验自然的场所。

（2）修建林间栈道：在自然资源丰富的山间设置散步道、休憩设施、导览标识等便民设施，确保当地居民和来客都能够轻松安全地前来接触自然。

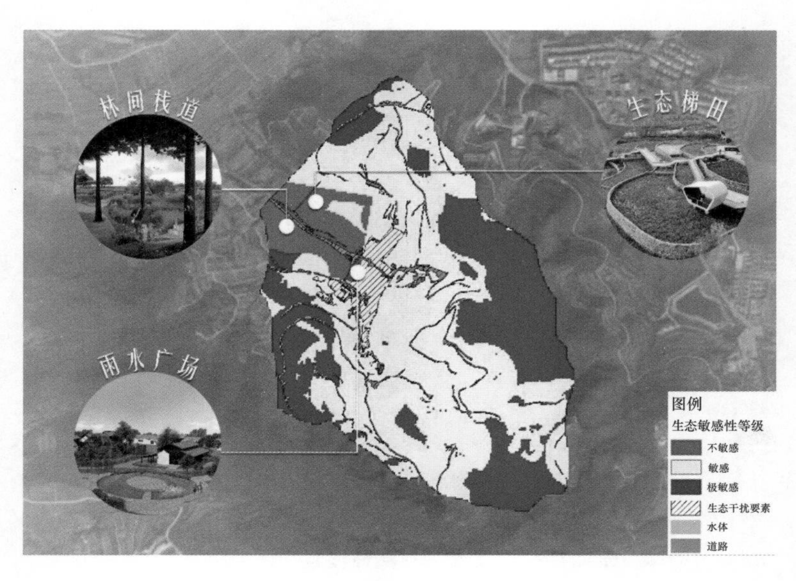

图 2.14-8　麻子峪村生态空间优化指引

（3）建设雨水广场：利用村落闲置开敞空间设置雨水广场，为村民提供休憩、集聚的公共场所，雨天时可成为蓄水池储藏雨水，晴天时作为公共活动场地。

5. 生态敏感性与适宜性优化效果

经过生态空间系统优化后，对麻子峪村生态敏感性与各项生活生产适宜性重新评价，结果如下。

经过修建护坡带与提升天然植被覆盖度后，麻子峪村西北部有部分区域变为不脆弱区域，以水土流失为代表的各类生态环境风险有所下降。原本麻子峪村生态不脆弱区面积占比为 0，优化后提升至 10.0%（图 2.14-9）。

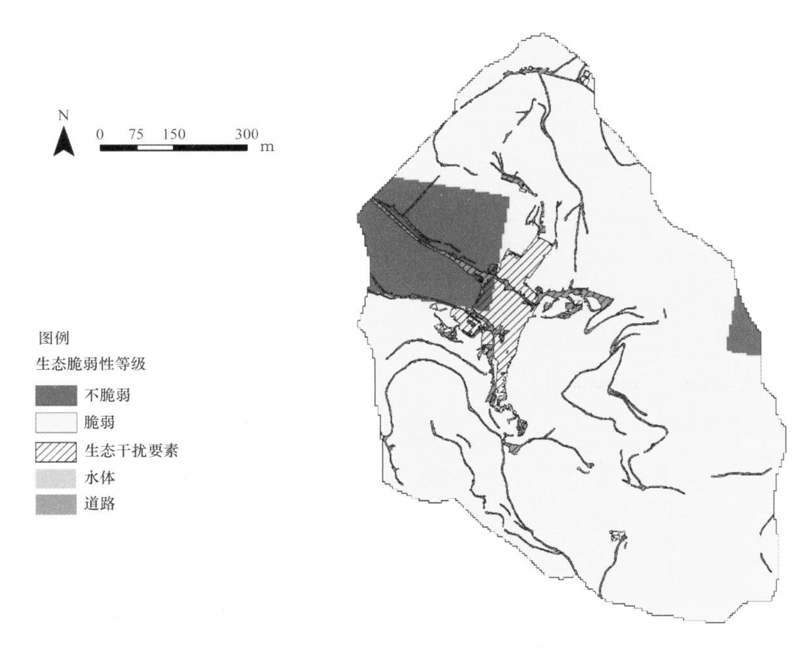

图 2.14-9　麻子峪村优化后生态脆弱性评价结果

通过降低麻子峪村的生态脆弱性，麻子峪村的生态敏感性评价中因生态脆弱导致敏感的区域面积下降。生态敏感性评价中敏感区域面积占比从 67.6% 下降至 60.3%（图 2.14-10）。

麻子峪村种植业生产适宜性有所提升，种植业适宜区面积占比从 0 提升至 7.4%，主要为原先的较适宜区优化而来（图 2.14-11）。

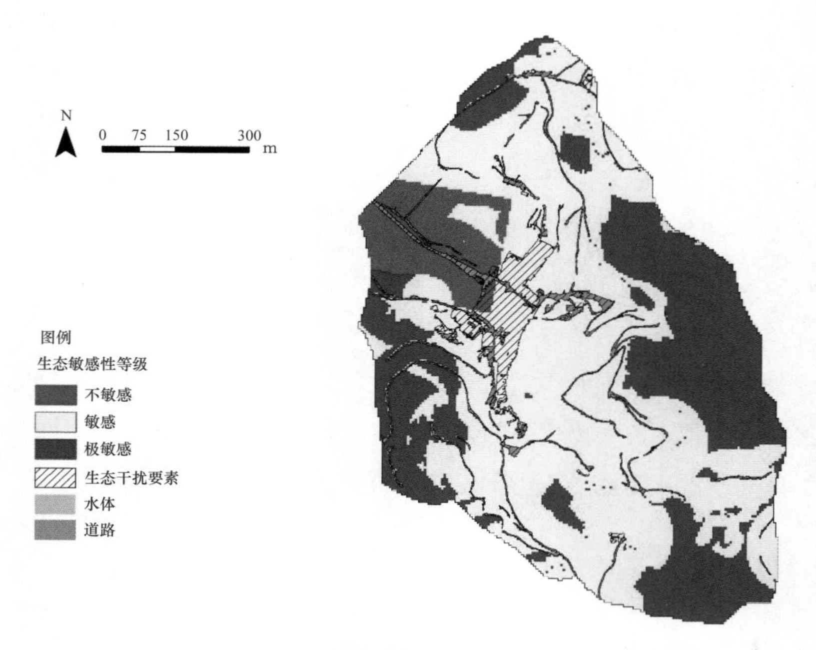

图 2.14-10 麻子峪村优化后生态敏感性评价结果

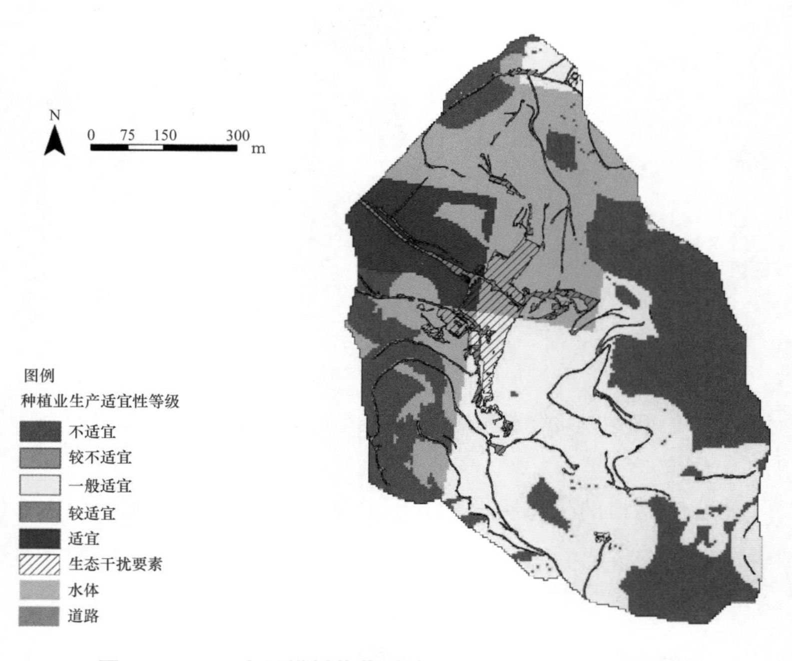

图 2.14-11 麻子峪村优化后种植业生产适宜性评价结果

麻子峪村的工业生产适宜性有一定提高，但整体依旧不属于工业发展适宜地区。工业生产适宜性的一般适宜区面积比例从 0.3% 提升至 7.7%，主要由较不适宜区优化而来（图 2.14-12）。

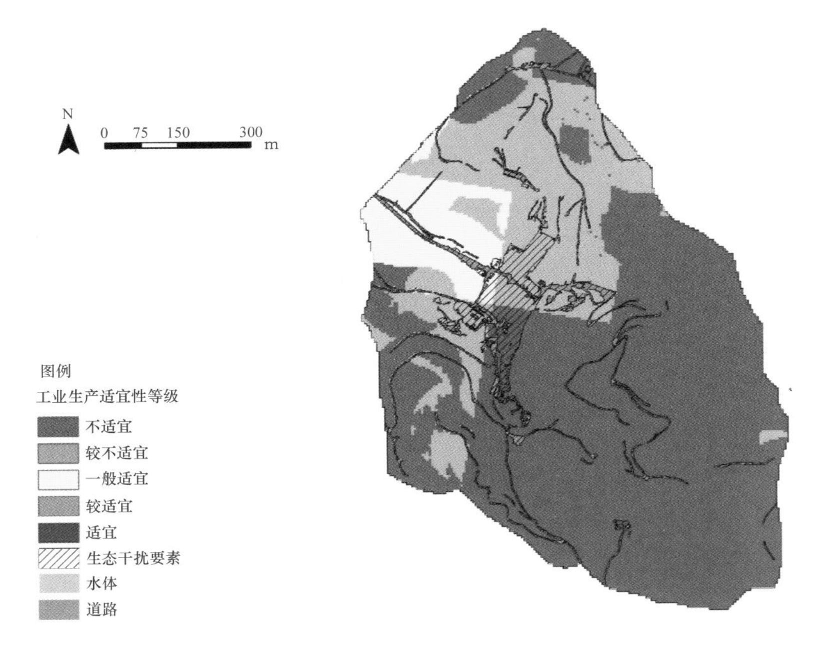

图 2.14-12　麻子峪村优化后工业生产适宜性评价结果

麻子峪村服务业生产适宜性有一定提升，集中建设区西北部提升为较适宜区，较适宜区占比从 0 提升至 4.4%，主要由原先的一般适宜区与较不适宜区优化而来。但由于麻子峪村无特色文化旅游资源，因此主要适宜的服务业发展类型为面向村内社区居民服务的相关生活性服务业（图 2.14-13）。

麻子峪村居住适宜性有一定提升，主要表现为原先的较适宜区被优化为适宜居住区，较适宜居住区面积占比下降 7.4%，适宜居住区面积占比提升 7.4%（图 2.14-14）。

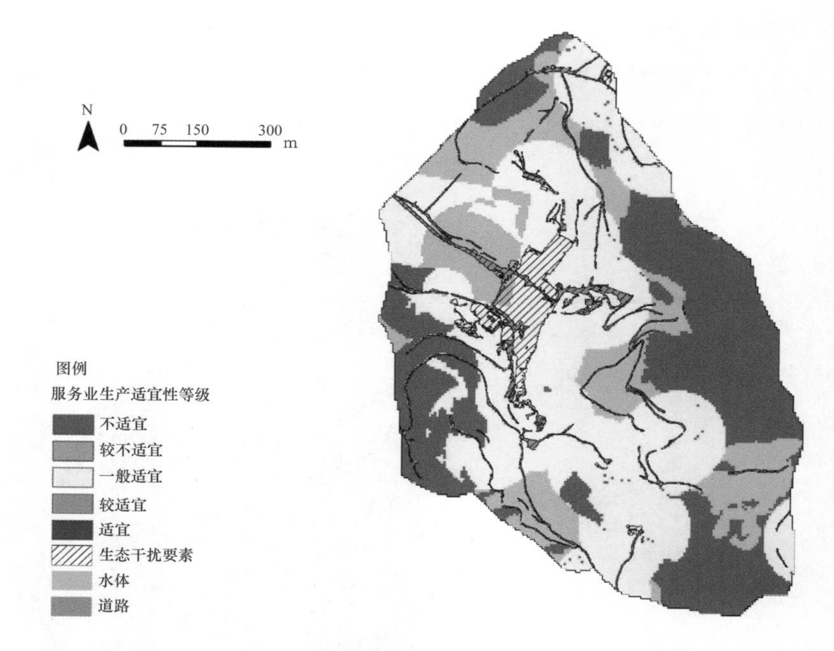

图 2.14–13　麻子峪村优化后服务业生产适宜性评价结果

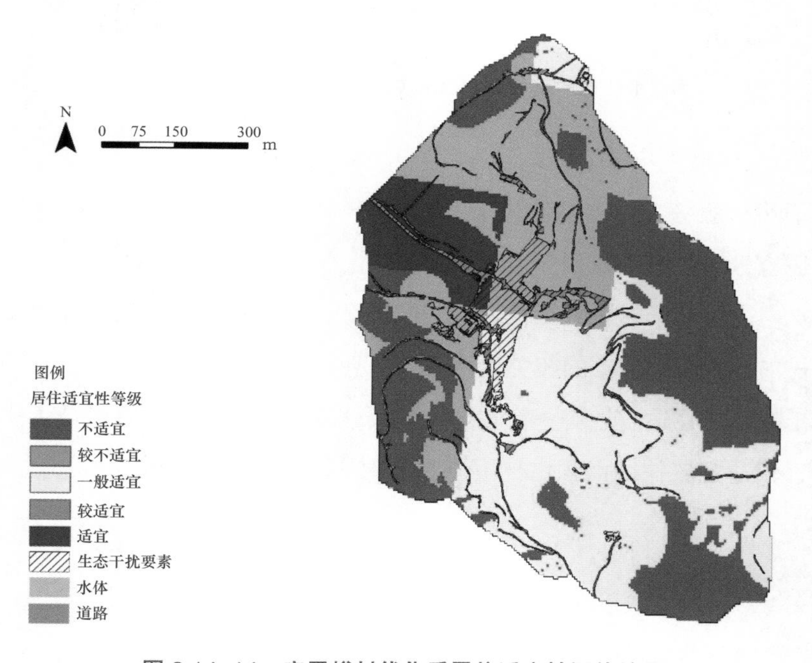

图 2.14–14　麻子峪村优化后居住适宜性评价结果

第三章　华东 / 华中夏热冬冷地区村镇社区规划设计案例

本章共 3 个村镇社区案例，全部位于平原季风水田农作区。在村庄类型方面，这些案例主要为集聚提升型、城郊融合型两类村庄。在规划类型上，这些案例主要以详细规划（村庄规划）和概念规划为主（表 3-1）。

表 3–1　华东 / 华中夏热冬冷地区村镇社区规划设计案例汇总

序号	项目名称	规划类型	地貌及农作类型
1	上海市闵行区马桥镇同心村村庄规划	详细规划	平原季风水田农作区
2	上海市浦东新区书院镇外灶村乡村振兴示范村建设方案	概念规划	
3	上海市松江区石湖荡镇泖新村村庄规划	详细规划	

案例 1　上海市闵行区马桥镇同心村村庄规划

1. 项目简介

同心村位于闵行区西南角，地处马桥郊野单元。与黄浦江发展带联系密切，紫竹创新轴线渗透本区域。在文化上与马桥组团联系密切；在生活功能上与产业社区组团联系密切。对外交通便捷，距高速公路出口 12 km，距地铁站 2 km（图 3.1-1）。

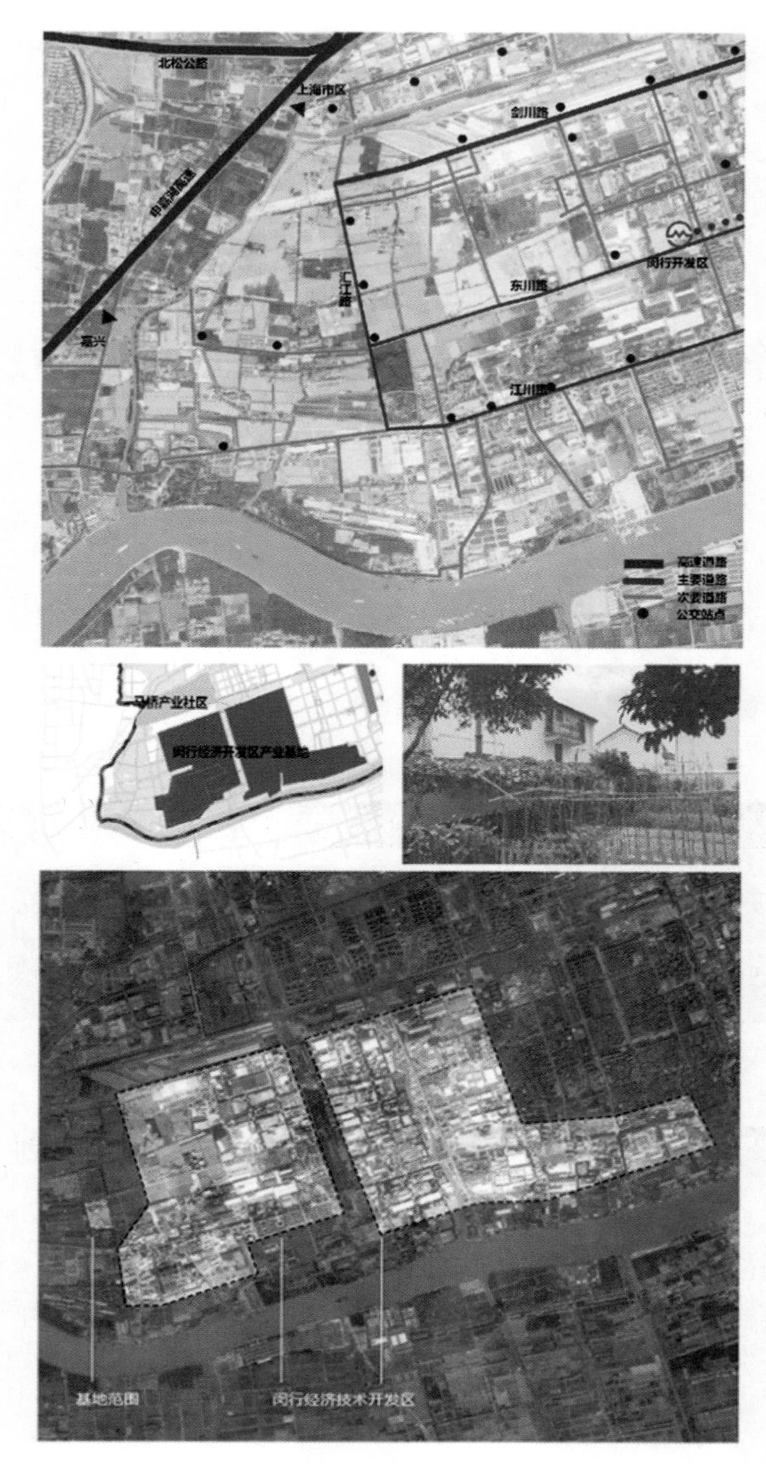
北松公路
上海市区
剑川路
申嘉湖高速
汇江路
东川路
闵行开发区
嘉兴
江川路
高速道路
主要道路
次要道路
公交站点
马桥产业社区
闵行经济开发区产业基地
基地范围
闵行经济技术开发区

图 3.1–1　同心村区位

同心村周边产业丰富，以第一产业和第二产业为主。中部为农作物种植区，西侧、北侧均为大规模农业用地，东侧紧邻国家级经济技术开发区——闵行经济技术开发区。

2. 规划要点

根据基地本身的特点，本次规划设定的目标主要有以下 4 点：① 保留自然乡村的生活氛围；② 保护历史古街的记忆印象；③ 呼应当地的建筑文化和形式；④ 尊重村民之间的血缘纽带。

2.1　现状分析及问题总结

（1）基地内人口结构分析

本村人口大多为农村户口，少有城镇户口，耕地已经承包或转让，经济来源主要来自领取政府退休金和收纳房租；经济状况各不相同，因此对“平移”政策意见不一，大多对目前生活空间较为满意，对“样板房”普遍不满意。同心村外来人口占 67%，绝大多数在附近工厂上班，工资 1000 ～ 4000 元 / 月，在同心村

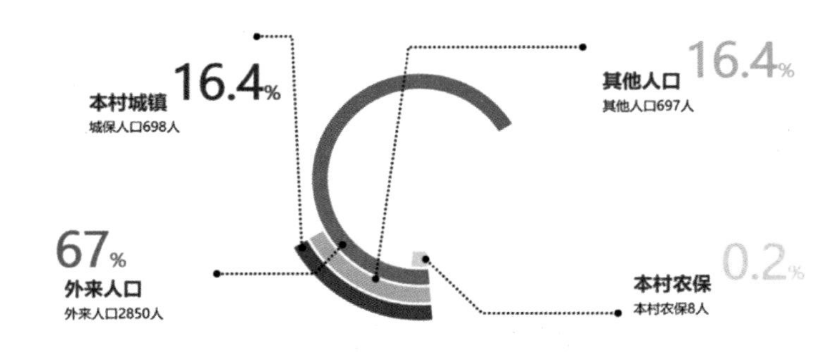

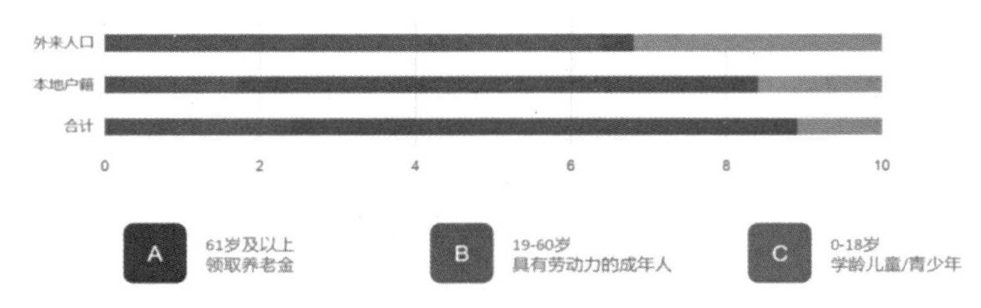

图 3.1–2　同心村人口分析

租房居住，夫妻同住会携带小孩，妻子一般不做工，对同心村现状较为满意，与本地村民无太大矛盾。学龄儿童、青少年大多被外来打工的父母带来生活，入学问题难以解决，活动空间比较缺失。

户籍不同，“平移”政策不同，同心村外来人口较多，本村村民也有城镇和农村两种户籍，不同户籍村民改造诉求也不尽相同。同心村原住人口老年人占极高比例，老人靠退休金生活，其成年子女大多在城区上班，偶有抚养孙子、孙女；外来人口绝大多数为具有劳动力的成年人，在附近工厂上班，并携有学龄儿童。综合来看同心村地区老龄化严重，成年人除了工作少有活动空间，儿童的教育和活动空间缺失（图 3.1-2 ～图 3.1-4）。

图 3.1–3　同心村现场调研

图 3.1-4　同心村航拍

（2）文化分析

同心村地处冈身松江文化圈，村域南侧的荷巷桥老街作为第一批列入中国传统村落名录的村落之一，拥有金庆章故居、顾言故居、金氏宗祠（上海仅剩的三座祠堂之一）、金家住宅议门等不可移动文物，这使得同心村具有独特的历史文化氛围。

历史文化氛围不仅影响村内建筑肌理和风貌，对于院落空间的布局和组织也产生了一定的作用力。院落一方面作为礼仪空间，另一方面也作为生产生活的空间，是中国传统建筑中空间构成的核心。闵行区通常以“8”字形大开间、小进深的院落为主。院落的大小根据家庭和功能调整变化。院落坡屋顶紧凑布置，讲究实用。山墙屋脊形式为观音刀，虚实对比、韵律生动。粉墙黛瓦的白房子彼此高低起伏（图 3.1-5）。

（3）问题总结

① 以第一产业为主产业的村庄因城镇化而衰败，如何激活本场地或类似境况的城郊村落？② 如何利用场地固有的丰富生态资源和历史文化积淀？③ 如何调整场地中村民和外来人口的租住关系？④ 如何应对老龄化居民？⑤ 如何守住乡愁，营造出复合乡村特色的公共空间？

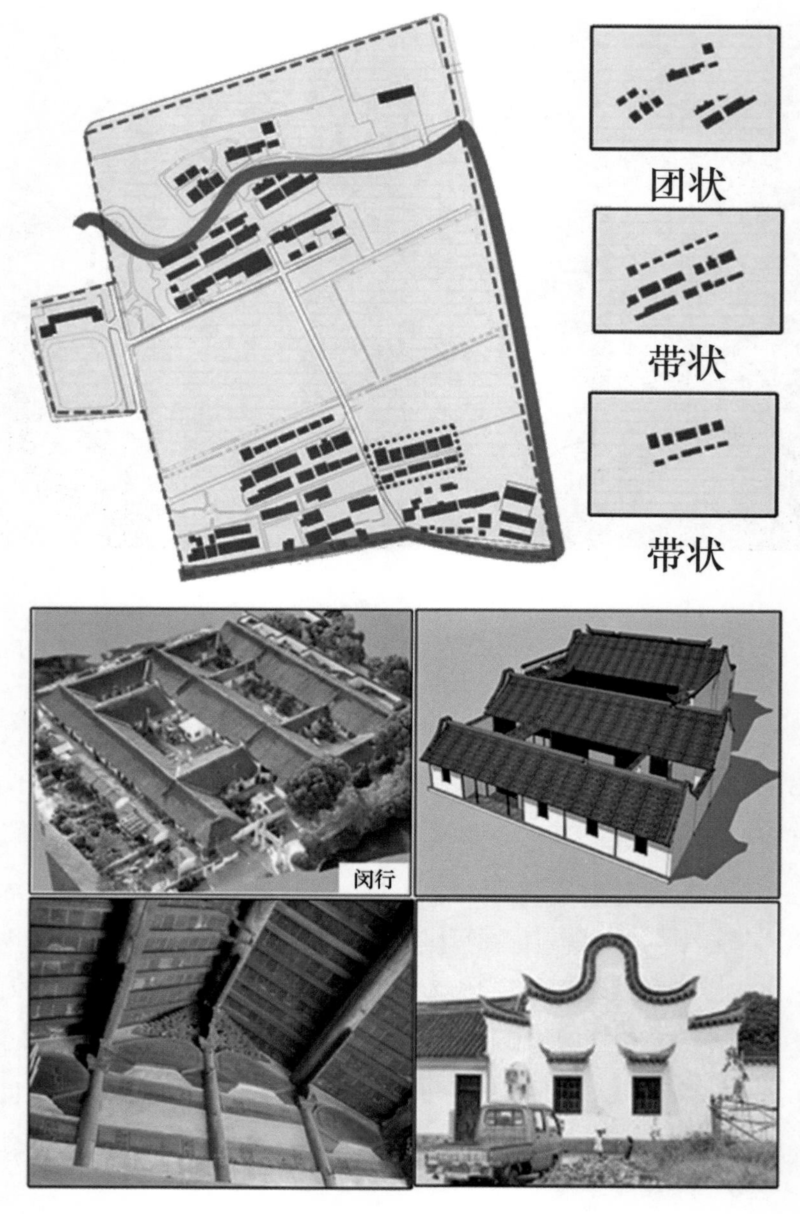

图 3.1–5　同心村院落分析

2.2　规划愿景

打造可持续发展的复合空间弹性生长的村庄模式：① 以人为本，从社区规划人的角度出发；② 生产、生活、生态空间一体（即“三生一体”）；③ 基于村庄自然有机生长。

2.3　规划策略

（1）文化要素：守护乡愁、发扬文化。呼应荷巷老街，保留文人故居、宗族祠堂，彰显历史文化，保留乡愁。

（2）生活要素：租住共享，为村民创造一种留下来发展故土的可能，为外来人提供一个舒适温暖的家，为退休老人实现归园田居的梦。

（3）生产要素：依水造梦，以梦兴业。构建多方参与和多元共享的村庄社区开发模式，让政府、企业、公益组织、开发商、个人参与到村庄的开发建设中。通过“开发＋体验”结合，实现“租＋住”共享，即企业开发商、公益组织、政府、居民多方参与，共享社区。

（4）生态要素：保护传统生态网络，打造与生产、生活、文化结合，“三生一体，文化引领”的生态景观（图 3.1-6）。

3. 特色分析

3.1　院落生成

本次院落设计是基于同心村村庄现状进行的再生成设计。第一，提取村庄中典型肌理的现状院落平面，将提取出的院落空间特质转译到符合此次设计尺度的建筑组团中。第二，建筑设计方面，老建筑开间一般为 4 m，坡屋顶出檐短小，形式较为单一。新建筑延续了老建筑的空间尺度，并对其空间形式进行创新。第三，老建筑围合空间为线性凹凸空间，巷弄较多。新院子放大凹凸空间，形成院落，更适合人群游憩。第四，设计每个宅基地内预留一片绿地作为农民自留地，提升空间功能（图 3.1-7，图 3.1-8）。

3.2　组团分析

根据居民不同的需求，设计不同的居住组团（图 3.1-9，图 3.1-10）。

老人组团对内院有多种需求，所以将内院布置成较规则完整形式，并置入多种活动功能，以满足老人在自家门口纳凉闲聊的社交需求；长租组团的居民以工作为重心，对于社交活动和公共空间的需求较低，内院用于隔离室内外空间，营造通过性的院落；民宿、短租组团对于内院需求多样，因此形式多样，如为满足住户集体活动的需求，需将内院设计为大院落空间。

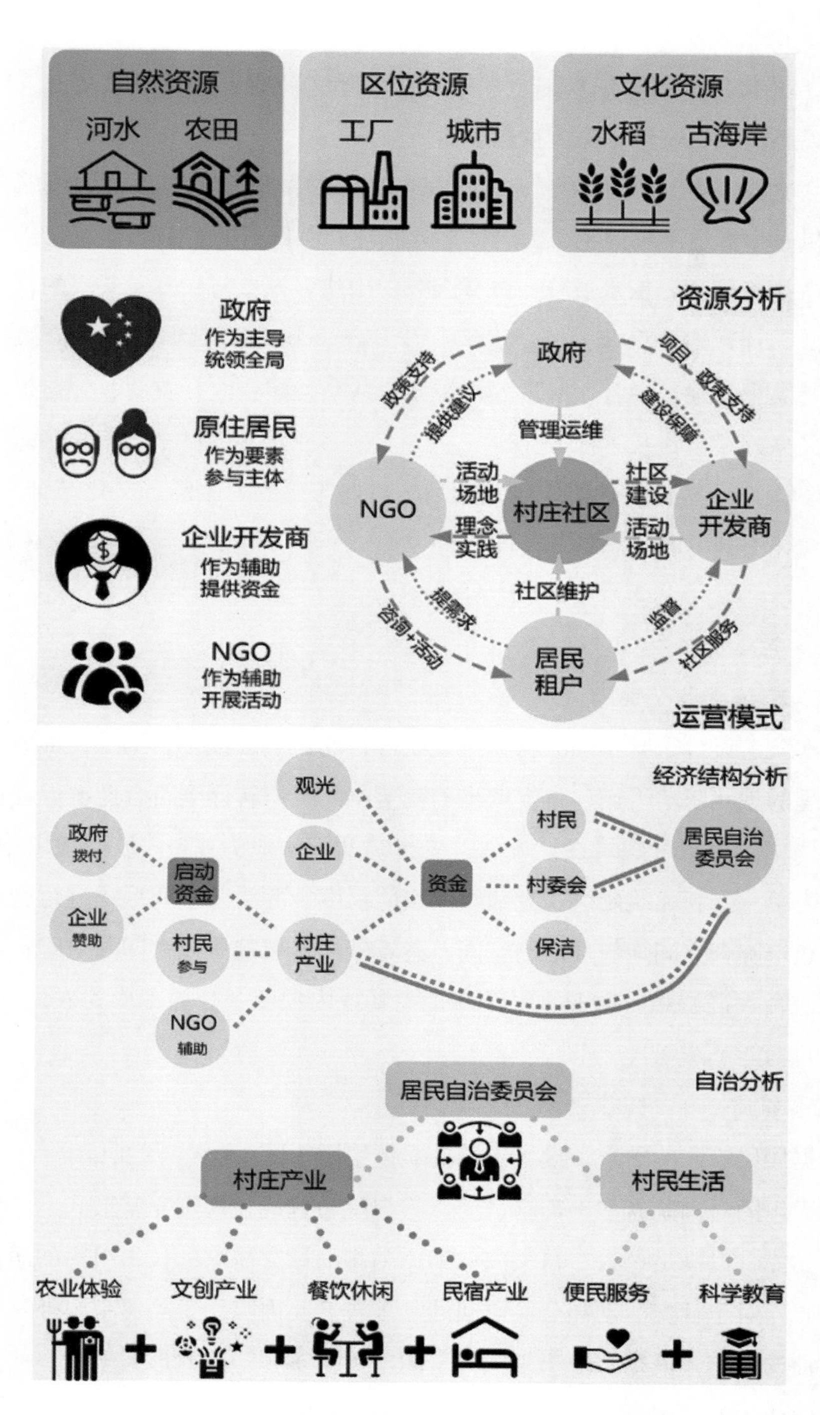

图 3.1–6　同心村现有资源优势分析与未来规划模式

注：NGO：非政府组织

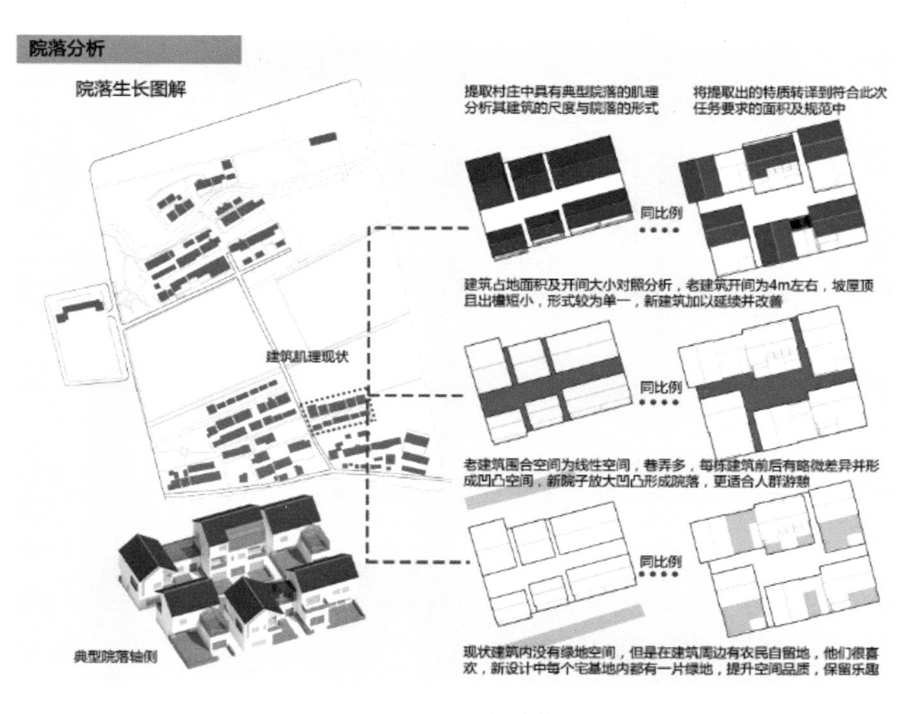

图 3.1–7　同心村院落分析

图 3.1–8　同心村保留建筑改造规划

图 3.1-9　同心村规划鸟瞰图

图 3.1-10　同心村规划总平面图

4. 公共服务设施规划

根据村民的需求，在现有的村委会位置设计了一处可供村民办红白喜事以及用于快递、仓储、超市等满足日常功能的村民活动中心。

村民活动中心包括村委会和村民之家，设计充分考虑本地村民和外来人口的活动需求，建筑空间以院落形式为主，形式上融入周边村民住宅风貌。村委会围合出公共活动的村口广场，村民之家围合出村民集散的公共场所。

案例 2　上海市浦东新区书院镇外灶村乡村振兴示范村建设方案

1. 项目简介

外灶村位于浦东、临港交界处（图 3.2-1）。2020 年有村民小组 22 个，户籍户约 2300 户，其中户籍人口 5188 人、常住人口 4815 人、外来人口 1200 人，村集体收入为 208 万元。村域总用地为 421.8 hm^2，农用地占比 65%：其中耕地大面积连片分布，总面积 175.85 hm^2，占村域面积的 42%；建设用地占比 26%，其中工业仓储用地集中于东侧，商服用地呈点状散布；农村居民点总面积 52.59 hm^2，占村域面积的 12%；水利和未利用地占比 9%，其中河湖水域总面积 36.86 hm^2，占村域面积的 9%（图 3.2-2）。

产业方面，第一产业以种养结合为主，规模化种植程度逐渐提高。2018—2020 年，规模经营耕地面积从 907 亩上升到 1182 亩，占比从 33.51% 上升到 43.67%。2018—2020 年在经营主体中，专业大户数量从 4 个上升到 8 个，农民专业合作社从 3 个上升到 15 个（图 3.2-3）。

2. 规划要点

2.1　规划结构

外灶村规划空间结构为“四片四轴、四水一带”。其中，“四片”指创新融合发展区、科技农业示范区、老街活力发展区、高新产业集聚区；“四轴”指临港大道区域发展轴、两港大道区域发展轴、三三创新功能轴、老芦田园科创轴；“四水”指三三马路港、五尺沟、白龙港、东三灶港；“一带”指农业创新带（图 3.2-4 ～图 3.2-6）。

2.2　交通组织

优化路网结构，设置五级路网体系，打造通达便利、景观宜人的交通体系。① 城市道路：骨干路网，起到村庄对外交通联系作用；② 村庄干路：三横两纵，加强村庄南北向联系，实现村域范围内的良好联通；③ 村庄支路：在现状道路

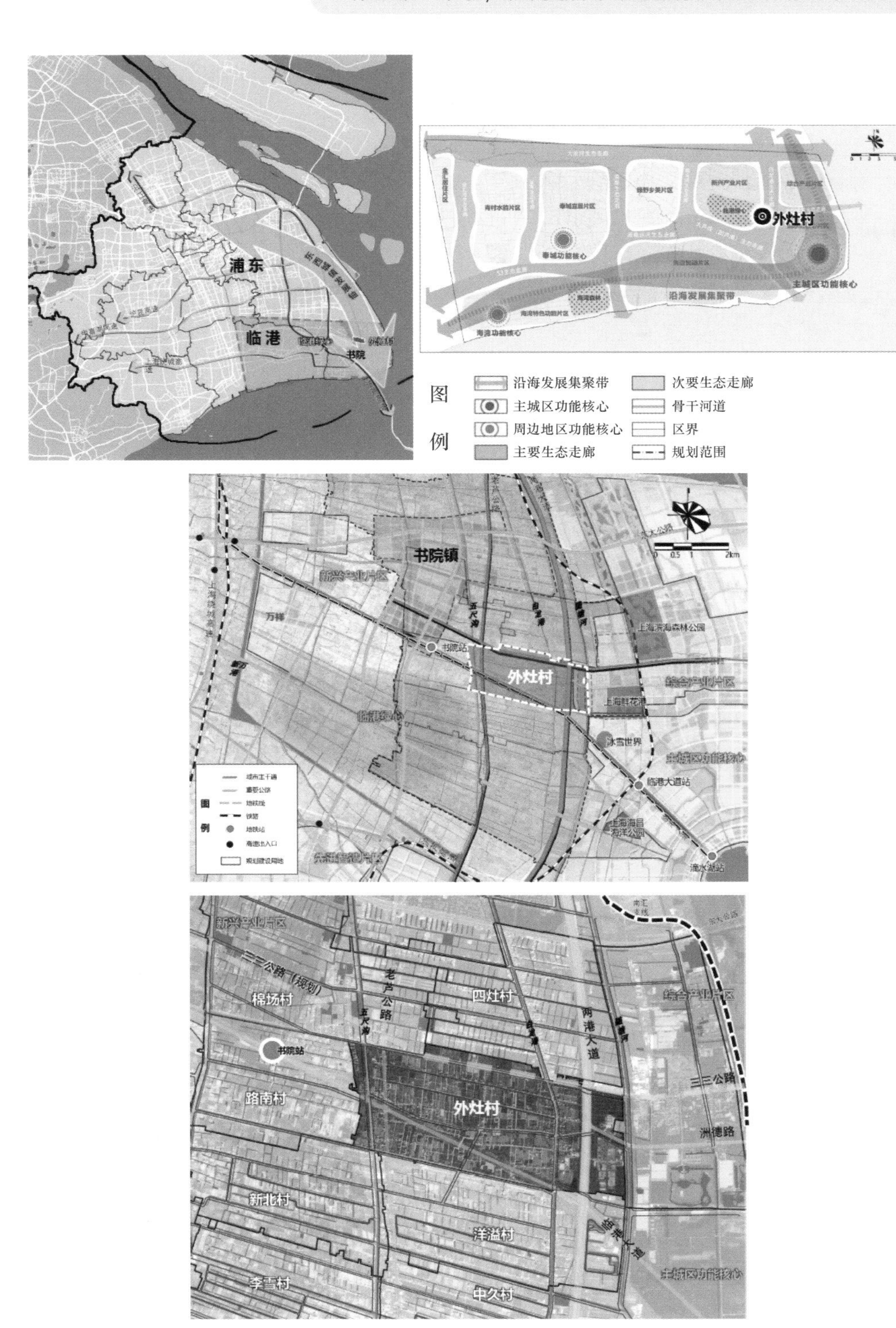

图 3.2-1　外灶村区位分析

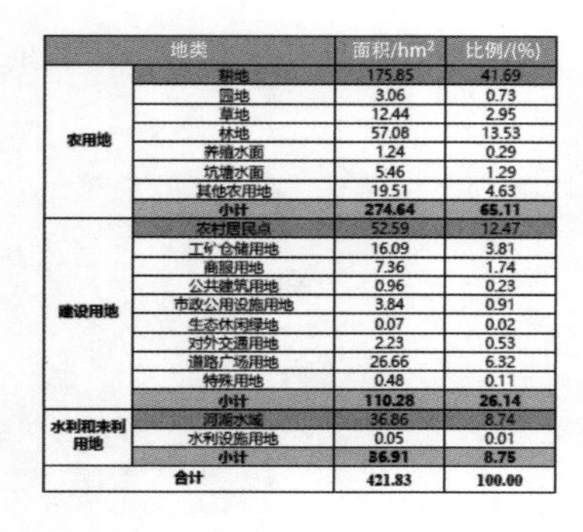

地类		面积/hm²	比例/(%)
农用地	耕地	175.85	41.69
	园地	3.06	0.73
	草地	12.44	2.95
	林地	57.08	13.53
	养殖水面	1.24	0.29
	坑塘水面	5.46	1.29
	其他农用地	19.51	4.63
	小计	**274.64**	**65.11**
建设用地	农村居民点	52.59	12.47
	工矿仓储用地	16.09	3.81
	商服用地	7.36	1.74
	公共建筑用地	0.96	0.23
	市政公用设施用地	3.84	0.91
	生态休闲绿地	0.07	0.02
	对外交通用地	2.23	0.53
	道路广场用地	26.66	6.32
	特殊用地	0.48	0.11
	小计	**110.28**	**26.14**
水利和未利用地	河湖水域	36.86	8.74
	水利设施用地	0.05	0.01
	小计	**36.91**	**8.75**
合计		**421.83**	**100.00**

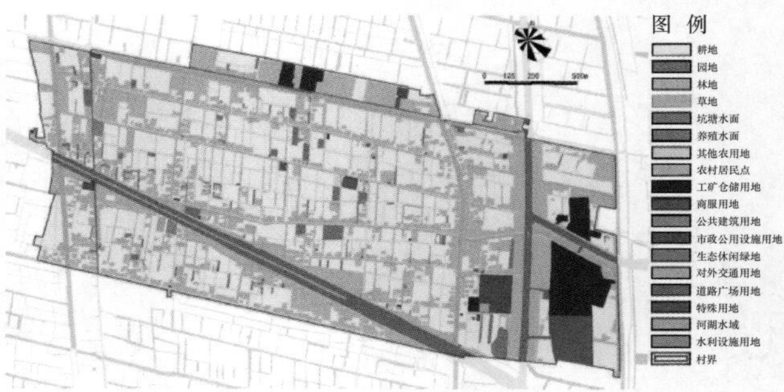

图 3.2-2　外灶村用地现状分析

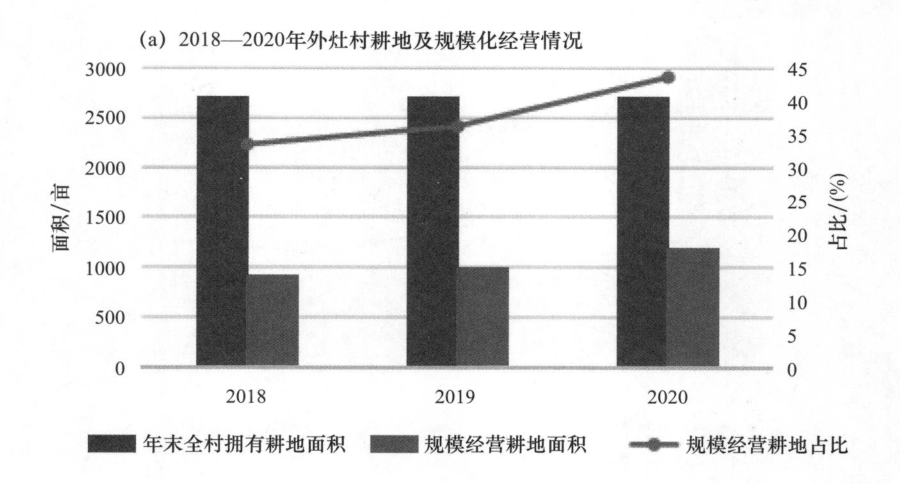

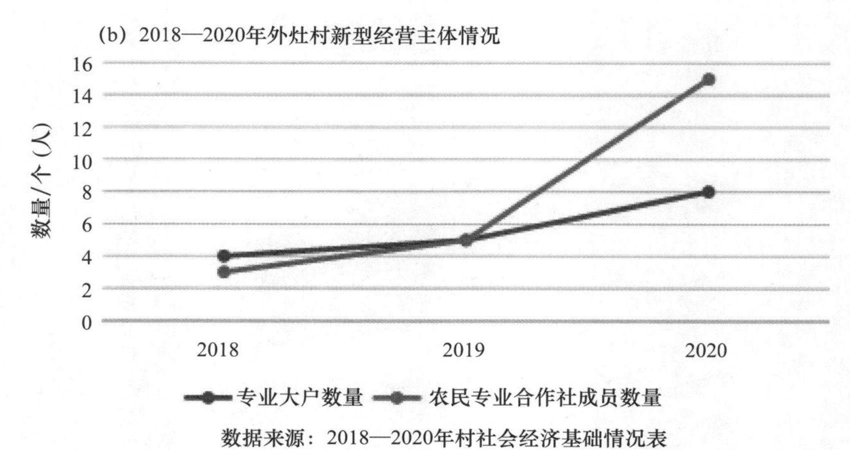

数据来源：2018—2020年村社会经济基础情况表

图 3.2-3　外灶村第一产业经营现状分析

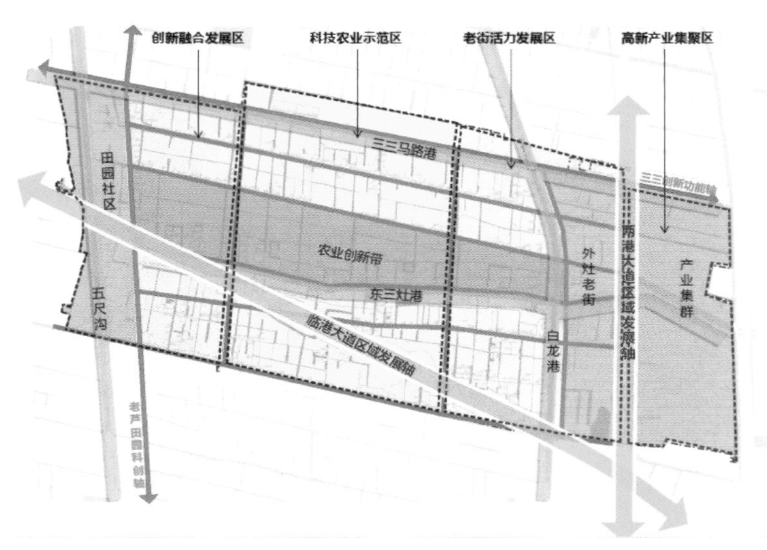

图 3.2–4　外灶村规划结构

图 3.2–5　外灶村规划鸟瞰图

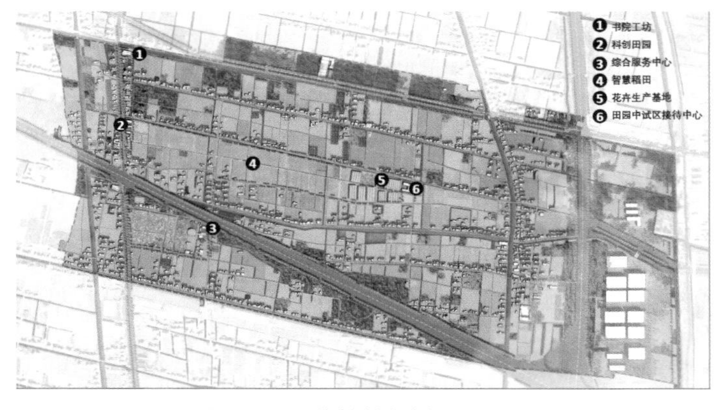

图 3.2–6　外灶村规划总平面图

基础上局部贯通，形成完整的路网结构；④ 村宅道路：道路提升优化；⑤ 田间道路：起到景观提升作用（图 3.2-7 和图 3.2-8）。

类型	路名	现状宽度/m	改造方式	近远期
城市道路	老芦公路	10	两侧景观带及东侧单侧绿到（1.5km）	近期
			道路红线拓宽至20m，路面不变，拓宽人行道	远期
	三三公路	9	道路红线拓宽至28m	远期
村庄干路	村委会南北路	5	拓宽至7m	近期
			贯通至三三公路	远期
	中心二号路	5	拓宽至7m，黑化	近期
	南金家港路	5.6	景观提升，黑化	近期
村庄支路	外三灶港老街路	3.5	拓宽至5m	远期
	三灶港路		黑化	近期
	中心一号路	5	贯通南金家港路至17-18组路段，黑化	近期 期
村宅道路	花田北路	3	拓宽至5m，景观提升，黑化	近期
	花田南路	4	景观提升	近期
	其他		道路翻建、新建、拓宽	近期
田间道路	17-18组路	4	拓宽至6.5~7.9m，黑化	近期

图 3.2–7　外灶村交通系统规划图

2.3　水系景观引导

（1）现状及问题

重要水系驳岸护坡形式单调，局部有裸土，亲水性不强，植物种植城市化；一般水系，局部过窄或断流，驳岸植物杂乱待整治；坑塘局部仍有污染，对周边

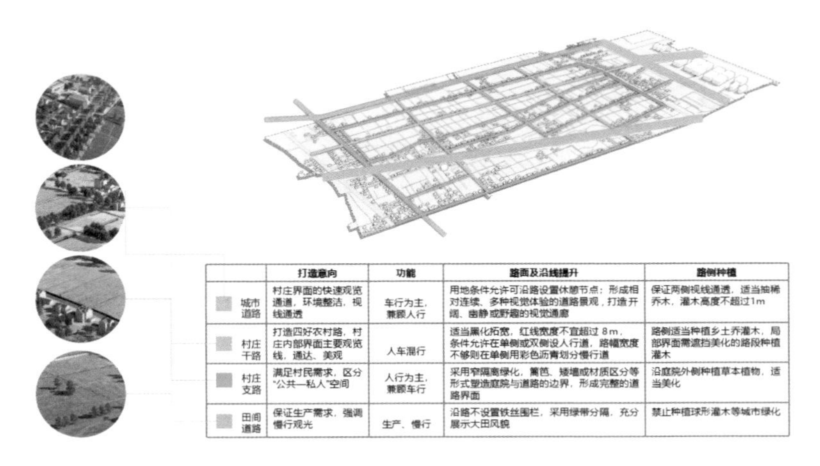

	打造意向	功能	路面及沿线提升	路侧种植
城市道路	村庄界面的快速观览通道，环境整洁，视线通透	车行为主，兼顾人行	用地条件允许可沿路设置休憩节点；形成相对连续、多种视觉体验的道路景观，打造开阔、幽静或野趣的视觉通廊	保证两侧视线通透，适当抽稀乔木，灌木高度不超过1m
村庄干路	打造四好农村路，村庄内部界面主要观览线，通达、美观	人车混行	适当黑化拓宽，红线宽度不宜超过 8 m，条件允许在单侧或双侧设人行道，路幅宽度不够则在单侧用彩色沥青划分慢行道	路侧适当种植乡土乔灌木，局部界面需遮挡美化的路段种植灌木
村庄支路	满足村民需求，区分"公共—私人"空间	人行为主，兼顾车行	采用窄隔离绿化，篱笆、矮墙或材质区分等形式塑造庭院与道路的边界，形成完整的道路界面	沿庭院外侧种植草本植物，适当美化
田间道路	保证生产需求，强调慢行观光	生产、慢行	沿路不设置铁丝围栏，采用绿带分隔，充分展示大田风貌	禁止种植球形灌木等城市绿化

图 3.2–8 外灶村道路类型规划

生态及生活环境影响较大；周边采用铁丝围网或低矮草本植物进行分隔，滨水空间消极。

（2）景观引导

规划设置三级水网体系，骨干水系应满足通航需求，重要水系和一般水系局部可供游船通行。① 骨干水系为河道蓝线（河口线），宽度大于 30 m：五尺沟、白龙港；② 重要水系为河道蓝线（河口线），宽度 12 ～ 30 m（包括 30 m）：三三马路港、东三灶港、大四灶港、灶溢港；③ 一般水系为河道蓝线（河口线），宽度不超过 12 m：北金家港、南金家港，其他水系结合水上游线进行拓宽，宽度为 10 m（图 3.2-9）。

2.4 农田景观引导

现状及问题：小片园地局部地块有违章搭建，影响整体风貌效果；成片田野条田肌理有待进一步强化，田野、大棚、林地交叉分布，未能形成成片大田风貌；农业大棚布局不规范，既有集中连片，也有分散布置，建设标准不统一，影响整体风貌，美观度有待提升。

总体格局应多种类型交叉分布。条田灌区为底，主要分布在村域北侧、南侧；智慧稻田以连片有机稻田为基础，通过土地整理形成连片大田，主要分布在村域中间；景观大棚为现代化集中大棚，主要分布在村域中部靠东；小片田地分散种植于各家各户自留地（图 3.2-10）。

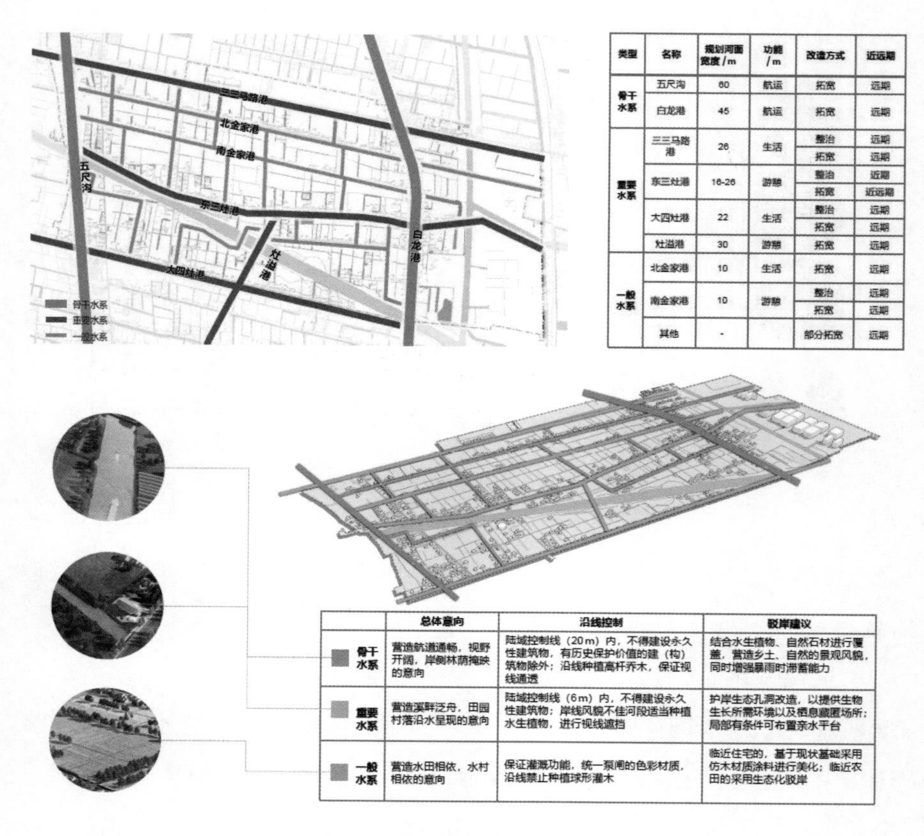

类型	名称	规划河面宽度 /m	功能 /m	改造方式	近远期
骨干水系	五尺沟	60	航运	拓宽	远期
	白龙港	45	航运	拓宽	远期
重要水系	三三马路港	26	生活	整治	远期
				拓宽	远期
	东三灶港	16-26	游憩	整治	近期
				拓宽	近远期
	大四灶港	22	生活	整治	远期
				拓宽	远期
	灶溢港	30	游憩	拓宽	远期
一般水系	北金家港	10	生活	拓宽	远期
	南金家港	10	游憩	整治	远期
				拓宽	远期
	其他	-		部分拓宽	远期

	总体意向	沿线控制	驳岸建议
骨干水系	营造航道通畅，视野开阔，岸侧林荫掩映的意向	陆域控制线（20 m）内，不得建设永久性建筑物，有历史保护价值的建（构）筑物除外；沿线种植高杆乔木，保证视线通透	结合水生植物、自然石材进行覆盖，营造乡土、自然的景观风貌，同时增强暴雨时滞蓄能力
重要水系	营造溪畔泛舟，田园村落沿水呈现的意向	陆域控制线（6 m）内，不得建设永久性建筑物；岸线风貌不佳河段适当种植水生植物，进行视线遮挡	护岸生态孔洞改造，以提供生物生长所需环境以及栖息藏匿场所；局部有条件可布置亲水平台
一般水系	营造水田相依，水村相依的意向	保证灌溉功能，统一泵闸的色彩材质，沿线禁止种植球形灌木	临近住宅的，基于现状基础采用仿木材质涂料进行美化；临近农田的采用生态化驳岸

图 3.2-9　外灶村水系规划

3. 特色分析

3.1　种源农业经验

打造田园中试区，推动种源农业和智慧农业发展。打造高标准农田及智慧稻田结合的有机稻田（智慧农业），覆盖整村建设的高标准农田以及水稻种植区，实施水肥一体化及灌溉自动化，包含首部施肥系统、田间控制系统、田间检测系统、在线视频监控系统、中控显示设备的智慧稻田（图 3.2-11）。引入上海当地的花卉公司，打造花卉生产基地，以及通过盆栽花卉、窗阳台花卉、市政四季花卉实现花卉种源繁育及生产。

3.2　创新研发带

打造田园科创走廊，发展芯片创新研发产业。打造老芦公路田园科创走廊，连接新兴产业片区及先进智造片区（图 3.2-12）；引进中芯国际集成电路制造有

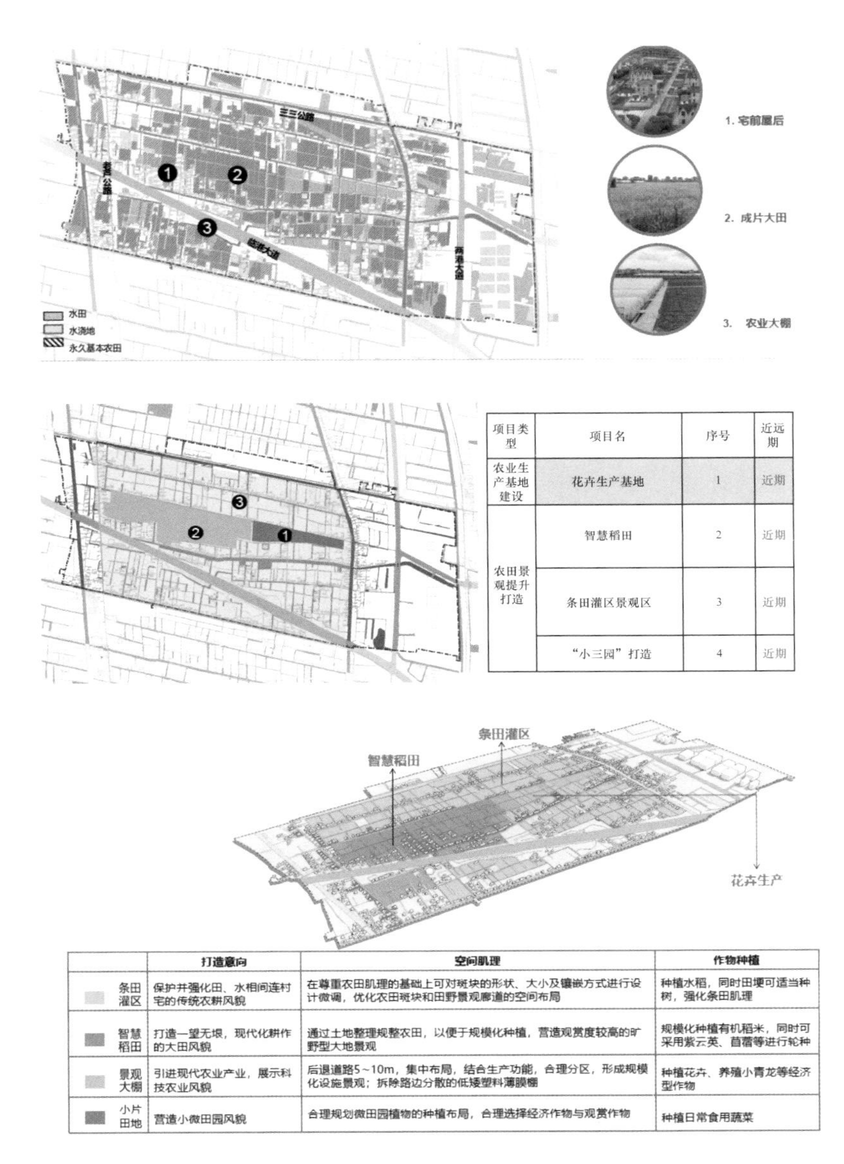

项目类型	项目名	序号	近远期
农业生产基地建设	花卉生产基地	1	近期
农田景观提升打造	智慧稻田	2	近期
	条田灌区景观区	3	近期
	“小三园”打造	4	近期

	打造意向	空间肌理	作物种植
条田灌区	保护并强化田、水相间连村宅的传统农耕风貌	在尊重农田肌理的基础上可对斑块的形状、大小及镶嵌方式进行设计微调，优化农田斑块和田野景观廊道的空间布局	种植水稻，同时田埂可适当种树，强化条田肌理
智慧稻田	打造一望无垠，现代化耕作的大田风貌	通过土地整理规整农田，以便于规模化种植，营造观赏度较高的旷野型大地景观	规模化种植有机稻米，同时可采用紫云英、苜蓿等进行轮种
景观大棚	引进现代农业产业，展示科技农业风貌	后退道路5~10m，集中布局，结合生产功能，合理分区，形成规模化设施景观；拆除路边分散的低矮塑料薄膜棚	种植花卉、养殖小青龙等经济型作物
小片田地	营造小微田园风貌	合理规划微田园植物的种植布局，合理选择经济作物与观赏作物	种植日常食用蔬菜

图 3.2-10　外灶村景观规划

限公司，发展芯片创新研发；配合创新研发，打造村域科创研发中心——科创田园，引入新型产业，并提高配套服务设施水平，为留住人才保驾护航。

3.3 发展休闲文旅

发展休闲采摘、文化体验、科普教育、团建拓展，打造 4.4 km 陆路游线，串联五大文旅活动基地。① 书院工坊：游客中心、镇村门户；② 科创田园：科创研发观光；③ 人才公寓：人才公寓参观；④ 综合服务中心：导航文化＋为老服务；⑤ 田园中试区：田野活动、种源农业（图 3.2-13）。

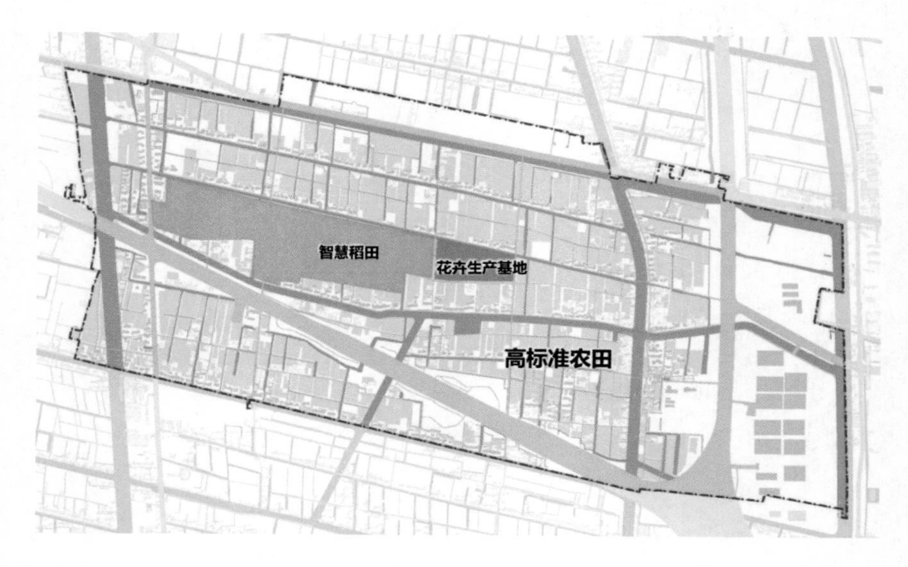

图 3.2–11　外灶村农业发展规划

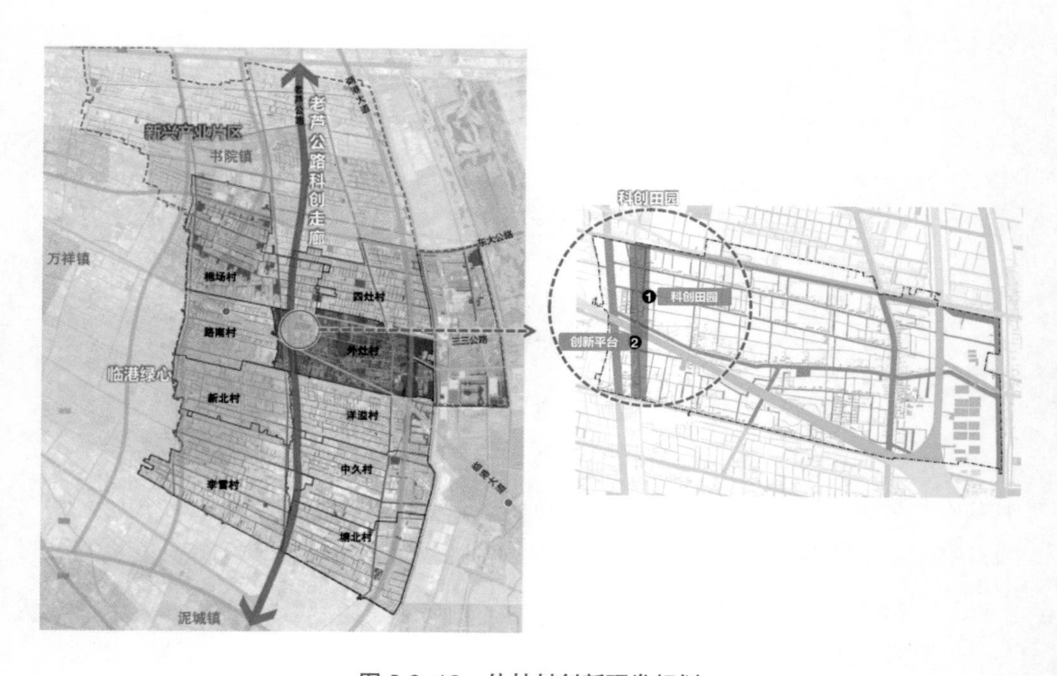

图 3.2–12　外灶村创新研发规划

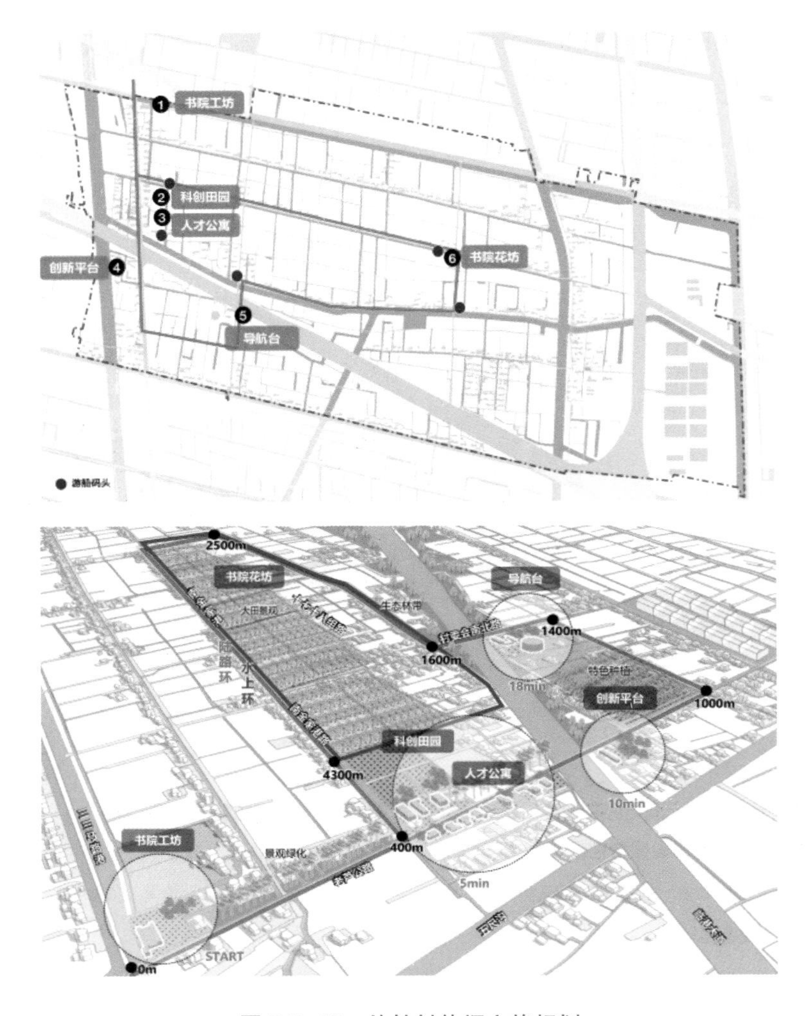

图 3.2–13　外灶村休闲文旅规划

3.4　商务服务开发

结合主导产业需求，配套如下商务服务。① 办公服务：共享办公、共享餐厅（会议配餐）、咖啡厅、阅览室；② 居住服务：人才公寓、共享健身房、购物、餐饮；③ 生活服务：便利店、生鲜超市。其中，“清美鲜食”社区便利店模式定位于 15 min 社区公共服务圈，覆盖周边 300 m，满足人民群众对高品质食品和高质量生活的需求，提供全品类、中低价、超便利、可追溯的社区鲜食服务；“清美鲜家”线上线下融合店模式综合应用现代信息、大数据、人工智能技术，店仓一体，两化融合，打造 5G 时代智慧菜场。

生态环境和风貌整治提升了村民的整体居住环境，道路拓宽以及路桥修缮使得村民的交通更加便捷；新的文旅休闲产业引入为村民提供了更多的收入来源；种源农业及智慧大棚的发展，提高了耕地的效率，带动了村庄的整体经济发展；通过规划用地调整，新增了约 3000 m^2 商业服务设施，未来出租可增加村集体收益（图 3.2-14 ～图 3.2-20）。

图 3.2–14　外灶村农宅风貌提升效果图

近期总体设计：用地-东三灶港拓宽，零星村宅拆除，亮点项目用地调整

□ 东三灶港东段拓宽及零星村宅拆除（共10栋）

➢ 村委会周边4栋村宅拆除，东三灶港东段拓宽沿线6栋村宅拆除；同时田园中试区部分水系填埋，打造中部方田

□ 亮点项目用地调整

➢ 主要涉及书院工坊、科创田园、综合服务中心、田园中试区接待中心用地调整

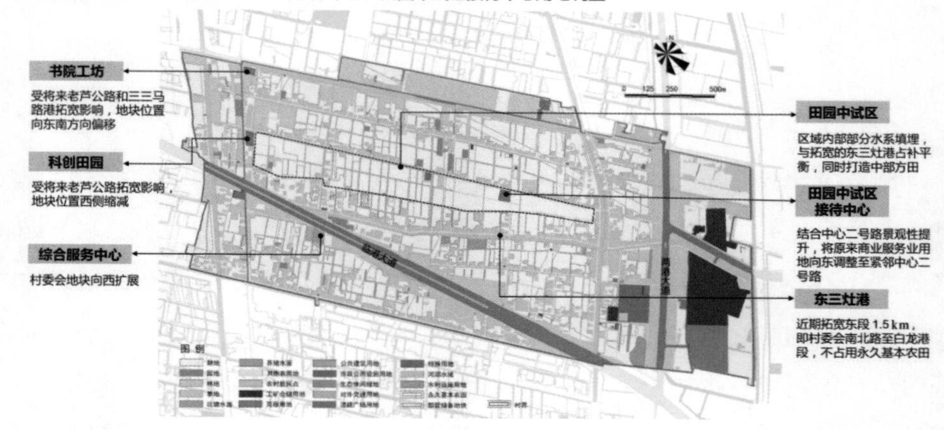

图 3.2–15　外灶村改造规划

现代农业产业建设：设施农业建设

- 高标准花卉生产基地建设：120亩
  - 均为一般农田，有一些旧大棚，目前以水稻种植为主，含少量商服用地

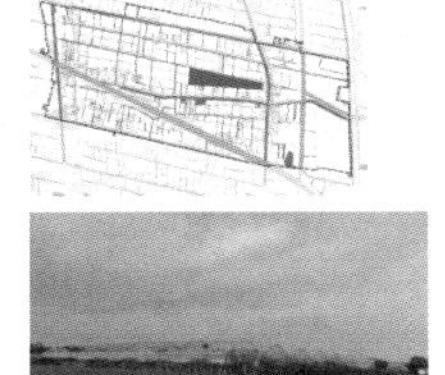

图 3.2–16　高标准花卉生产基地效果图

- 外灶综合服务中心（养老服务中心）整体提升：完善养老服务中心功能，提升周边整体景观

图 3.2–17　外灶村综合服务中心效果图

新产业新业态建设：乡居办公类项目建设

环境颜色提取及材质选择

- 科创田园（科创田园A区）
  - 存量厂房仓库改造成众创空间，与东侧水稻田形成连续的田园景观，功能包括企业展示厅、办公等
  - 引入上海电力股份有限公司，利用建筑屋顶和立面打造成BIPV低碳智慧项目，打造乡村碳中和生态循环示范区

面积指标	
基地面积	约3635m²
原有建筑总面积	3129m²
改造后总建筑面积	2966.4m²
保留改造部分面积	2239m²
新建建筑面积	727.4m²
建筑高度	12.4m

餐厅办公　咖啡厅、健身房　办公

北侧留有回车空间

东侧留4m形成环路

图 3.2–18　外灶村科创田园效果图

新产业新业态建设：乡居办公类项目建设

□ 人才公寓

➢ 盘活闲置农宅一幢，与科创田园一体设计、改造提升，楼顶设计与科创田野视野相联系

现状	策略
形体琐碎	化繁为简，统一大关系
风貌不统一	统一屋顶色彩、线脚、门窗、框、空调机位等
装饰有特色	局部保留，新旧对比
缺少电梯	改造（楼梯环抱式电梯间）
空间利用不足	增大使用面积

改造前

改造后

图 3.2–19　外灶村人才公寓效果图

1.5 重点项目的规划设计最终方案展示-书院工坊项目

书院工坊（科创田园B区）

将盘活原有菜场，改造村主入口标志性建筑物，引入清美生鲜超市。功能包括生鲜超市、餐厅、咖啡、茶室及农产品展销等

引入上海电力股份有限公司，利用建筑屋顶和立面打造成BIPV低碳智慧项目，打造乡村碳中和生态循环示范

面积指标		功能面积指标	
总用地面积	约3296m^2	生鲜超市	300m^2
总建筑面积	约2400m^2	咖啡	300m^2
用地面积	2000m^2	餐厅	600m^2
景观用地面积	1296m^2(景观)	茶室	200m^2
建筑高度	10m	农产品展销	300m^2
原有建筑面积	1350m^2	辅助用房	200m^2
容积率	1.2		

改造前

改造后

图 3.2–20　外灶村书院工坊效果图

案例 3　上海市松江区石湖荡镇泖新村村庄规划

1. 项目简介

泖新村位于石湖荡镇西北部，东与新姚村接壤，南至石湖荡江与新源村为界，西至青松江河与青浦区小蒸镇交界，北临泖河与小昆山镇大德村隔江相望，村以泖河命名（图 3.3-1，图 3.3-2）。境内有沪杭高速公路和松蒸公路横贯村中部。区位优势明显，交通便利，生态环境优越。泖新村行政区域 5.83 km^2，有 7 个自然村，24 个村民小组。2020 年村民总户数 1031 户，总人口 4478 人，其中本村人口 3242 人，外来人口 1236 人。

图 3.3–1　泖新村区位

全村现有耕地 3672 亩，其中，粮田 3402 亩，常年菜田 15 亩，林地 2 亩，鱼塘 251 亩，畜禽场 2 亩，粮食单产 500 kg。泖新村先后获评上海市卫生村、上海市整洁村、松江区文明村和松江区美好家园示范村。

近年来，泖新村在限制规模的前提下开展整治，梳理景观、完善设施。依托自然资源优势发展现代农业以及生态休闲旅游，实现特色产业与旅游业良性互动。依托斜塘建设多样化的现代农业休闲体验及观光设施，结合特色农庄与乡村

图 3.3-2　泖新村航拍

体验活动，形成集生态涵养、文化旅游、休闲体验、农业观光于一体的村庄、农田及乡野公园的交织区域。近年来，泖新村加快产业调整，优化产业布局，清理淘汰低效、落后产能企业；对厂房仓库进行大面积拆改，不断提高土地利用效率和经济效益。

泖新村属于石湖荡镇域内保留治理的农村居民点，有限制规模要求（图 3.3-3，图 3.3-4）。同时泖新村紧邻集镇中心，其未来的发展与镇区紧密相关，涉及基础设施跨行政边界共享和产业联动等需要从更大的区域层面寻求解决问题的思路。

2. 规划思路

本次规划通过村庄设计，探索村庄建设的秩序和有效管理方式，提出村域经济技术指标，在村庄风貌总体把控、系统性管理等方面，完善现有管理体系。通过村庄设计，梳理村庄范围内的公共基础设施配套、产业转型、休闲农业、生态优化、水系优化、道路优化等，整理各类项目的类型、名称、规模、建设内容及建设时序等，形成项目建设清单，并提出建设指引。

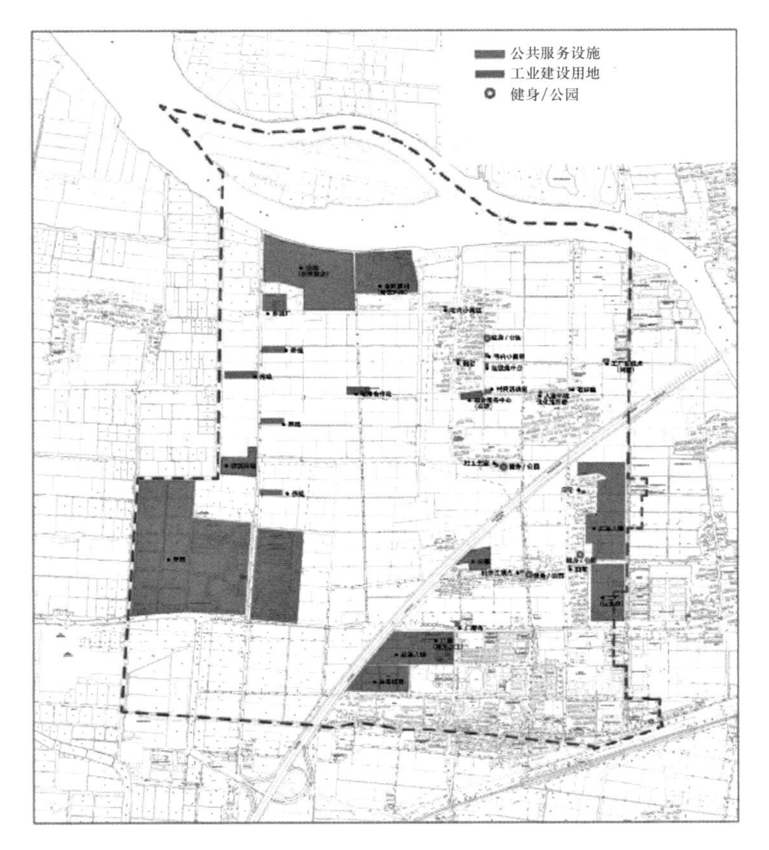

图 3.3-3　浉新村基础设施现状

3. 规划要点

3.1　道路交通规划

浉新村现状道路系统已基本形成，本次规划依托现有道路体系，以改善现状道路路况、满足消防疏散要求等需求为目标，进行道路系统设计。

规划道路系统包括：村域南侧的城市道路、村内车行主干路、村支路和联通居住组团的宅间路等类型。不同等级的道路形成了道路交通网络，覆盖了浉新村整个村域，提高了村民日常生活的便捷度和可达性（图 3.3-5）。

在慢行系统方面，虽然村内的道路基本满足各种通达需要，但是缺少优质步行体验和联通环线。镇上集中片区和浉新村的几个聚落作为主要的聚居区域，在这些区域内部加强步行系统的联通，形成可以自由随意穿行的步行道路网络（图 3.3-6）。

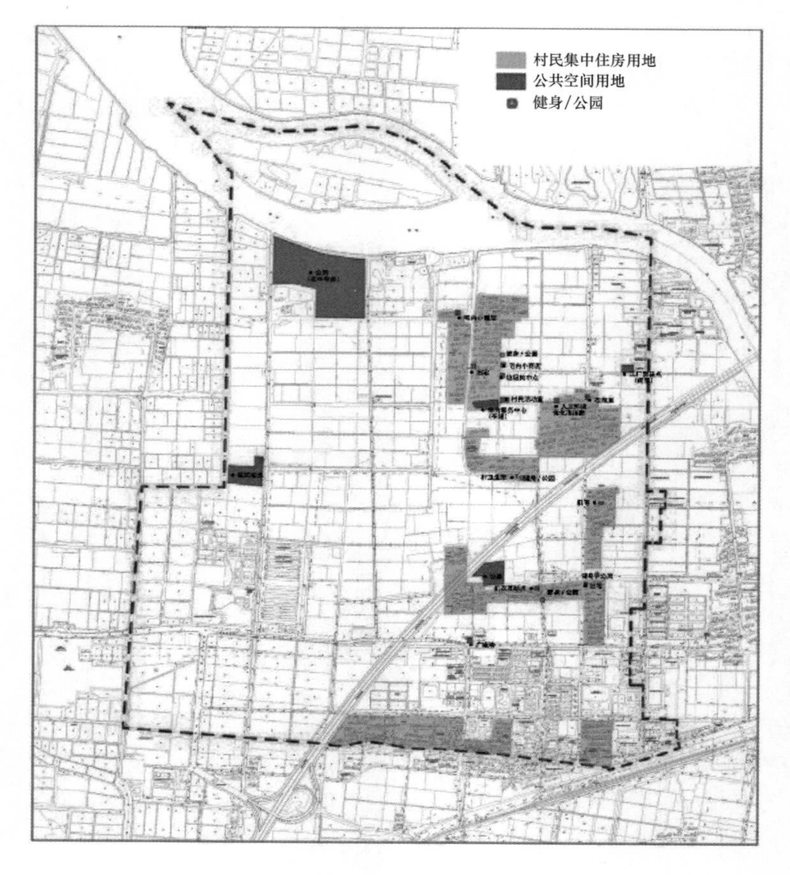

图 3.3-4　泖新村公共空间分布现状

在交通系统方面，石湖塘镇上的公交总站，联系了泖新村与松江周边村落；泖新村村域内现存一定点公交线，线路贯穿南北空间，但其服务功能较弱。规划在定点公交线的基础上，设置站点周边的休闲步道或休憩节点空间，为村民提供舒适的候车环境。对于停车问题，利用镇域住区周边空地建设集中停车场，便于居民管理使用。泖新村内通过共同协商、管理的模式，就近建设小型停车广场，形成较规范的停车空间。

基于独特的水乡环境，规划将桥梁元素融入村镇的道路、慢行和交通系统。村镇现有桥梁基本为公路桥梁。在尽可能不占用其他用地的基础上，根据慢行路网的需要：在现有桥梁一侧设计步行道或增设步行桥，对村域内既有的老旧步行桥进行修缮和形象提升，并与河道架设的景观步道相联系。在整体风貌上，桥

图 3.3–5　泖新村道路系统规划

图 3.3–6　泖新村慢行系统规划

梁可以作为泖新村的景观形象和村容村貌特点，丰富道路交通层次，提供服务于步行的漫游空间；同时加强居住组团宅前屋后的步行体验；配合河道沿岸景观设置步行道路，在步行沿线也创造小型休憩活动空间，打造小桥流水人家的水乡格局。在主要城市道路与村镇衔接处，设置乡村宣传形象，打造开放公共场所，并利用现有公共设施场所改造为口袋公园，展现村镇面貌（图 3.3-7）。

图 3.3–7　泖新村交通系统规划

3.2　水系景观规划

规划恢复水乡格局，打通水域视廊，联通河道，新增灌溉渠，使水系成网，重现河湖相连、小桥流水人家的水乡格局。

打通水系视廊，拆除滨水、跨水围墙，缩减桥头绿化厚度，畅通滨水视线，重现水乡格局。① 畅活水网脉络，拓宽水道：依照蓝线拓宽水道，保障河道生态性与安全性。② 新增水渠：在田园花海增设灌溉渠。③ 联通水网：清淤联通畅活河道，增强水体流动性，使水系成网。④ 拆坝建桥：部分现状桥梁景观化改造，拆坝建桥，新增过路桥。⑤ 增设水闸：增设水闸与溢水坝，适度管控进出水，截流水面垃圾（图 3.3-8）。

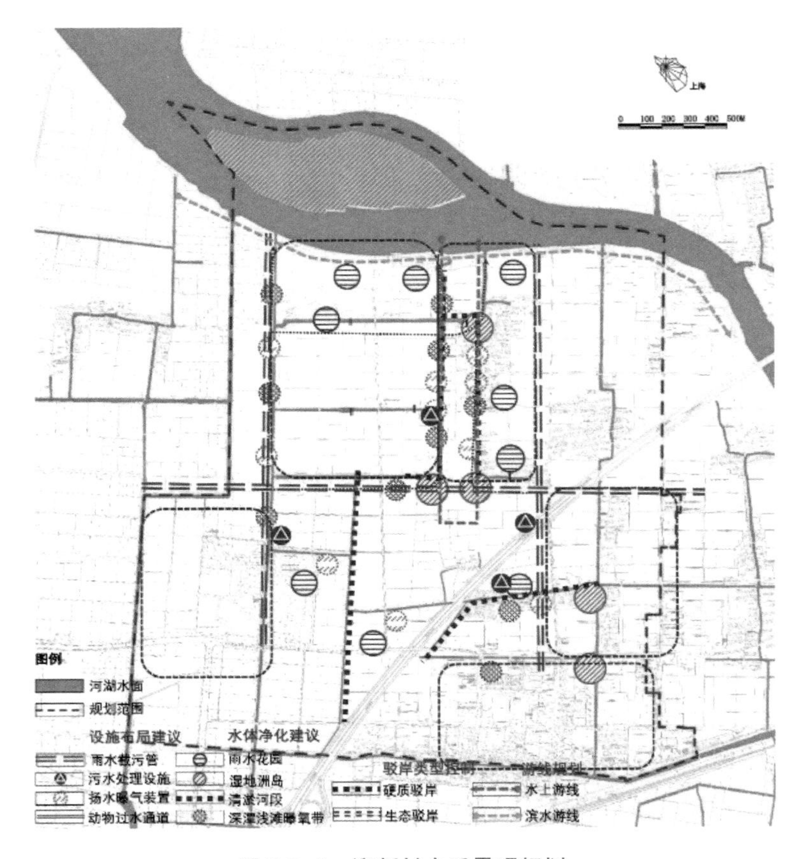

图 3.3–8 泖新村水系景观规划

3.3 公共空间规划

泖河沿岸生态公园贯穿北侧景观带，门户节点提睛，主题游园点缀，均衡优质惠民，打造活力幸福泖新村。规划设立“1+3+4”的公共空间节点，形成均衡优质、惠民利民的村庄公共空间体系。北侧形成 1 条泖河沿岸生态景观带，门户形成 3 个形象节点，村庄点缀 4 个主题游园（图 3.3-9）。

3.4 产业策划

在区域维度，泖新村的未来产业发展应立足泖河生态资源，突出产业功能的复合性特征，打造泖河上的活力区域和特色节点。在乡村产业活动的策划与发展中，依托创新要素，导入创意创新资源；将城市功能要素与乡村环境结合起来，激发城乡产业融合的内生动力，提升产业服务品质，满足都市人群的多样化需求；塑造离城市最近的乡愁体验地；与周边区域协同发展。在村镇内，鼓励差异

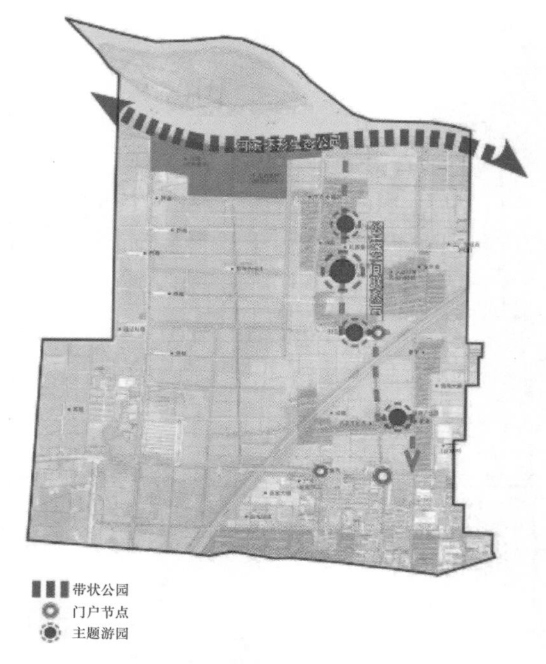

图 3.3-9　泖新村公共空间规划

化发展、功能互补，整体打造乡村郊野目的地。产业培育分阶段推进：近期主要打开产业的引进与输出通道；中期逐步通过现有民宅出租、产业业态置换，完善面向集镇与城市服务的乡村体验功能；远期通过工业、物流用地退出，建设创意街区、酒店住宿等业态（图 3.3-10）。

图 3.3-10　泖新村产业空间规划

第四章　华南夏热冬暖地区村镇社区规划设计案例

本章共4个村镇社区案例（表4-1），位于山地季风水田农作区。在村庄类型方面，这些案例主要为集聚提升型村庄。主导产业上，4个案例主要以农业和旅游业为主导。规划类型上，这些案例主要以详细规划（村庄规划）、专项规划（特色小镇、公共服务专项规划）为主。

表4-1　华南夏热冬暖地区村镇社区规划设计案例汇总

序号	项目名称	规划类型	地貌及农作类型
1	广东省河源市和平县大坝镇石井村村庄规划	详细规划	山地季风水田农作区
2	福建省尤溪县梅仙镇半山村公共服务专项规划	专项规划	
3	广东省珠海市斗门区斗门镇公共服务与旅游发展规划		
4	广东省汕头市澄海区莲华镇南塘村村庄规划	详细规划	

案例1　广东省河源市和平县大坝镇石井村村庄规划

1.项目简介

石井村位于粤赣两省交界山区之中，隶属广东省河源市和平县大坝镇，位于大坝镇西北方向，距离县城约15 km，距离乡镇约8 km，距离省道5.6 km（图4.1-1）。村域总面积约为22.76 km^2，村庄大部分用地为非建设用地。

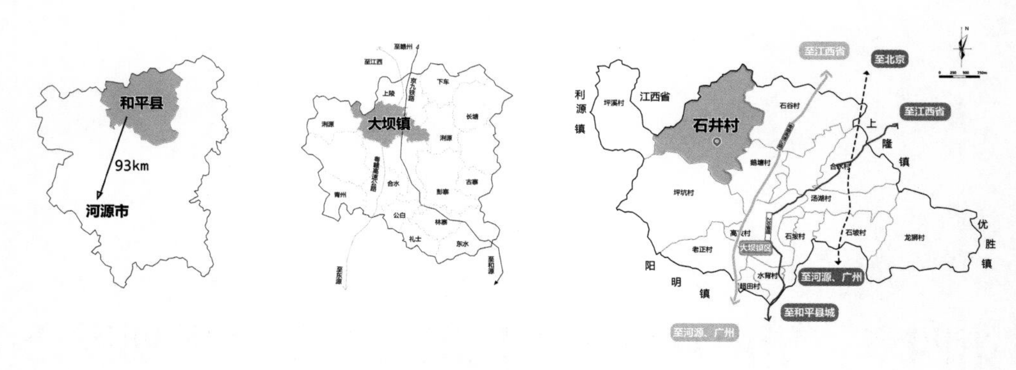

图 4.1–1　石井村区位

石井村 2020 年前是广东省省定贫困村，村民经济收入来源以农业种养、外出务工、入股农业产业基地为主。石井村是一个传统农业经济村庄，经济发展水平较低，其经济作物以水稻种植为主，兼种百香果、猕猴桃、木瓜等。百香果种植面积约 60 余亩，主要分布在米英、树塘和婆塘种植基地；猕猴桃种植面积约 70 余亩，主要分布在米英和婆塘种植基地；茶园约 47 亩，位于婆塘与坑水之间。此外村内有几处小规模养殖场，主要是鱼类和畜牧类养殖。目前村中的工业主要有竹制品加工厂和腐竹加工厂。综合来看，石井村目前产业仍然以种植业和养殖业为主，加工制造业基础薄弱，无第三产业，是典型的以农业种植为主的生产型乡村社区。

目前石井村现状公共服务设施主要有村委会、党群活动中心、卫生所、多处休闲广场、环卫设施等。村内未设教育设施，适龄学生大多入读镇区或县城小学和幼儿园。村内仍有部分道路尚未硬化，现状排水系统采用合流制，污水直接排入村河流，影响水环境，河流周边缺乏安防设施，安全隐患突出。

2. 规划思路

石井村地处华南远郊山地贫困地区，下辖自然村分散于山区之中，是公共服务较难全面覆盖的“散、小、穷”村落典型案例。石井村规划主要解决其自然村落分散、交通不便、公共服务设施不足问题和人口大量外流导致的老龄化问题。

石井村公共服务设施的规划主要突出：① 设施统筹规划。统筹规划自然村间的公共服务设施布局，通过加强交通等基础设施建设，最大限度地实现设施共享和资源互补。② 功能复合设置。在老龄化和人口收缩背景下，考虑村庄发展的多样需求，将石井村公共服务设施适度集中布局，形成公共服务资源最优化配置。③ 移动公共服务设施辅助建设。在生活圈内通过移动公共服务设施使居民最大化享受公共服务，增加设施利用率，降低设施建设成本。

3. 规划要点

3.1　规划定位

依托石井村丰富的生态资源，发展绿色生态工业和高效精品农业，建设特色种植基地和畜牧鱼类养殖基地，打造集现代农业种植、旅游徒步体验、绿色生态宜居为一体的新型农村社区。

3.2　土地利用规划

根据石井村现状居民点分布情况，结合人口规模预测和发展需要，整体上对村庄建设用地进行集约化管理，明确规划期内各类建设用地的规模、范围以及新增居住用地、产业用地和其他用地的控制指标（图 4.1-2）。

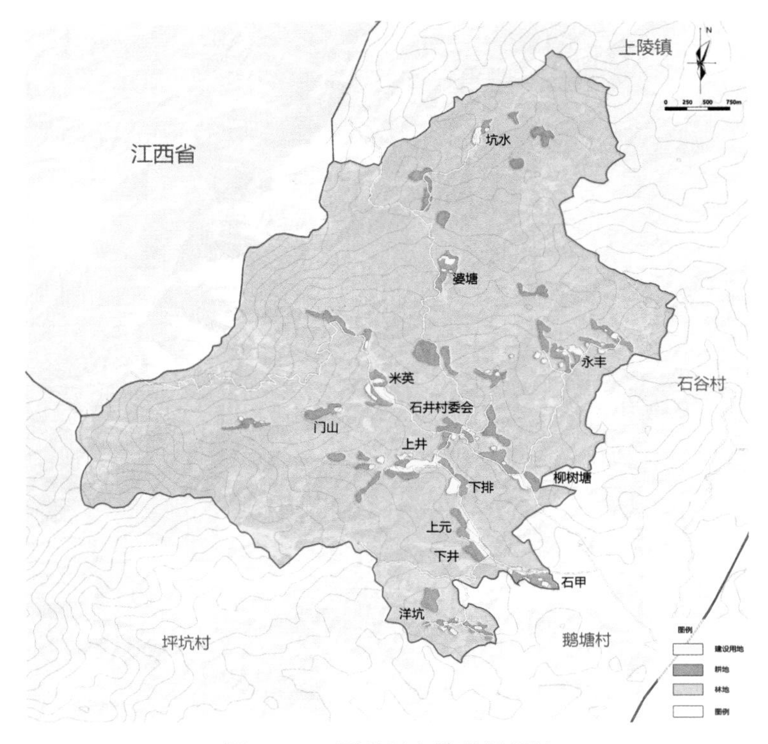

图 4.1–2　石井村土地利用规划

3.3 公共服务设施规划

（1）生活服务设施

① 公共管理与服务设施：整合现有村庄办公场所，为解决村委会使用面积不足问题，将党群活动中心（规划建筑面积 120 m²）转移至已停用小学，与其他公共服务功能复合配置，形成村庄综合服务中心（图 4.1-3）。② 医疗设施：对现状卫生室进行适度改建修整，提高卫生室服务质量。③ 文体设施：在自然村中新增三处休闲广场，在已停用小学新增一处文化活动中心。④ 福利设施：将老年活动中心转移至已停用小学，与党群活动中心、文化活动中心和儿童活动中心等集中设置，并可集约使用户外休闲和健身场地。⑤ 交通设施：硬化干道和支路共 14.18 km，硬化村内主要巷道 5.9 km，沿干道、支路以及主要巷道增设路灯进行美化亮化。此外，增设 3 处停车场（图 4.1-4）。

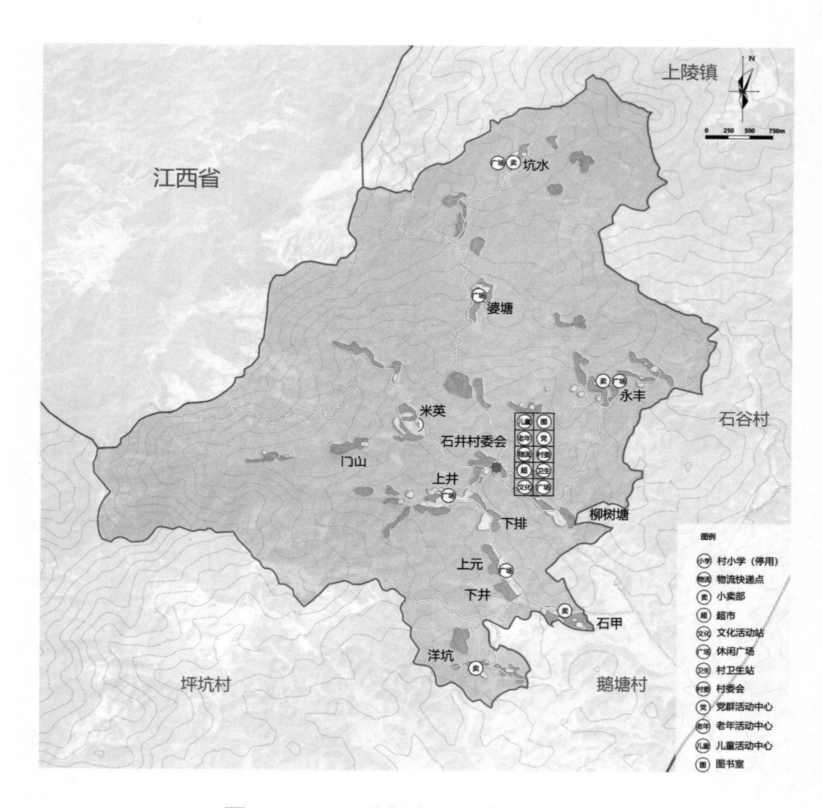

图 4.1-3 石井村生活服务设施规划

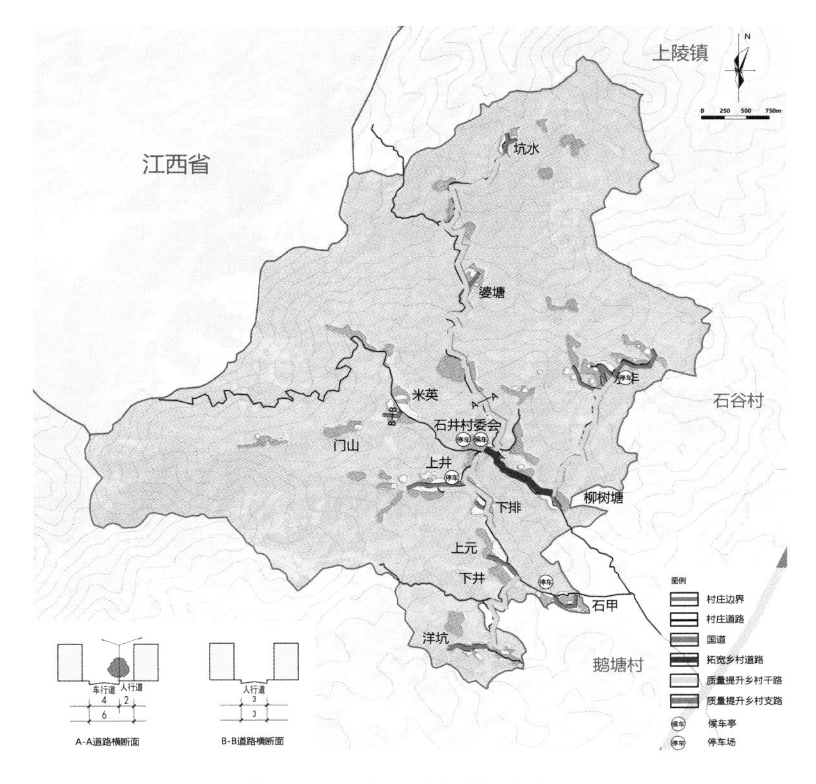

图 4.1-4　石井村交通设施规划

（2）生产服务设施

① 农业综合服务设施：在村域中部、南部及北部打造高效、绿色、生态的现代农业种植区。在村域中部和南部现代种植区内物流仓储规划用地上布置物流仓储设施，方便作物运输、储存等。② 工业配套设施：依托石井村现有仓储物流设施，完善周边交通与市政公用条件，形成以农业服务为先、兼顾工业适用的融合型配套服务设施体系。③ 信息服务设施：结合村委会等公共设施规划建设信息服务站点一处（图 4.1-5）。

（3）生态服务设施

① 生态环境综合治理设施：新增排水沟和水土保持工程用房。石井村部分水源承包后用于从事农业养殖产业，或者作为生活用水水源，规划为其配置水质监测设备。部分水域紧邻村庄生活空间，规划配套排水沟、沟头防护设施和水土保持工程用房。② 生态保育设施：石井村东北部、西南部为大面积林

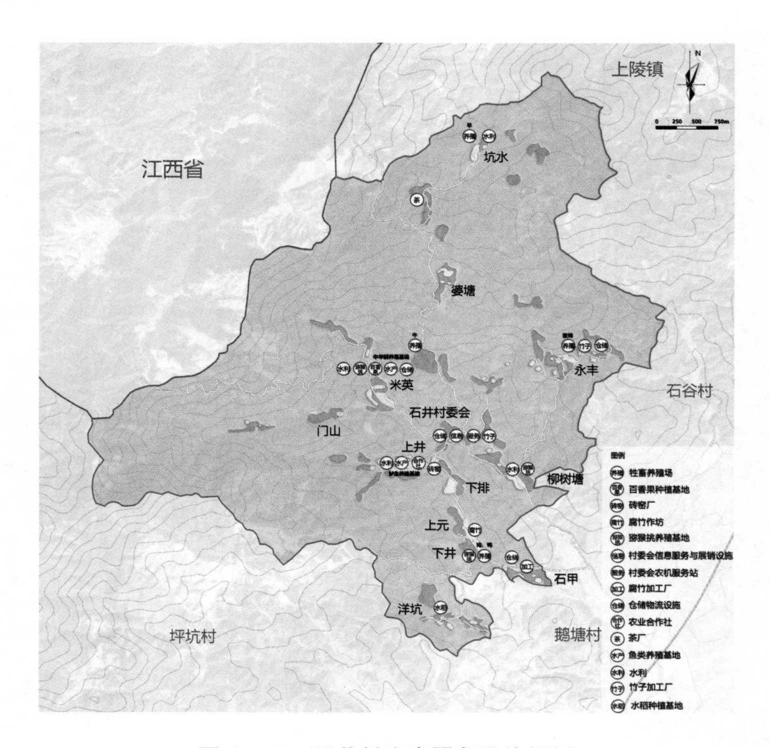

图 4.1-5　石井村生产服务设施规划

地（以竹林、松树、杉树为主），规划在石井村河道两岸设置防护林带和生态林地巡护站，其中防护林带宽度应不小于 5 m，生态林地巡护站单个面积不小于 24 m^2（图 4.1-6）。

3.4　产业规划

综合考虑石井村农业生态条件和发展需求，将石井村产业定位为现代农业种植基地与生态休闲旅游中心。第一产业以水稻种植业为基础，大力发挥本地百香果、猕猴桃等植物的种植优势，建成经济示范田并建设采摘体验基地，同时积极发展鱼类畜牧养殖，打造种植养殖基地品牌，形成竞争优势。第二产业主要是竹制品加工厂和腐竹加工厂。第三产业利用村庄历史文化资源和自然景观资源，结合生态农业优势，打造丰富的休闲体验项目，吸引目标人群，进一步提高农业附加值，增加农民收入（图 4.1-7）。

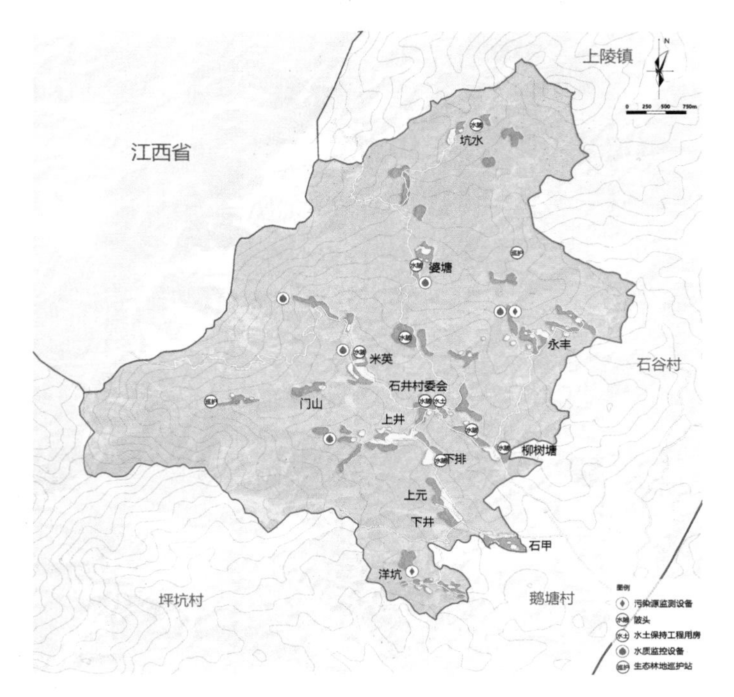

图 4.1–6　石井村生态服务设施规划

图 4.1–7　石井村产业发展规划

4. 特色分析

通过石井村实地调研、服务设施问卷调查与访谈的方法，获取石井村村民日常时空轨迹与设施配置需求等数据，绘制石井村不同人群时空需求图，为石井村村镇社区生活圈划定提供参考依据。基于人群时空需求分析（图 4.1-8），结合石井村实地调研结果，划分石井村村镇社区生活圈为基础生活圈、提升生活圈和延展生活圈三个圈层。其中，基础生活圈以满足所有村民的日常需求为主；提升生活圈结合村镇具体情况，考虑其选址位置使其效用最大化；而延展生活圈考虑城乡统筹，满足乡村居民高层次的需求（图 4.1-9）。

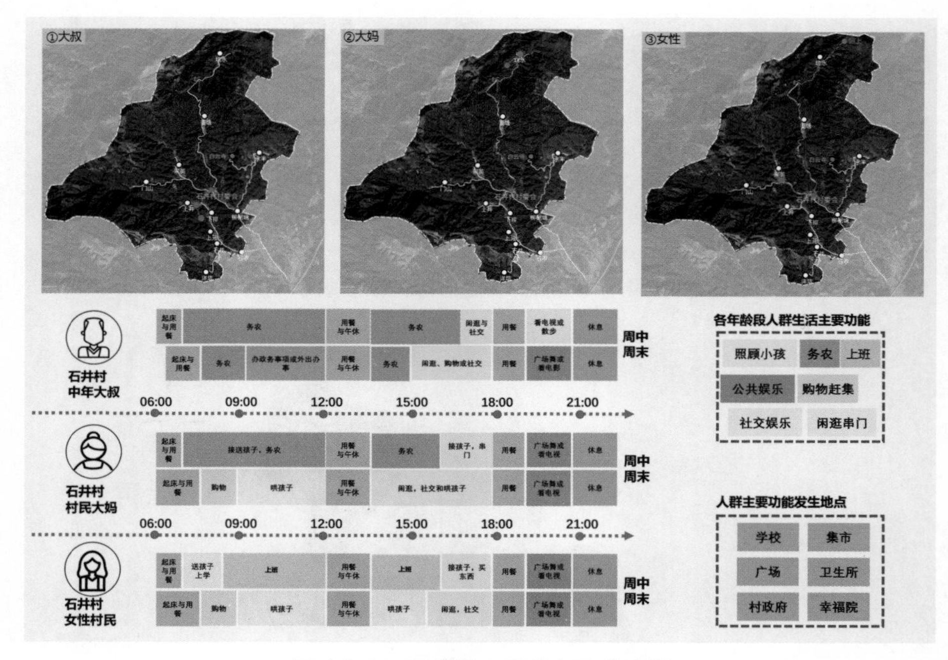

图 4.1-8　石井村人群时空需求分析

石井村下辖自然村布局分散，且每个自然村的人口都非常有限。受人口和山地等问题制约，难以成体系地为所有自然村布置公共服务设施，因此整个石井村的公共服务设施体系需考虑采用“以村部为核心，基本公共服务设施零散分布”的配置形式。石井村村委所在地为村庄中心，宜布置多项设施，打造村部服务中心。而公厕、垃圾收集站等满足基本需求的服务设施则覆盖到所有自然村。通过识别村域的自然要素，结合村庄的现实情况，为石井村提出更有针对性的公共服务设施布局策略。

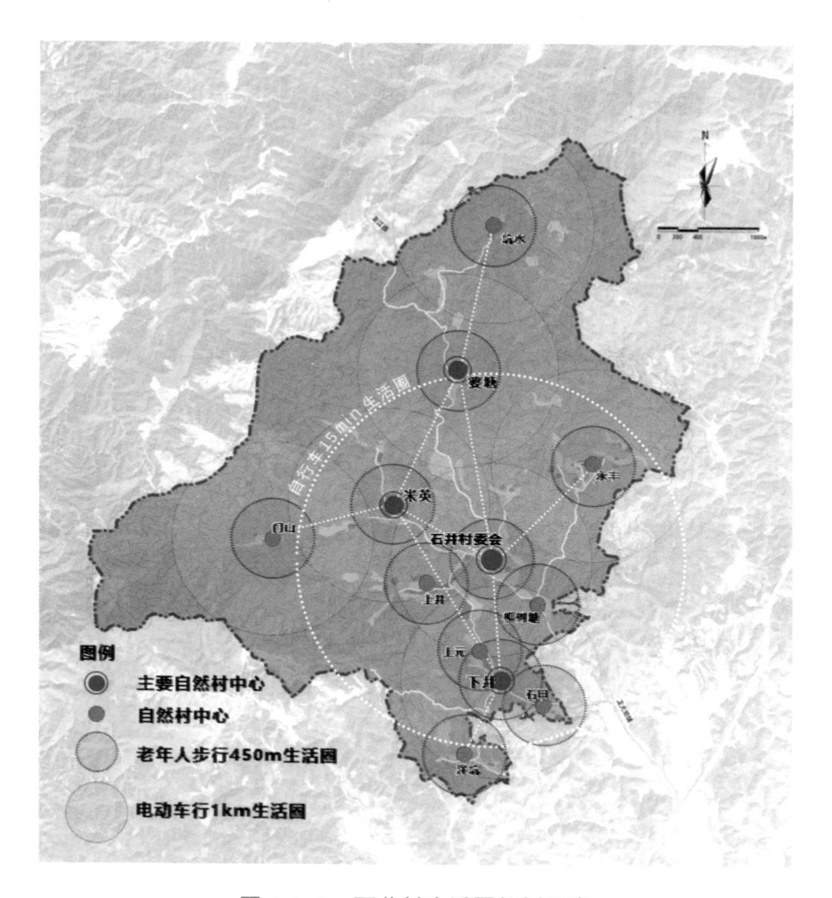

图 4.1–9　石井村生活圈规划示意

对于无法与村部服务中心形成联系的自然村生活圈，借助物流和信息网络，采用移动公共服务的方式，形成不同圈层之间、圈层和节点之间以及节点和节点之间的连接，充分实现公共服务网络的构建。移动公共服务超越了公共服务设施固定的限制，能够实现跨圈层和跨时间的服务，织补现有生活圈，最大限度实现公共服务的普惠。

案例 2　福建省尤溪县梅仙镇半山村公共服务专项规划

1. 项目简介

半山村位于尤溪县城北部，尤溪中下游西岸，依山傍水，风景秀丽，交通便利。距南宋著名理学家、教育家朱熹诞生地——尤溪县城 10 km，距梅仙镇区 4 km，位于县城半小时生活圈内（图 4.2-1）。村庄东侧有国道 G235，可由 2019 年 3 月底建成通车的半山大桥往北通往镇区，往南进入县城。规划范围 301.82 hm^2，东与汶潭村隔河相望，西与通演村山体接壤，共有 8 个小组。村庄历史悠久，可追溯至明清时期。

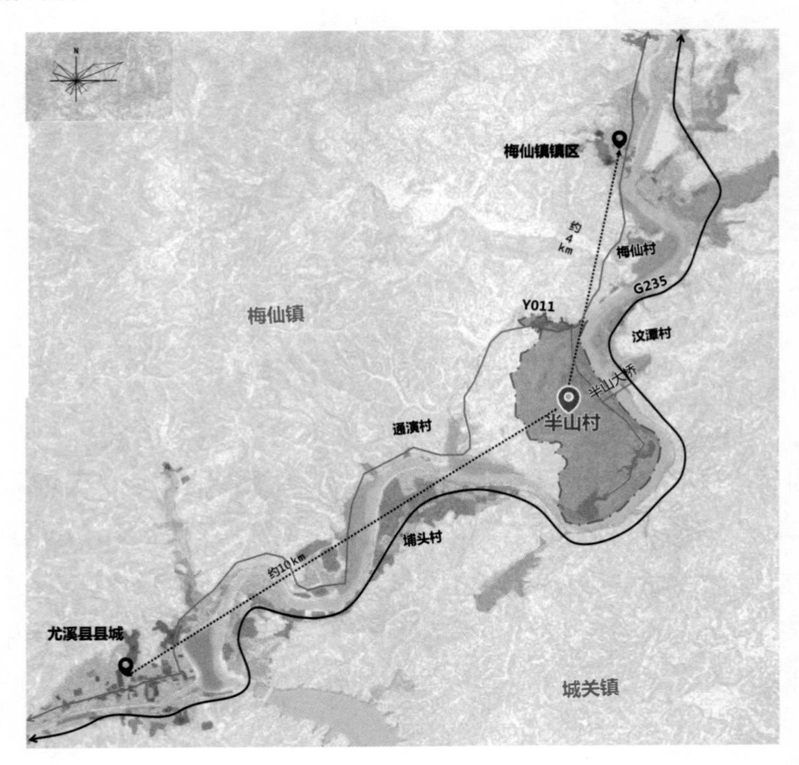

图 4.2-1　半山村区位

半山村有包括村卫生所、村委会、幸福院、综合服务站、幼儿园、文化活动场所、运动场地等在内的多处公共服务设施。目前村庄内的中小学生在县城及梅仙镇就读。村庄公共服务设施有待完善，仅能满足基本的生活服务需求。目前村庄自来水管网尚未入户，村民用水主要来自山上流水，沿山脚分布有多处取水点。村庄无排水及污水处理设施，污水主要通过每家修建三格化粪池处理。村内商业业态较为丰富，包含民宿、餐饮、停车场、公厕、码头等设施，为旅游业的发展提供良好基底。此外，村内还配有农村信用社、普惠金融便民点等金融服务设施（图 4.2-2）。

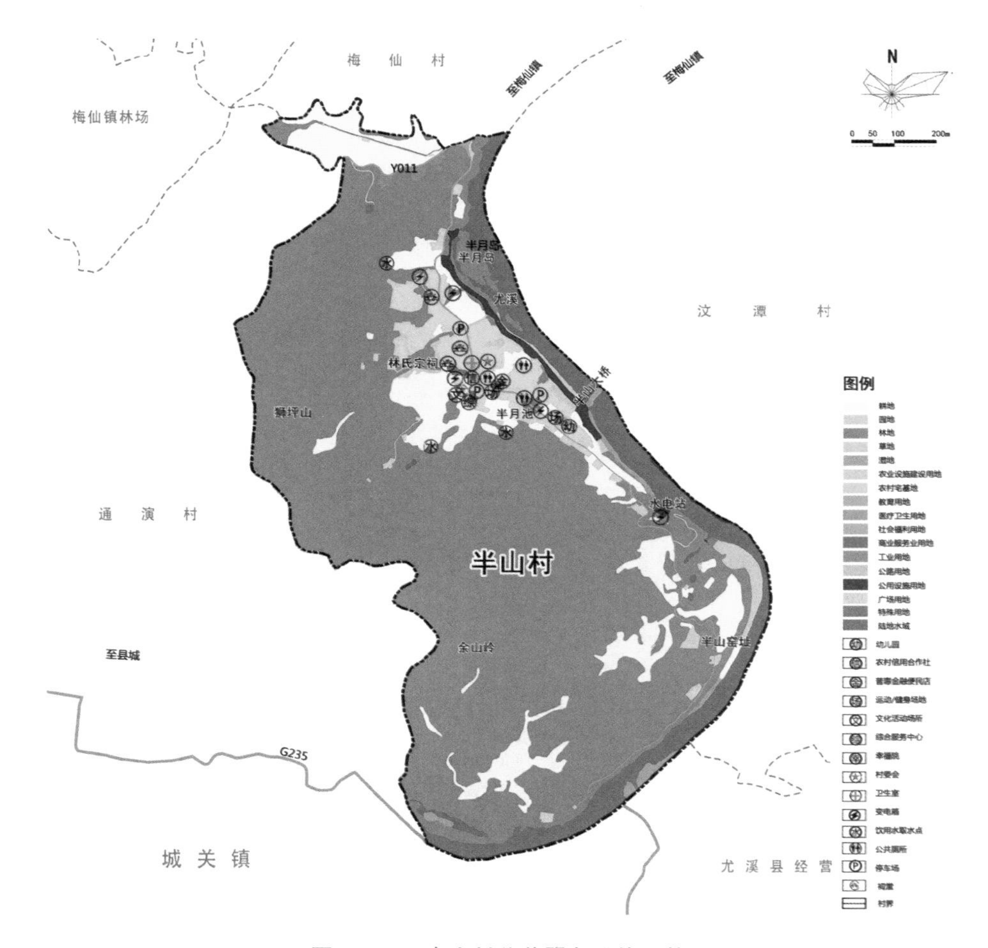

图 4.2-2 半山村公共服务设施现状

2. 规划思路

通过分析半山村公共服务设施现状，可以发现半山村在乡村建设中存在“三生”设施配套明显不足的现象。面对新形势，原有的公共服务设施规划思路需要进行调整，主要体现在以下方面：整合各类公共服务设施，而非局限于旧有的公共服务设施分类标准。强调“生活圈”概念，打造新型乡村公共服务设施规划体系。强调公共服务设施先导战略，积极通过政府调配公共资源。采用多种供应模式，降低公共服务设施供应成本，提升运作效率。合理制定规范标准，预留各类公共服务设施用地。

本次规划是乡村总体规划层面下的公共服务设施专项规划，各类公共服务设施发展目标的实现，无不需要一定的空间环境相依托。规划将生活、生产、生态规划与地区事业发展相融合，以规划的方式将各发展目标对空间的需求进行落实保证。因此，本次规划必须做到研究的前瞻性与布局的务实性高度结合。

3. 规划要点

3.1　规划定位

综合半山村的自然文化资源，以“旅游＋文化＋农贸”为产业发展特色，重点培育“三诚文化村、闽中特色乡村文化体验地、鹭鸟栖息乐园、农副产品交易中心、军旅体验基地”五大品牌，打造尤溪旅游线上的重要节点和福建省美丽宜居乡村建设样板。半山村功能结构规划如图 4.2-3 所示。

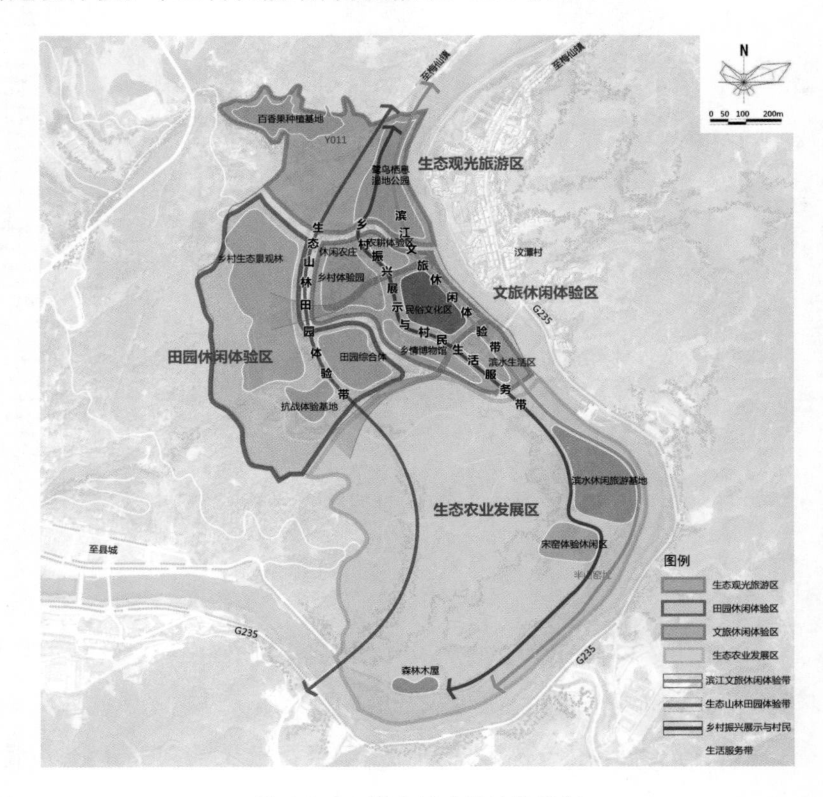

图 4.2-3　半山村功能结构规划

3.2　土地利用

半山村地处戴云山脉北段西部，村域范围内以低山地和丘陵为主，地势总体西部高、东部低，村域海拔高差较大，村庄居民点集中于村域东部，紧邻尤溪河。村庄背山面水，生态环境优美，西面和北面依靠油岭、科头山、对面山、岭后科等山体，东面和南面朝向尤溪，村庄聚落面水而建。

半山村土地总面积为 301.83 hm^2，其中农业用地 37.72 hm^2，占比 12.5%；建设用地 23.07 hm^2，占比 7.64%；生态用地 241.04 hm^2，占比 79.86%。农村居民点建设用地面积 17.32 hm^2，人均农村居民点面积 156.32 m^2/ 人（图 4.2-4）。

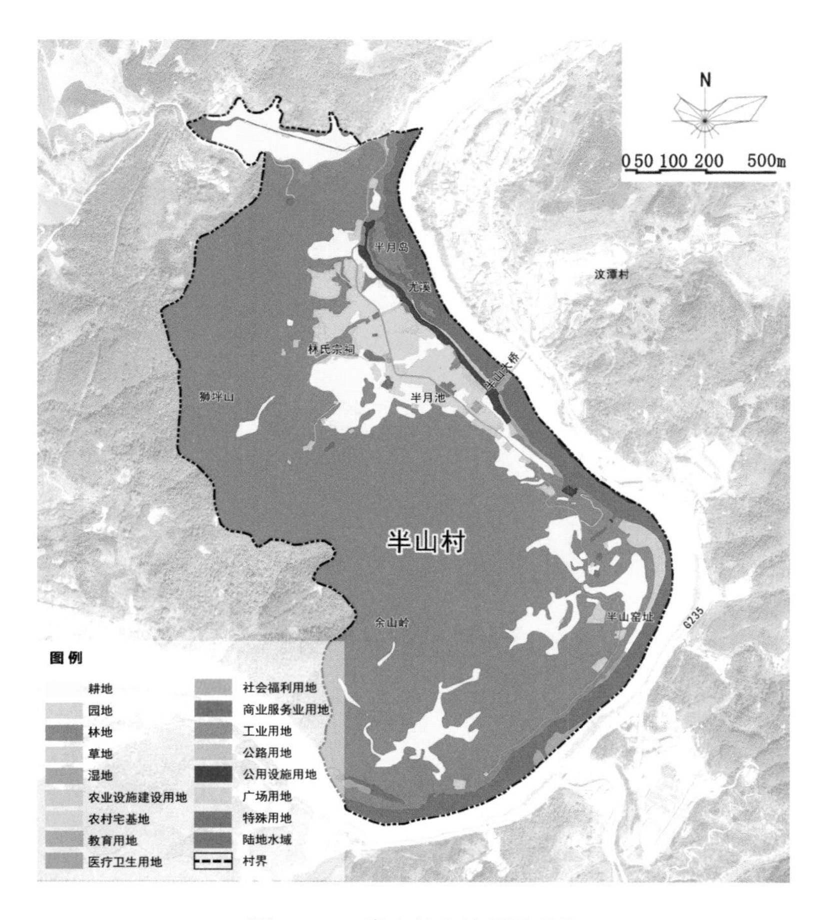

图 4.2-4　半山村土地利用现状

3.3 服务设施规划

（1）生活服务设施

公共服务设施：新规划一处综合服务站；优化卫生站与邻近建筑的交通与功能关系，提高群众到达的便捷性；新增一处健身运动场地，新增一处文化活动场所；新增一处老年服务中心（图 4.2-5）。

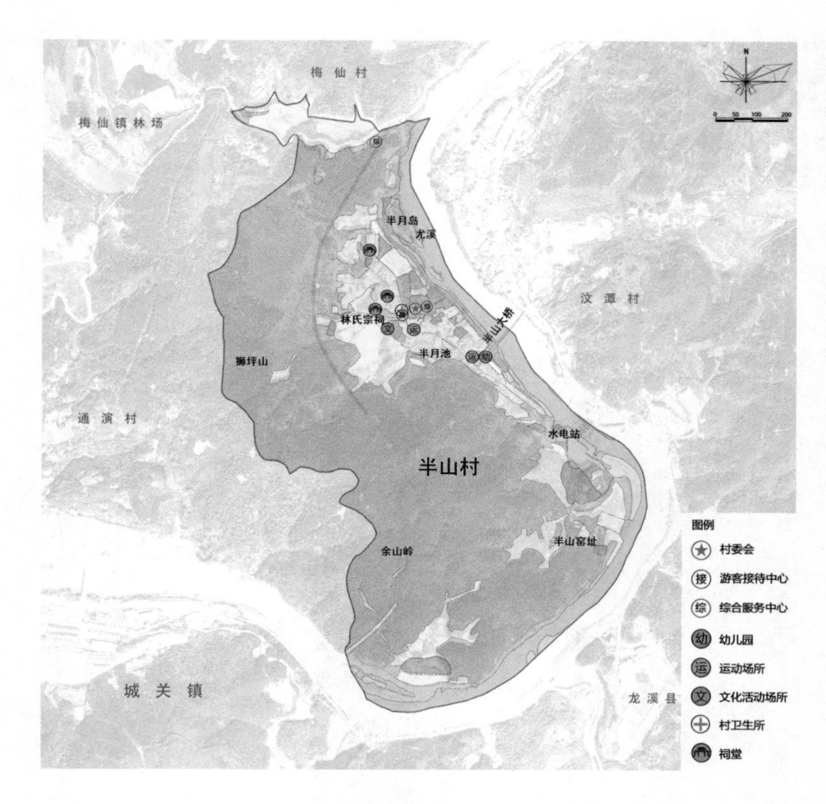

图 4.2–5 半山村生活类公共服务设施规划

市政公共设施：敷设给排水管道；完善半山村内的电力系统，消除安全隐患；通信线路应结合道路改造同时完成；垃圾统一回收处理；增设防灾设施（图 4.2-6）。

交通设施：完善对外交通与内部交通系统，改造纵五线连接线，打通支路网，开发河道，形成水陆一体的环状道路网络；用宅间闲置地分散停车（图 4.2-7）。

商业服务设施：新增一处村邮站，新增一处超市；新增两处民宿，可新增两处餐饮（图 4.2-8）。

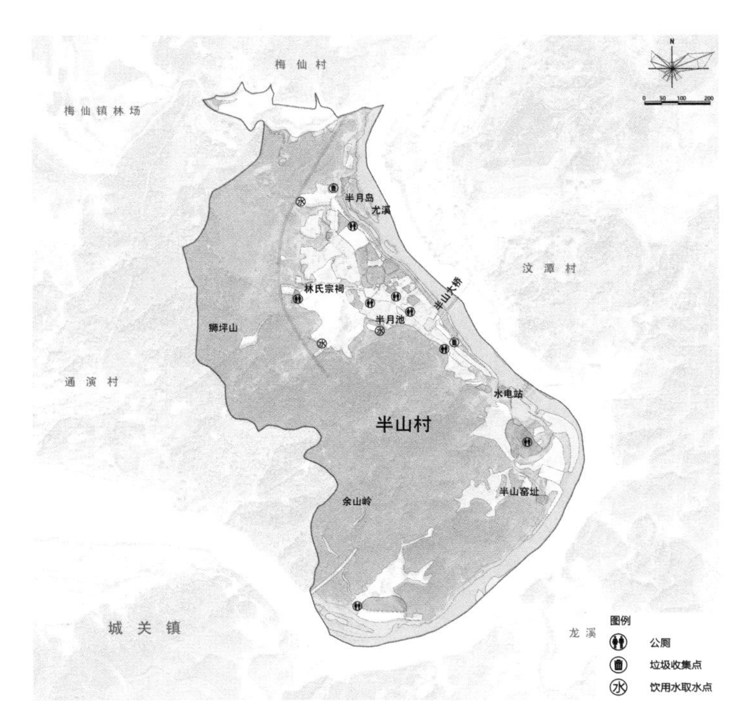

图 4.2–6　半山村市政公共设施规划

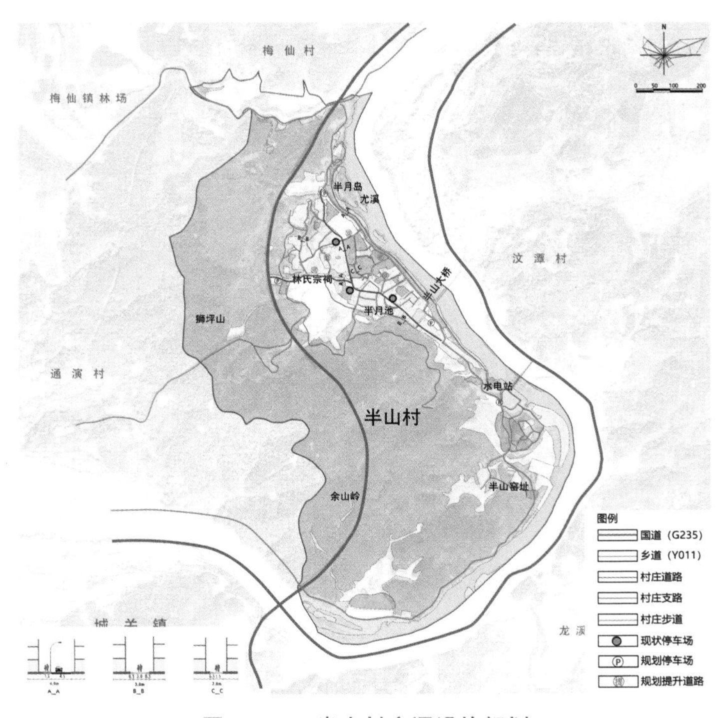

图 4.2–7　半山村交通设施规划

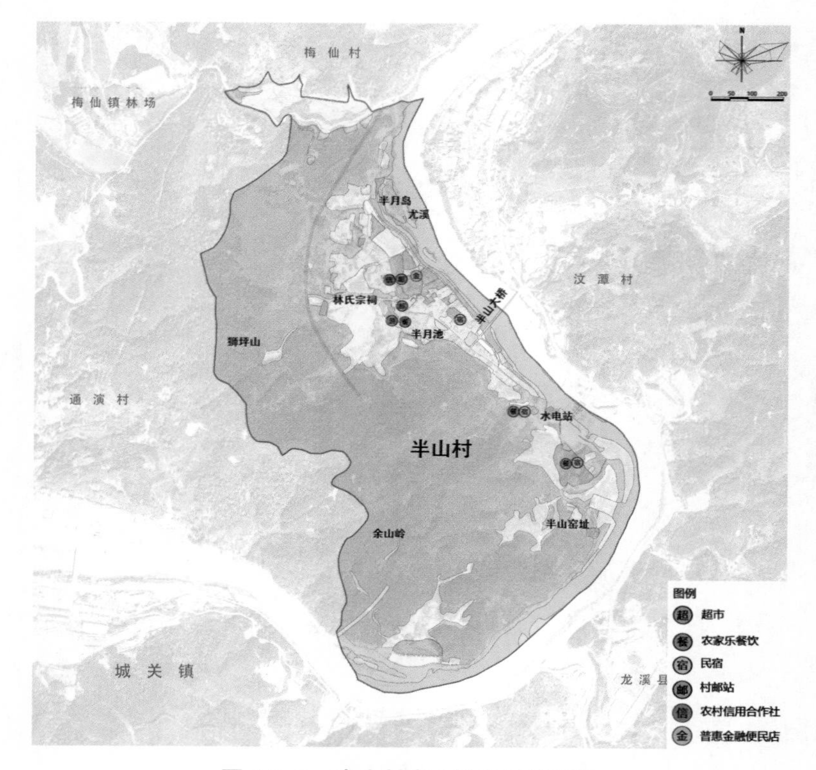

图 4.2-8　半山村商业服务设施规划

（2）生产服务设施

围绕传统民居群和中华鹭鸟保护地两大核心资源，打造文化休闲体验、生态观光等旅游产业。以旅助农、以旅带工，实现第一、第二、第三产业融合发展。以黄金百香果为本村特色农产品，依托近郊优势和旅游人流集聚建设农副产品交易中心，培育农副产品加工企业，实现半山村第一、第二、第三产业融合发展，将半山村塑造为尤溪乡村休闲旅游和文化旅游的重要节点。

农业综合服务设施：划分试验田，服务于生态的小规模农作物育种试验、林果业育苗、试种等；规划一处农资服务站，为农业生产提供工具、装置、农药等基础生产资料。

工业配套设施：依托现有仓储物流设施，完善周边交通与市政公用条件，形成以农业服务为先、兼顾工业使用的融合型配套服务设施体系。

信息服务设施：规划建设信息服务站点，服务乡村信息需求和展销需求（图 4.2-9）。

图 4.2–9　半山村生产服务设施规划

（3）生态服务设施

生态环境综合治理设施：在水源附近沿河建三处水质监测站；于村域北部工业生产和村内生活区内各规划一处污染源监测站；沿村内道路设置宽度为 0.5 m 的排水沟，总长度约 1000 m；于排水沟出水口处设置沟头防护，以避免排水口堵塞。

生态保育设施：沿村庄发展边界增设生态隔离防护林带，宽度不低于 5 m；设置两处生态林地巡护站，分布于林木种植区、农业综合种植区或百香果种植区内（图 4.2-10）。

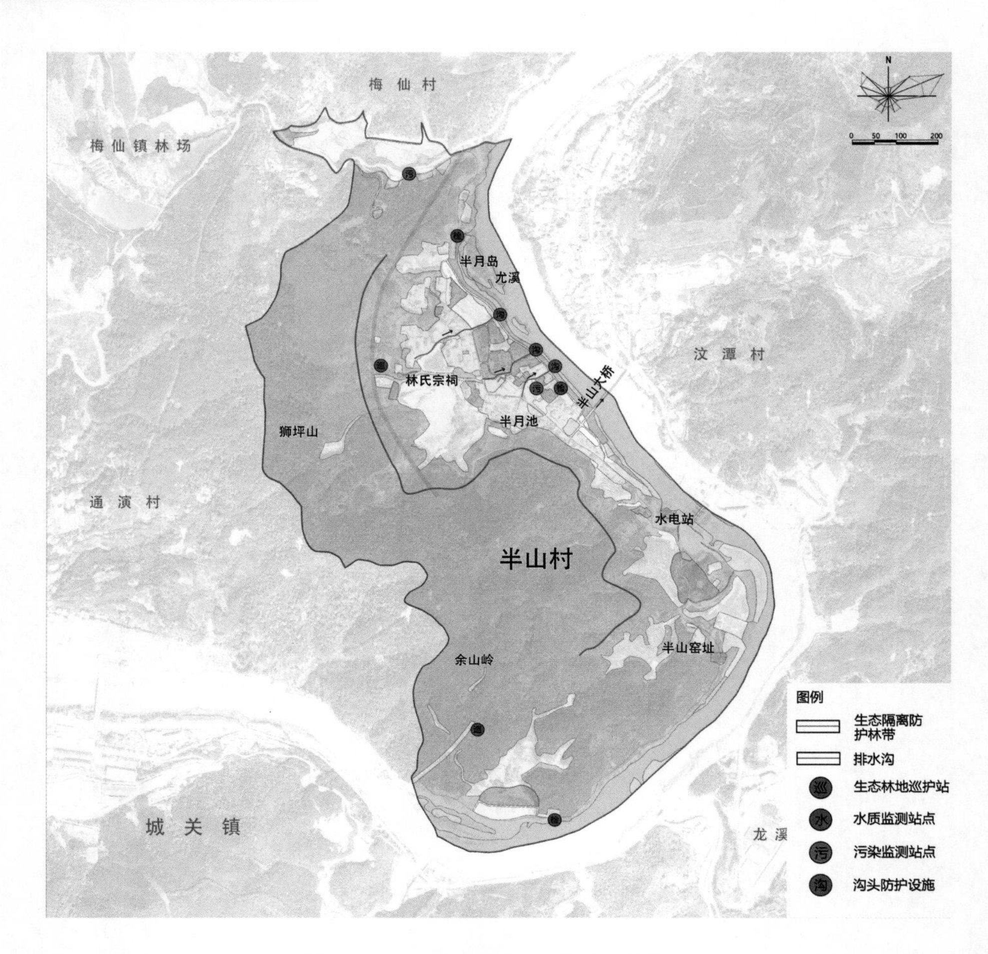

图 4.2–10 半山村生态服务设施规划

案例 3 广东省珠海市斗门区斗门镇公共服务与旅游发展规划

1. 项目简介

斗门镇位于珠江三角洲西南部，地处黄杨山与虎跳门水道之间，在珠海市以及斗门区的西部。东靠国家风景保护区——黄杨山，西隔虎跳门水道与江门市新会区沙堆镇相望，南邻乾务镇，北与莲洲镇接壤。斗门镇地势自东北向西南倾斜，有山体、丘陵、山坡旱地和沙田等地貌，地处亚热带季风气候，四季常青，气候宜人。

斗门镇镇区至斗门中心区 10 km，至珠海市区 40 km，至珠海西部中心城区 15 km，至珠海港 47 km，至珠海机场 32 km。斗门镇拥有由黄杨大道、粤西沿海高速、珠港大道、斗门大道等陆路交通和虎跳门水运交通的优势，对外交通便利（图 4.3-1）。

斗门镇镇域总面积 105.77 km^2，下辖 1 个居委会、1 个管理区和 10 个行政村。2011 年，全镇常住人口约 7.39 万人，其中户籍人口 4.27 万人，外来人口 3.12 万

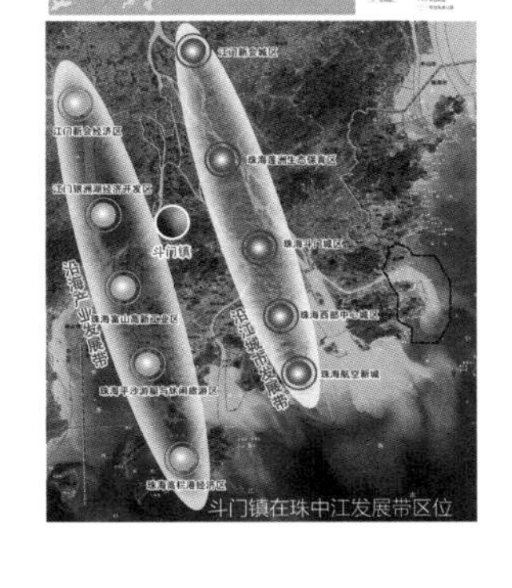

图 4.3–1 斗门镇区位

人；截至2019年年末，斗门镇户籍人口4.66万人。可见，斗门镇人口呈现增长态势。

目前斗门镇以第一产业和第二产业为主，第三产业占比相对较低。第一产业主要是以种植水稻、养殖鱼虾（南美白对虾、鲈鱼等）、种植花卉等为主。第二产业以电子、轻工、轻纺、陶瓷等为主，镇内设有市级工业区——龙山工业区。第三产业重点发展旅游业和住宿餐饮业等，依托自然景观和历史人文景观，形成了“一山一寺一温泉，一皇一将一家族”这一具有独特风格的旅游资源。

2. 规划思路

借助紧邻城镇的区位优势，充分利用良好的农村生态优势，活化利用丰富的历史文化资源，打造斗门镇特色公共服务设施体系。合理安排村镇社区“三生”服务设施一体化建设，提高村镇居民“三生”空间质量。

以现有公共管理与服务设施为基础，保持现有规模，整合现有设施，补全公共服务设施体系建设，保持现有产业模式与自然资源，依托斗门镇镇区丰富历史文化资源，发展特色历史文化产业与特色农村旅游文化产业为主导的特色旅游产业。

3. 规划要点

3.1　规划定位

以“古镇，生态，农业”资源为依托，发展特色生态与历史文化乡村旅游，将斗门镇镇域打造为“结合历史文化，体验特色乡村”为一体的乡村、文化、旅游协调发展的特色旅游型古村落。

3.2　土地利用

基于对斗门镇镇域自然、社会经济、生产生态与上位规划、政策等条件的整体了解，充分利用现有的设施资源，对各类用地尽量合理布局，合理分配功能空间；通过政策引导与把控，合理科学地对土地资源进行开发与保护；加强环境监管，以完成建设美好新农村的宏伟目标。

3.3 公共服务设施规划

通过对现状条件分析，在“三生”空间建设时，强调建设时序，改善生活质量。合理安排“三生”公共服务设施的规模、数量及布局，进行分期实施规划，提升农村居住环境，保证居民生活质量。

（1）生产服务设施

镇区西部规划打造观光农业组团，提升种植技术、拓展产品种类，建设高效、绿色、生态的果蔬生产基地，重点发展精品农业，增加文化体验活动，组团内布置物流仓储设施，方便作物运输、储存等（图 4.3-2）。

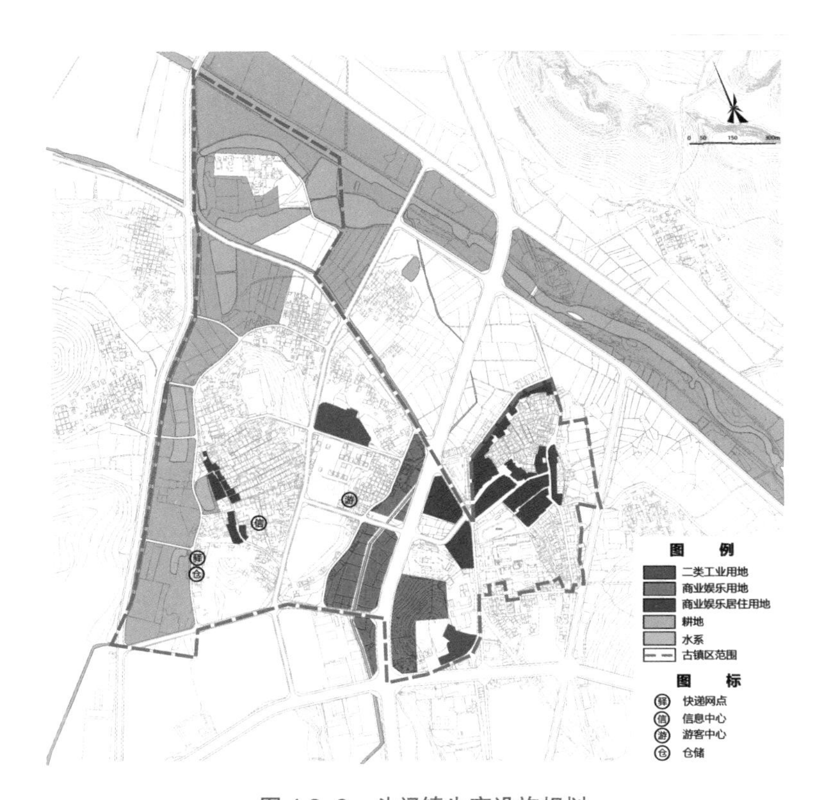

图 4.3-2 斗门镇生产设施规划

（2）生活服务设施

基于规划成果，计划形成一套规模适宜、功能齐备、使用高效的公共管理与服务设施。增设一处游客接待中心，为未来产业转型发展做铺垫。现阶段斗门镇镇区中小学教育设施齐全，因此规划不再扩大建设规模。扩建幼儿园，将其由

3 个教学班扩建为 6 个教学班，以满足未来村镇发展要求。新增一处文化服务中心，以满足村民未来文化需求。规划保留原有幸福院，在原址上对其进行设施、功能升级，提供残疾人服务设施，升级老年人服务设施，增建学习空间和儿童友好型改造（图 4.3-3）。

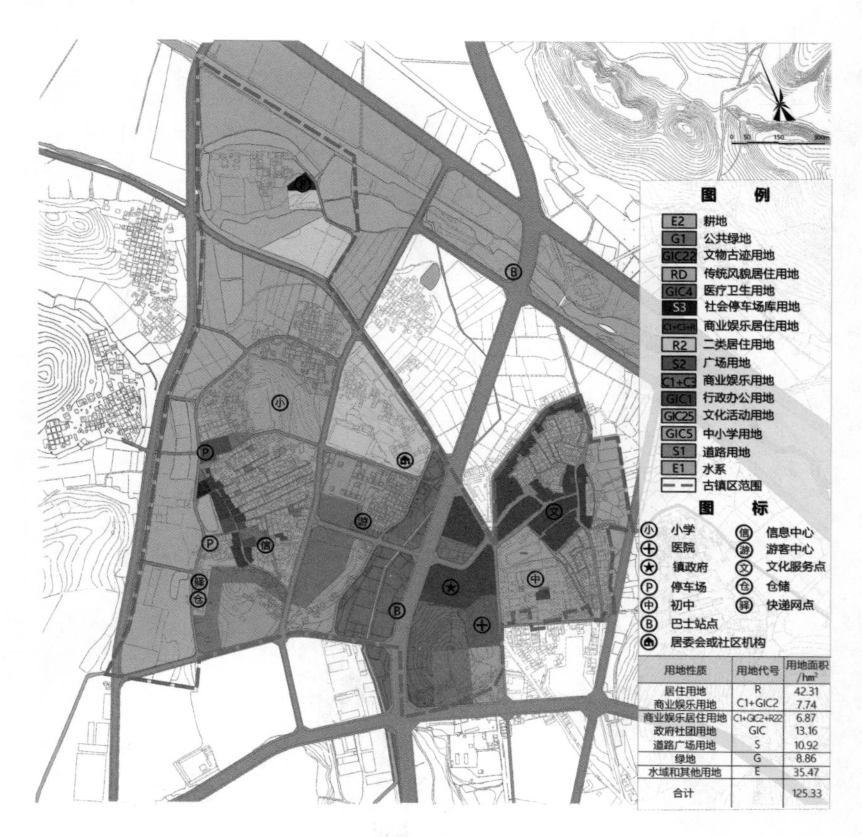

用地性质	用地代号	用地面积/hm²
居住用地	R	42.31
商业娱乐用地	C1+GIC2	7.74
商业娱乐居住用地	C1+GIC2+R22	6.87
政府社团用地	GIC	13.16
道路广场用地	S	10.92
绿地	G	8.86
水域和其他用地	E	35.47
合计		125.33

图 4.3-3　斗门镇生活服务设施规划

规划新增停车场三处；规划对整治区的道路网等级结构进行完善，道路以改造拓宽、规整路网形态、实现道路硬化为主；拓展人行步道，构建村镇慢行体系（图 4.3-4）。

（3）生态服务设施

斗门镇镇区北部接霞庄邻近斗门涌，水域资源较为丰富。其中镇区生活区内有两条斗门涌支流流经其中，该片水域紧邻镇区生活空间；镇区西部有较多的鱼塘和水塘，被镇区西部的农林用地包围。

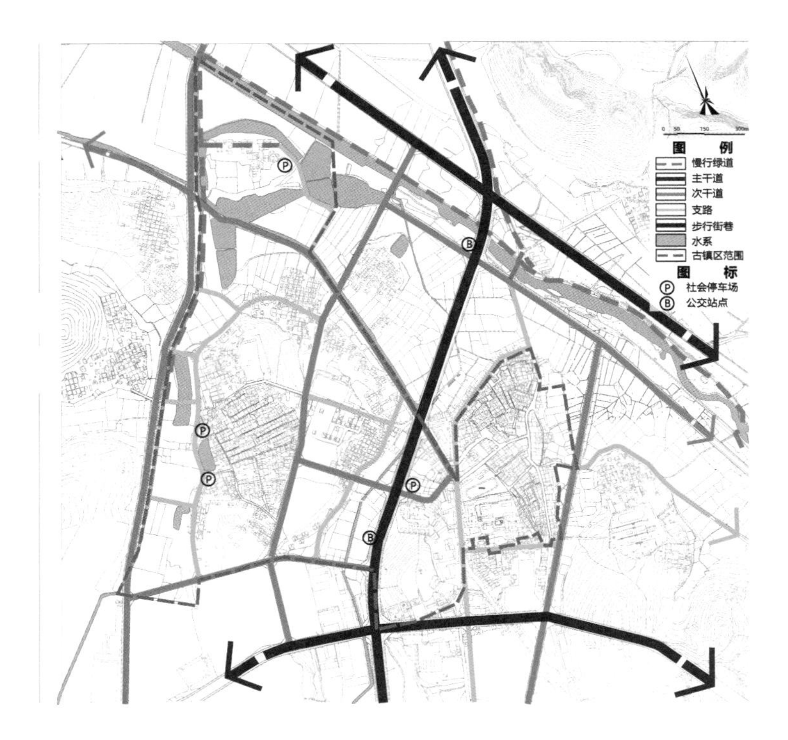

图 4.3-4　斗门镇古镇区道路交通规划

生态环境设施可分为生态服务水体、监测站点和水土保持工程设施三类。良好的水质有助于提升空间环境、从事农业养殖产业，应为其配置水质监测设备和污染源监测设施以及水土保持工程用房。

3.4　旅游发展规划

斗门镇镇区规划定位将以旅游业等第三产业为主要发展方向，同时保持第一产业、第二产业生产条件复合设置功能，从“需求–供给”角度构建了新型乡村服务体系和公共服务设施配置标准，以乡村旅游新业态全面促进斗门镇镇区第一、第二和第三产业深度融合（图 4.3-6，图 4.3-7）。

斗门镇古街主要以商贸功能为主，规划增加旅游休闲、历史展示等内容，鼓励传统商业街恢复两侧店铺，支持老字号的发展和传承创新。通过引入特色商业，增加就业，带动街区发展。南门村历史文化街区主要以居住功能为主，增加公共绿地和广场用地，改善居民生活环境。历史地段毓秀村主要以居住功能为主，除展示其历史风貌和传统民居外，增加其旅游休闲的功能（图 4.3-8）。

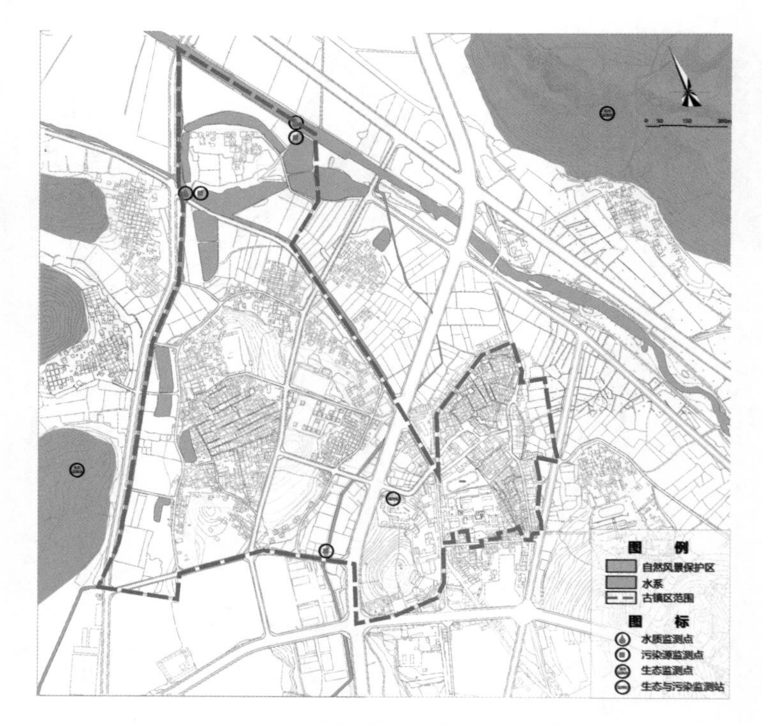

图 4.3-5 斗门镇生态服务设施规划

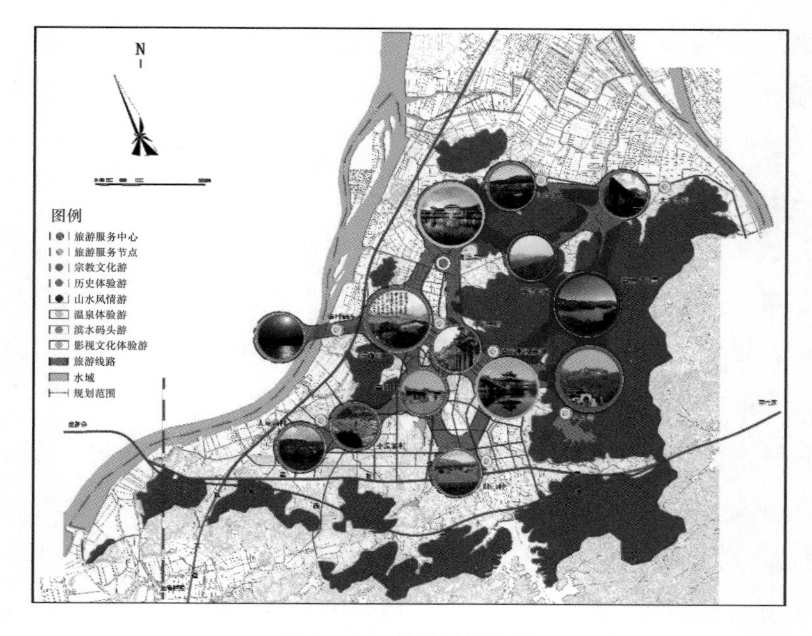

图 4.3-6 旅游发展规划

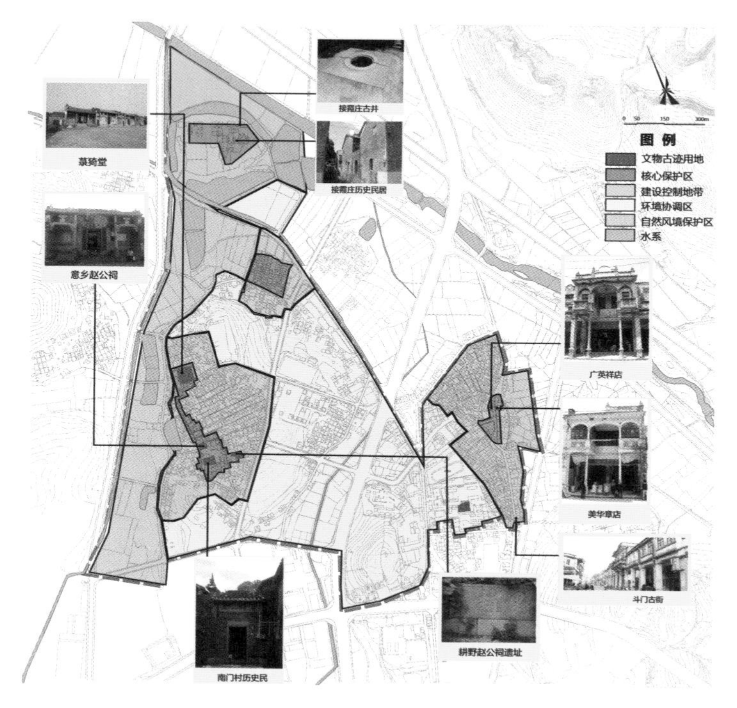

图 4.3–7　斗门镇旅游发展设施规划

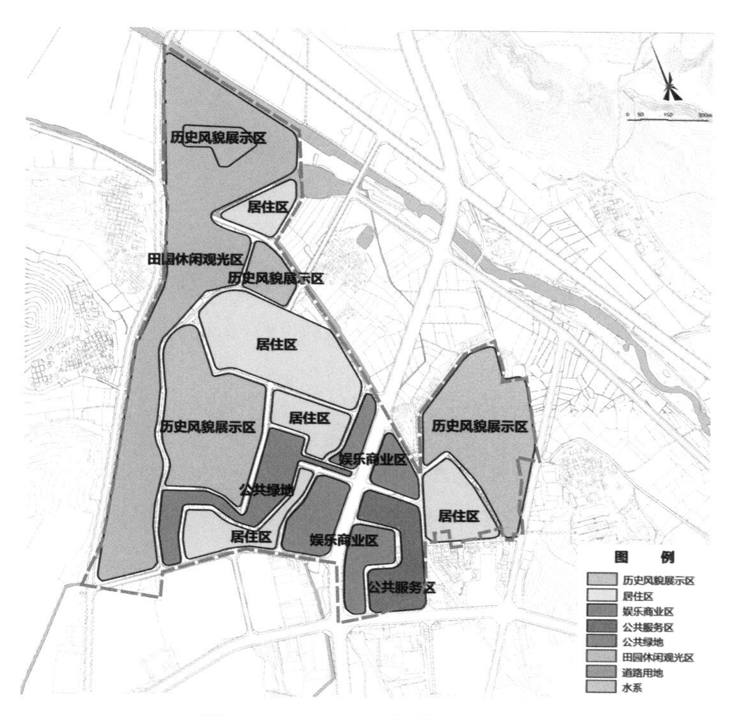

图 4.3–8　斗门镇旅游结构规划

案例 4　广东省汕头市澄海区莲华镇南塘村村庄规划

1. 项目简介

南塘村位于汕头市澄海区莲华镇域中部，三洲干渠南面，西邻林畔村，北面后埔村。南宁路从村庄南部经过，连接北面省道 S235 和南面东铁路，交通通达度较高（4.4-1）。南塘村地处潮汕平原韩江三角洲，海拔在 2.72 ～ 3.90 m，地势低平。目前村中生活服务设施基本齐全，但质量较差。在生产服务设施方面，南塘村对机耕道、排水渠等农田公共设施进行了综合整治，改善了村民的生产作业条件。随着水利建设的发展，水利工程设施防灾抗灾标准不断提高，洪、涝、潮和旱灾的次数有所减少。

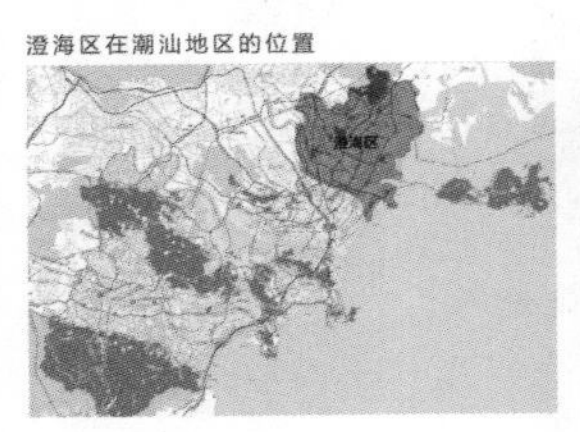

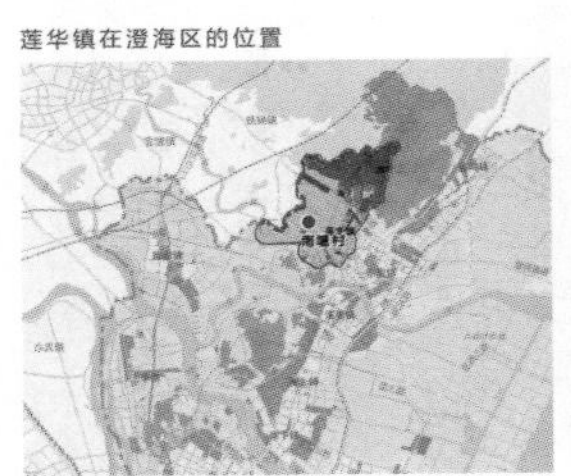

图 4.4–1　南塘村区位

2. 规划思路

在发展思路层面，规划针对村庄自身特色的发展方向、发展路径、建设方式、核心动力，统筹公共服务设施协调发展，加强重点项目布局谋划。在空间管控层面，规划充分利用设施现状（图 4.4-2），盘活低效用地空间，明确保护与开发利用的边界，明确历史文化保护控制的要求。在配套支撑层面，规划通过梳理村内道路系统，对村内的公共空间、村庄景观进行综合整治，全面提升人居环境与景观风貌。

图 4.4-2 南塘村村庄建设现状

3. 规划要点

3.1 规划定位

积极融入莲华镇乡村旅游大版图，利用自身田园风光优势，发展精品农业，把农耕体验做足，打造以农业为基础的产景一体的美丽田园乡村（图 4.4-3）。

3.2 土地利用

南塘村历史悠久，村内有自然村一处，建成区较为集中，村内主要公共服务设施均设置其中，村周边设有零星厂房。村辖区内农田围绕在建成区周边，村内有多处水体，村庄周边交通发达。南塘村另有飞地一块，主要功能为耕地（图 4.4-4）。南塘村以种植业为主，工业基础薄弱，暂无第三产业。

南塘村村域面积约为 50.40 hm^2，村庄核心区域面积 9.08 hm^2，现状村庄建设用地 11.64 hm^2，农林用地 36.49 hm^2，水域 2.27 hm^2，生态环境良好。

3.3 设施规划

（1）生活服务设施规划

公共管理与服务设施：以现有村办公场所为基础，整合现有建筑，与村民生活中心区和其他公共服务设施等统筹规划。对现状卫生室进行适度改扩建。增设

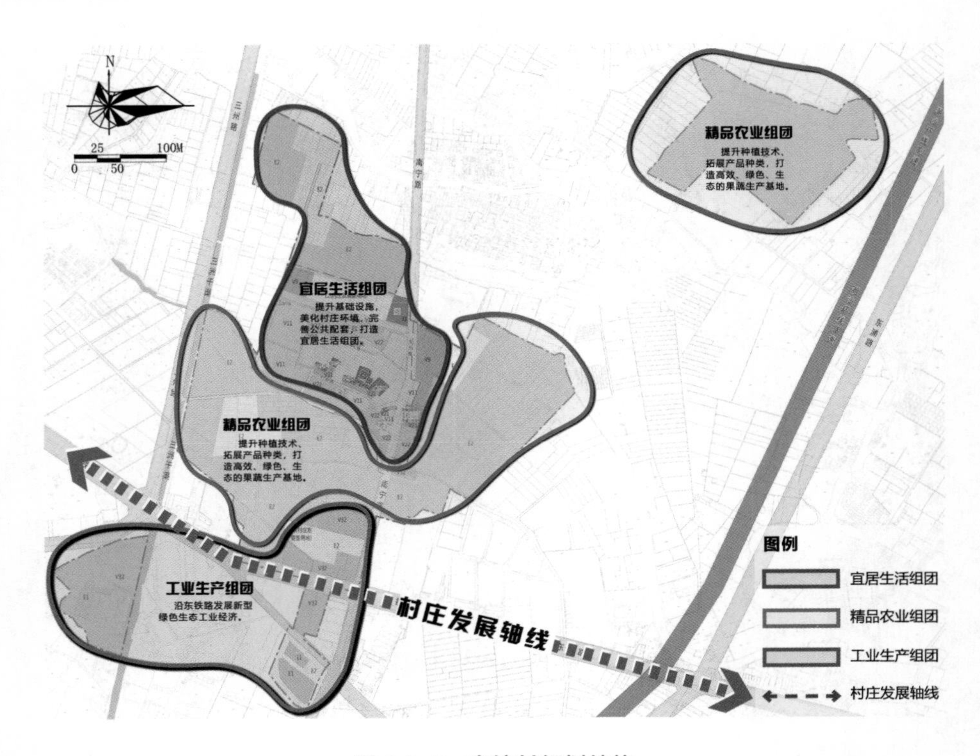

图 4.4–3 南塘村规划结构

村域土地利用现状一览表

用地代码		用地名称	用地面积（hm²）	占总用地比例（%）	人均用地面积（m²/人）
V		村庄建设用地	11.64	23.11	176.90
E		非建设用地	38.72	76.89	588.45
其中	E1	水域	2.27	4.51	34.50
	E2	农林用地	36.45	72.38	553.95
合计			50.36	100.00	765.35

村庄建设用地现状一览表

用地代码		用地名称	用地面积（hm²）	占建设用地比例（%）	——
V1		村民住宅用地	4.13	35.48	62.77
其中	V11	住宅用地	4.13	35.48	62.77
V2		村庄公共服务用地	1.58	13.57	24.01
其中	V21	村庄公共服务设施用地	0.85	7.30	12.92
	V22	村庄公共场地	0.73	6.27	11.09
V3		村庄产业用地	4.58	39.35	69.60
	V32	村庄生产仓储用地	4.58	39.35	69.60
V4		村庄基础设施用地	1.35	11.60	20.52
其中	V41	村庄道路用地	1.35	11.60	20.52
合计			11.64	100.00	176.90

备注：2018年常住人口658人（其中：户籍人口945人）。

图 4.4–4 南塘村土地利用现状

文体活动中心，以室内、室外相结合的方式，为更多样化的文体活动提供空间场所。建设一处文化活动中心，因地制宜地为老人儿童提供必需活动场所，同时复合设置儿童之家，保障儿童各项权益。新建商铺，解决生活市场铺位不够的情况（图 4.4-5）。

图 4.4–5　南塘村生活服务设施规划

交通设施：规划对整治区的道路网等级结构进行完善，道路以改造拓宽、实现道路硬化并安装路灯为主（图 4.4-6）。

市政公共设施：完善给排水管网；改善垃圾收运模式，翻新公厕，增设垃圾收集箱；改善消防设施规划（图 4.4-7）。

（2）生产服务设施规划

农业综合服务设施应根据对莲华镇产业发展布局及南塘村产业特点与优劣势的分析，预判未来南塘村需依托现有种植业基础，大力发展绿色生态工业经济和高效生态农业，做到农工商一体深度融合发展。工业配套设施规划鼓励设置物流

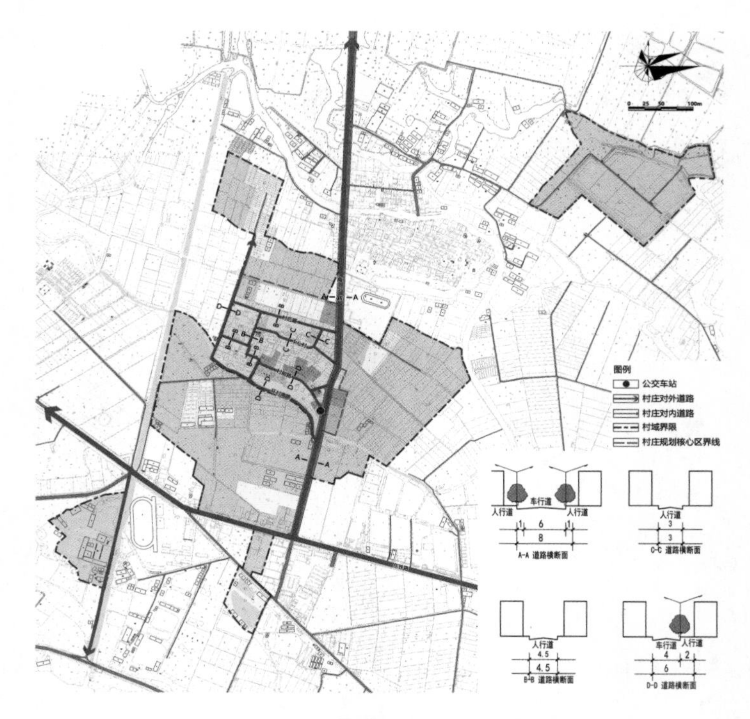

图 4.4-6　南塘村交通设施规划

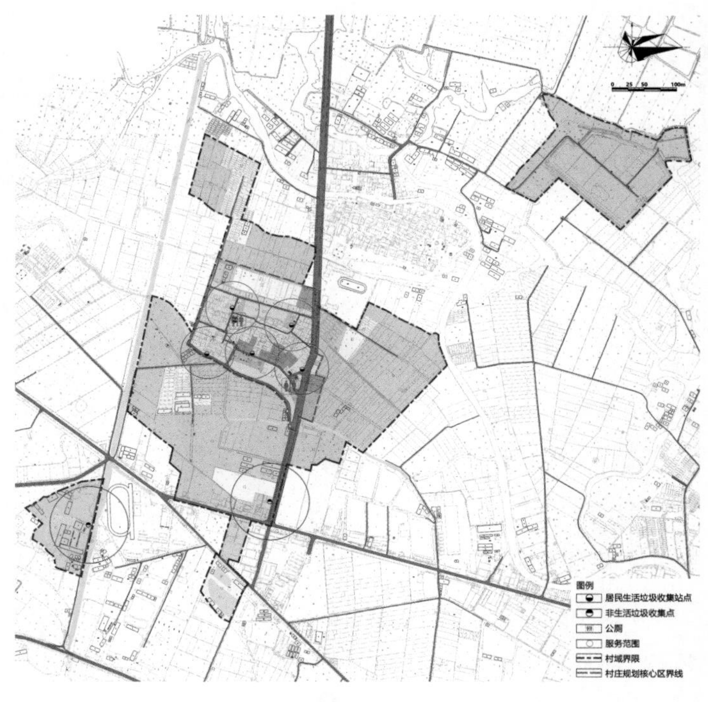

图 4.4-7　南塘村市政公共设施规划

图 4.4–7　南塘村市政公共设施规划（续）

服务站，用于集中处理货物的配送、分装以及发售。信息服务设施规划综合考虑服务站点的物流运输、服务半径以及产品打包等需求，规划建设信息服务站点一处，规划在村域南侧仓储用地复合建设（图 4.4-8）。

图 4.4–8　南塘村生产服务设施规划

（3）生态服务设施规划

南塘村生态环境综合治理设施可分为生态服务水体、监测站点和水土保持工程设施三类。生态服务水体规划应遵循规划水面率不低于现状水面率原则；监测站点规划的主要类型为水质监测设备和污染源监测设备；水土保持工程设施主要是新增排水沟和水土保持工程用房。南塘村生态保育设施可分为生态隔离防护林带和生态林地巡护站两类。原则上，南塘村河道两岸防护林带宽度应不小于 5 m，单个生态林地巡护站面积不小于 24 m^2。南塘村还应增派管护人员，以提高生态保育管理能力（图 4.4-9）。

图 4.4-9　南塘村生态服务设施规划

4. 特色分析

该规划从南塘村的实际情况出发，基于以人为本的规划理念，从“需求-供给”角度构建了新型乡村服务体系和公共设施配置标准。该规划基于“要素-结构-功能”的分析思路，依托乡村社区公共服务设施全要素一体化的空间布局规划技术，借助遥感数据和实地测量，研究乡村公共中心、生产生活设施空间协同、城乡公共服务设施空间衔接以及特色、专属设施的空间关系和布局方法。该规划通过乡村服务设施远程监测技术系统，建设控制中心和分布式监测体系；基于公共服务设施基本内涵，在投入产出、供需关系和互动发展三个层面建立分析框架，对乡村公共服务设施效能评估技术进行研究，对乡村公共服务设施综合效能进行量化评估。该规划依托“生活圈”这一概念，通过搭建乡村公共服务设施服务监测评估信息管理平台，建立“监测-评估反馈-干预”的全流程一体化评估监测系统。

第五章　西南温和地区村镇社区规划设计案例

本章共3个村镇社区案例（表5-1），位于山地立体农作区。在村庄类型方面，这些案例主要为集聚提升型村庄。主导产业上，案例主要以农业和旅游业为主导。规划类型上，这些案例主要以专项规划（服务设施）为主。

表5–1　西南温和地区村镇社区规划设计案例汇总

序号	项目名称	规划类型	地貌及农作类型
1	重庆市九龙坡区铜罐驿镇大碑村村镇社区服务设施规划	专项规划	山地立体农作区
2	重庆市九龙坡区铜罐驿镇黄金堡村村镇社区服务设施规划		
3	重庆市丰都县仁沙镇永坪寨村村镇社区服务设施规划		

案例1　重庆市九龙坡区铜罐驿镇大碑村村镇社区服务设施规划

1. 项目简介

大碑村位于重庆市九龙坡区铜罐驿镇东北部，东临长江，西邻新合村、陡石塔村，南邻建设村，北邻黄金堡村。村域面积2.78 km^2，村委会所在地距离铜罐驿镇约4.7 km，车程约10 min，距离九龙坡区政府所在地约37.4 km（图5.1-1）。

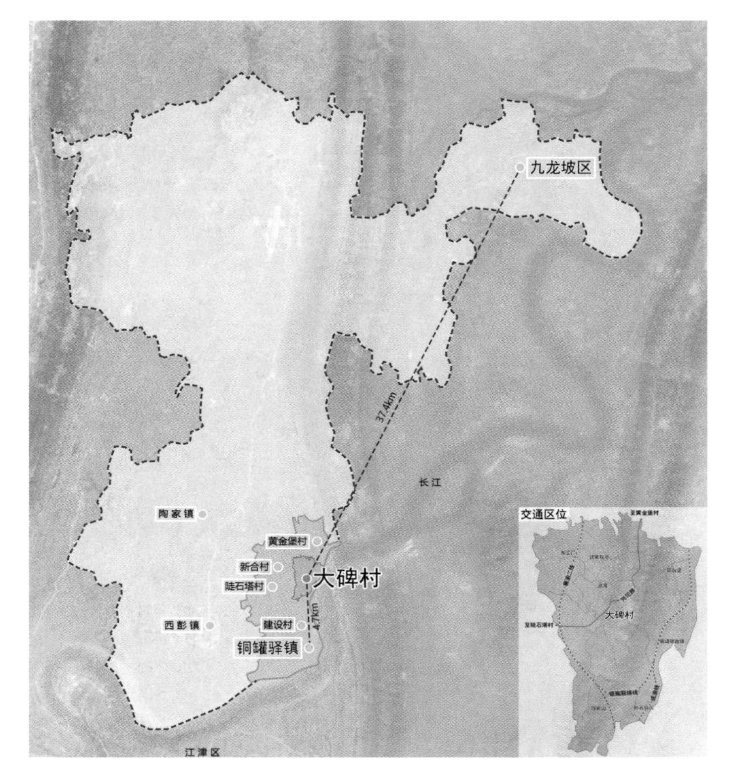

图 5.1–1 大碑村区位

2020 年，村内有户籍人口 2395 人，常住人口 947 人，人口流出原因主要为外出打工。60 岁以上户籍人口占总人口的 25.64%，老龄化问题十分严峻，老年留守与劳动力流失现象较为突出。

大碑村是传统农业村，柑橘种植是主要产业，经营方式以小规模个体种植为主。虽然大碑村的柑橘品种较为丰富，但与周边区域的柑橘产业及产品的同质化现象较为严重，本村柑橘产业的竞争力与知名度较低。由于大碑村目前尚未与周边村镇共同拓展柑橘产业链与消费市场，围绕智慧农业配套的新型产业基础建设也较为滞后，因此本地柑橘产业较难实现城乡区域统筹、线下线上统筹的功能升级，面临着由传统农业向现代农业转型的发展瓶颈。村内有较为丰富的历史人文资源与生态景观资源，如铜罐驿古镇、长江黄金水道，沈家院子与碉楼等历史建筑，但多数可达性较低、功能废弛且空间联系薄弱，欠缺旅游开发力度（图 5.1-2）。

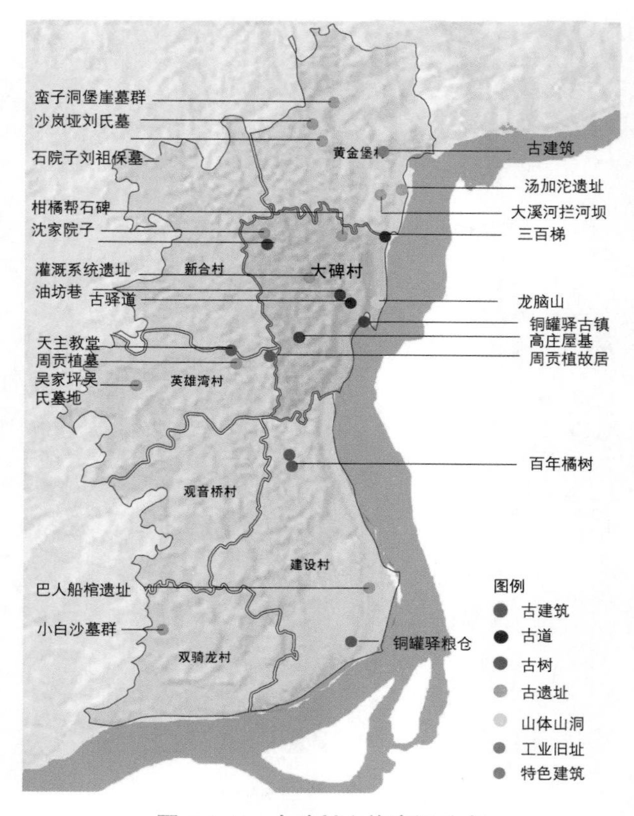

图 5.1–2　大碑村文旅资源分布

大碑村农林用地占比 77.6%，建设用地占比 21.0%，自然保护与保留用地占比 1.4%。耕地和园地混合分布，林地集中在村庄东部及西北部，耕作地块较为破碎化。各个居民点布局较为分散，呈现出西南地区典型的散户居住空间与农业生产空间紧密嵌套的布局形态（图 5.1-3）。村域整体生态环境良好，地处长江河谷，属于浅丘陵地带，林木资源丰富。村内用地高程主要集中在 180 ～ 240 m，局部有小型的山体，主要分布于沿江区域。

大碑村以位于村域中部的村委会为核心进行了服务设施布局，村委会集办事大厅、图书室、活动室等功能于一体，邻近村委会配置有村卫生室、乒乓球台、篮球场及健身器材。村内现有三处本村村民自发经营的农家乐，无幼儿园、小学等教育设施及养老设施。村内有一处环境监测站，并依托村委会配有就业信息服务中心（图 5.1-4）。总体而言，现状公共服务设施的可达性与均等性较差，服务设施数量、类型与品质较为不足。

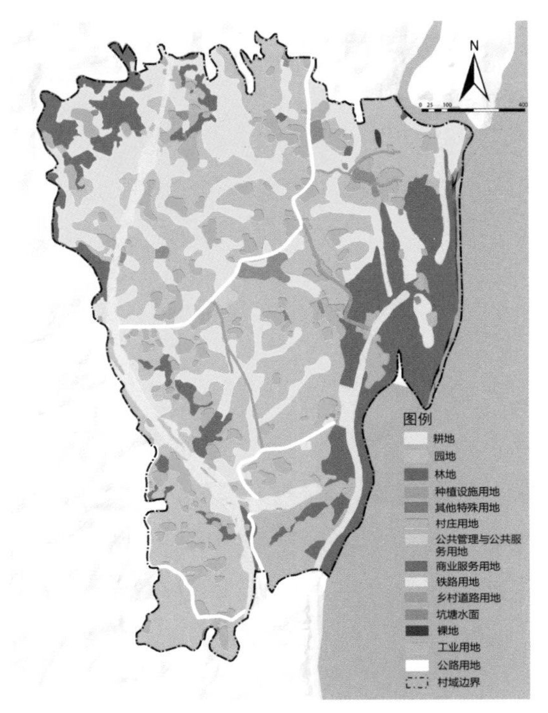

图 5.1–3　大碑村用地现状

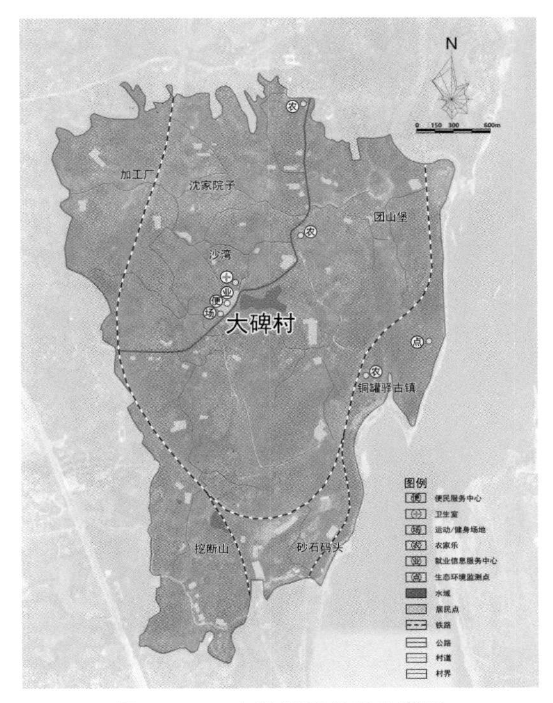

图 5.1–4　大碑村服务设施现状

2. 规划要点

2.1　规划定位

依托“古镇、生态、橘园”资源本底，以“橘香田园，古驿大碑”为乡村旅游发展主线，将大碑村打造为“以历史遗迹与柑橘种植为引擎，建设集新型农业生产、生态与历史文化体验、乡村休闲度假一体的农文旅协调发展的特色旅游型古村落”。

2.2　功能分区

将大碑村全域空间划分五大功能区（图 5.1-5）。

农耕生产加工区：承担农业耕种、农产品加工、农耕民俗文化示范功能。

生态文化体验区：依托古灌溉系统、古驿道、古梯坎等资源，结合大溪河绿化带拓展生态文化体验功能。

村落集聚提升区：以居住功能为核心，完善居住生活功能与设施服务。

图 5.1–5　大碑村功能分区规划

古镇历史传承区：激活历史古镇人文旅游潜力，打造成为大碑村文旅宣传品牌，带动乡村旅游业发展，提高乡村造血功能。

长江码头游览区：以码头为重要节点，展现江、村、林融合的自然风光。

2.3　空间结构

综合交通、社区、产业等发展要素重构乡村空间结构，形成“一环四心三组团”的总体布局（图 5.1-6）。

“一环”：依托规划道路，形成大碑村农、文、旅协调发展的多功能环带，并串联主要产业组团。

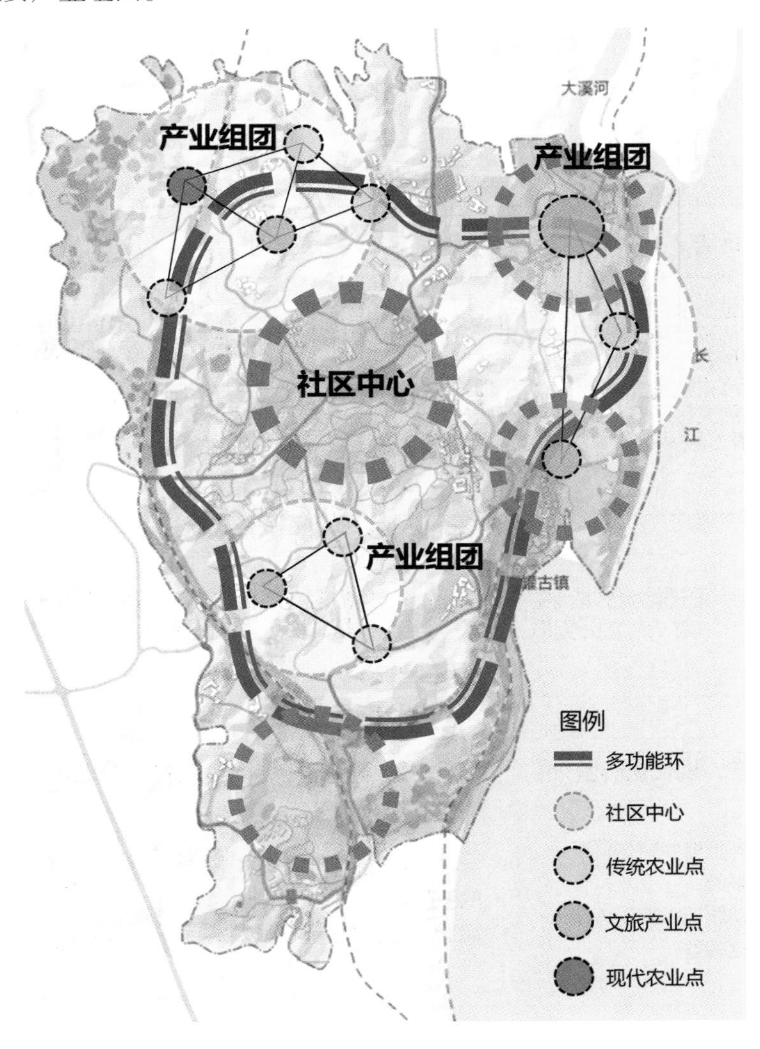

图 5.1–6　大碑村空间结构规划

“四心”：以现状社区居民点为空间基础，设置四个分散型的社区中心。

“三组团”：结合本村历史文化资源与柑橘种植基地，由文旅产业点、传统农业生产点、现代农业生产点等产业节点嵌套形成三个产业组团。

2.4　产业策划

基于大碑村的农业种植、自然生态与历史文化资源的产业基础优势，结合乡村振兴中产业多元化与数字化升级的规划政策，将大碑村产业定位为“文旅中心”与“柑橘基地”，围绕前者打造田园综合体、生态体验基地与人文历史旅游名胜地，围绕后者打造优质的柑橘种植基地、加工基地与物流基地。同时，在产业发展策略方面，将通过第一产业的现代化转型、第二产业的网络化提升、第三产业的全域化升级等策略共同促进大碑村产业多功能发展（图 5.1-7）。

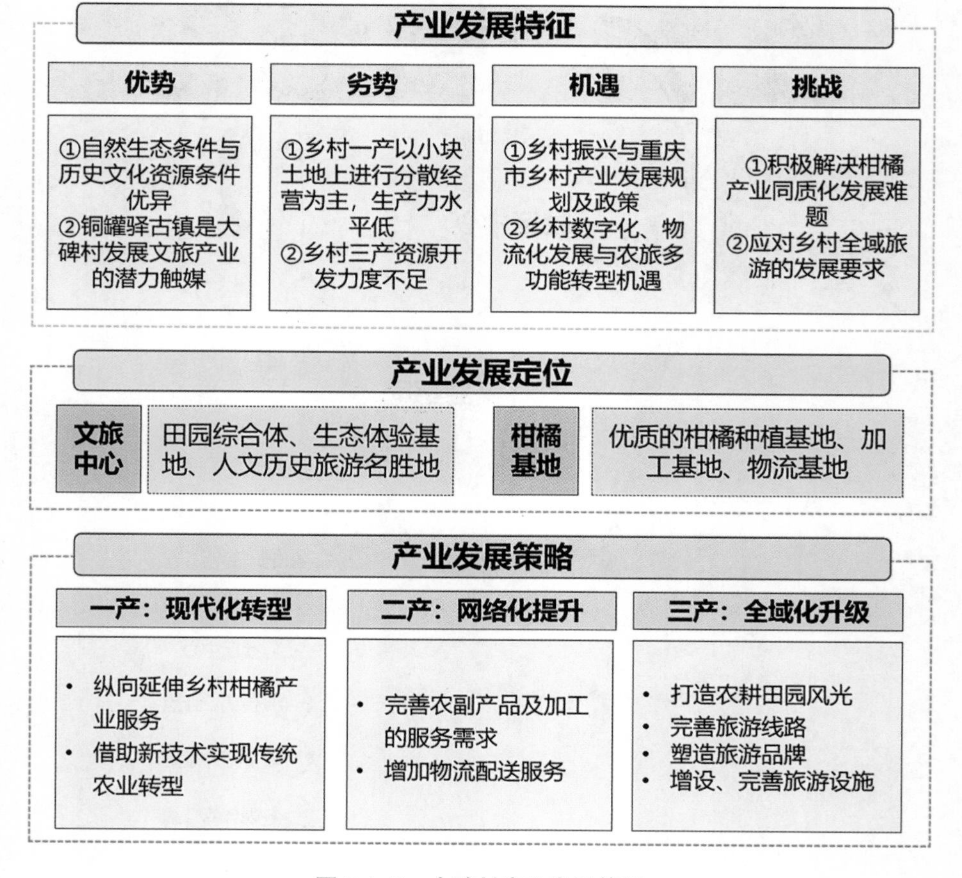

图 5.1–7　大碑村产业发展策划

2.5　社区居民点规划

将大碑村居民点分为四类进行引导，包括紧密结合农业生产景观的生产居住类、以临街居住为特征的一般居住类、直接依托历史文化资源发展的旅游资源类和为历史文化资源提供支撑服务的旅游服务类（图 5.1-8）。

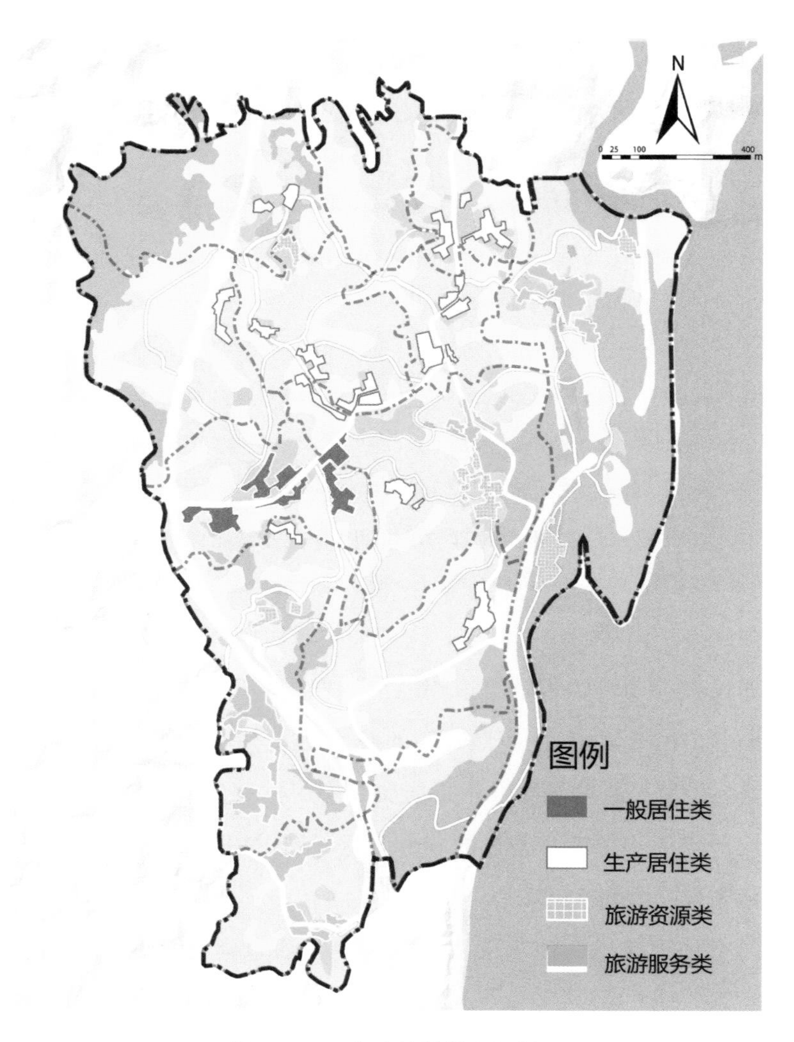

图 5.1–8　大碑村居民点规划

3. 特色分析

结合日常时空轨迹与需求分析、服务设施问卷调查与访谈分析，开展人本导向下的服务设施使用时距需求调查（图 5.1-9），以此作为划定社区生活圈时空范围的基础。然后，通过交通 OD 分析与设施服务可达性分析等方法剖析本村道路、空间等关键环境影响要素的现状特征及问题，进一步校正社区生活圈的划定标准。大碑村现状服务设施可达性一般，但村民的时空使用需求多圈层地覆盖了村、镇与县城范围，因此采用区域协同的社区生活圈配置方式，以此整合县城–镇区–乡村的公共服务要素与设施网络。

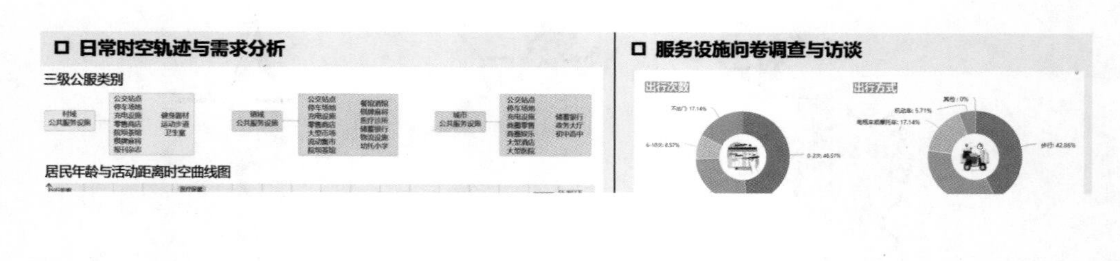

图 5.1–9　时空地理与需求调查下的生活圈优化技术

结合现状设施因子、交通因子、土地因子与居民聚居点因子分析，发现大碑村用地与居民点分布较为零散且道路通达性较弱，现状设施主要集中在村委会，因此规划形成“村社单中心–离散式”的服务设施空间结构（图 5.1-10）。依托村内主要道路兴沱路，在村委会及附近居民点形成村社合一的服务中心，在各个村社与小户居民点周边形成日常社区服务节点。通过服务中心带动全域设施升级，并完善道路体系以增强空间联系。

借助时空地理技术、需求层次分析、空间活力调查等方法，识别满足村镇居民实际生产需求的公共服务场景类型。同时，结合地方发展政策，充分考虑数字经济、物联网、交通网、特色文化等要素对于场景营建的影响，完善场景建设指引。最终，对大碑村关键的生产、生活、生态服务场景进行了导则设计，在各个场景中均明确了空间落点、功能策划、设施引导、空间组织与效果示意（图 5.1-11），可以较好地指导公共服务设施场景的空间选址、布局与建设，提高乡村公共服务设施规划编制的实用性，推动乡村社区营造和公众参与。

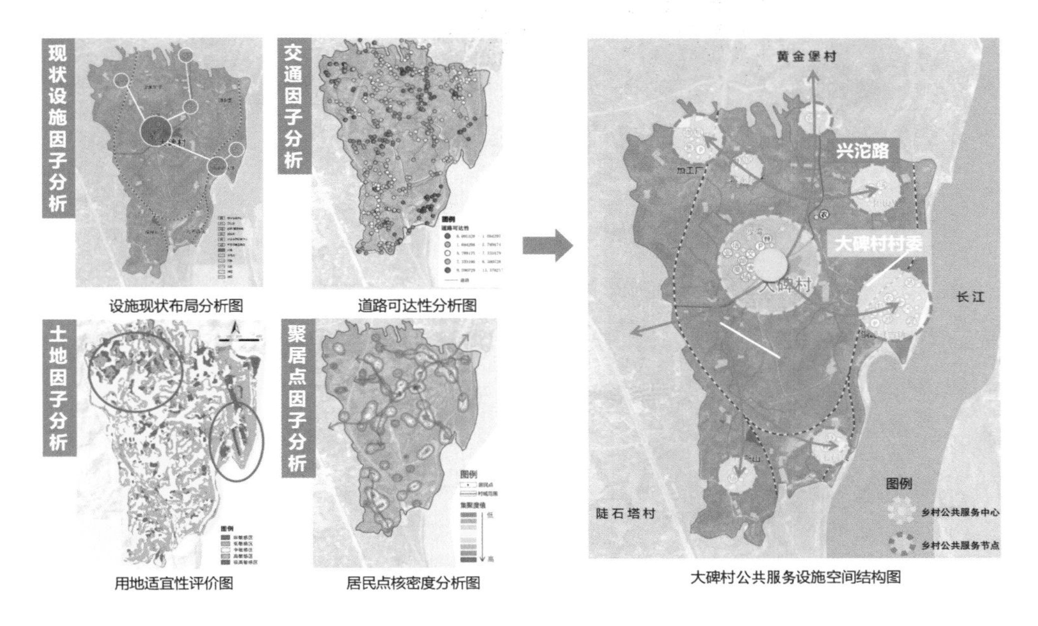

图 5.1–10　大碑村公共服务空间结构识别技术

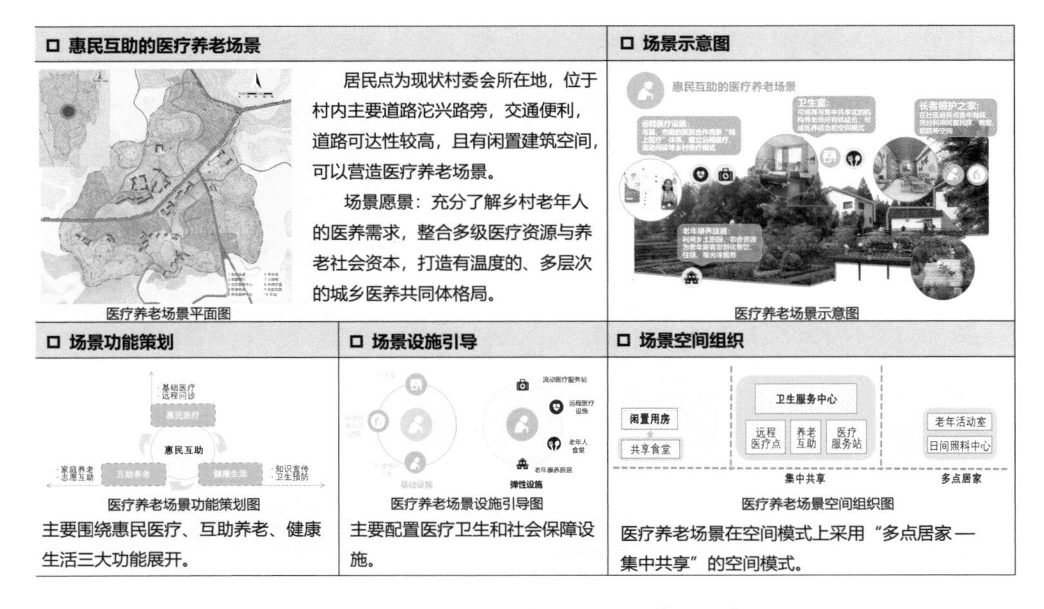

居民点为现状村委会所在地，位于村内主要道路沱兴路旁，交通便利，道路可达性较高，且有闲置建筑空间，可以营造医疗养老场景。

场景愿景：充分了解乡村老年人的医养需求，整合多级医疗资源与养老社会资本，打造有温度的、多层次的城乡医养共同体格局。

主要围绕惠民医疗、互助养老、健康生活三大功能展开。

主要配置医疗卫生和社会保障设施。

医疗养老场景在空间模式上采用“多点居家—集中共享”的空间模式。

图 5.1–11　大碑村服务设施场景营建技术

案例 2　重庆市九龙坡区铜罐驿镇黄金堡村村镇社区服务设施规划

1. 项目简介

黄金堡村位于九龙坡区铜罐驿镇东北角，东临长江，西邻本镇新合村、陶家镇锣鼓洞村，南邻本镇大碑村，北邻陶家镇坚强村（图 5.2-1）。村域面积 3.46 km²，村委会所在地距离铜罐驿镇车程约 6.3 km，距离九龙坡区政府约 33 km。黄金堡村现状有一处居民集中安置点（橘乡黄金堡苑），共有 7 栋现代社区建筑，村域人口与设施整体上都相对集中地在安置点附近分布。

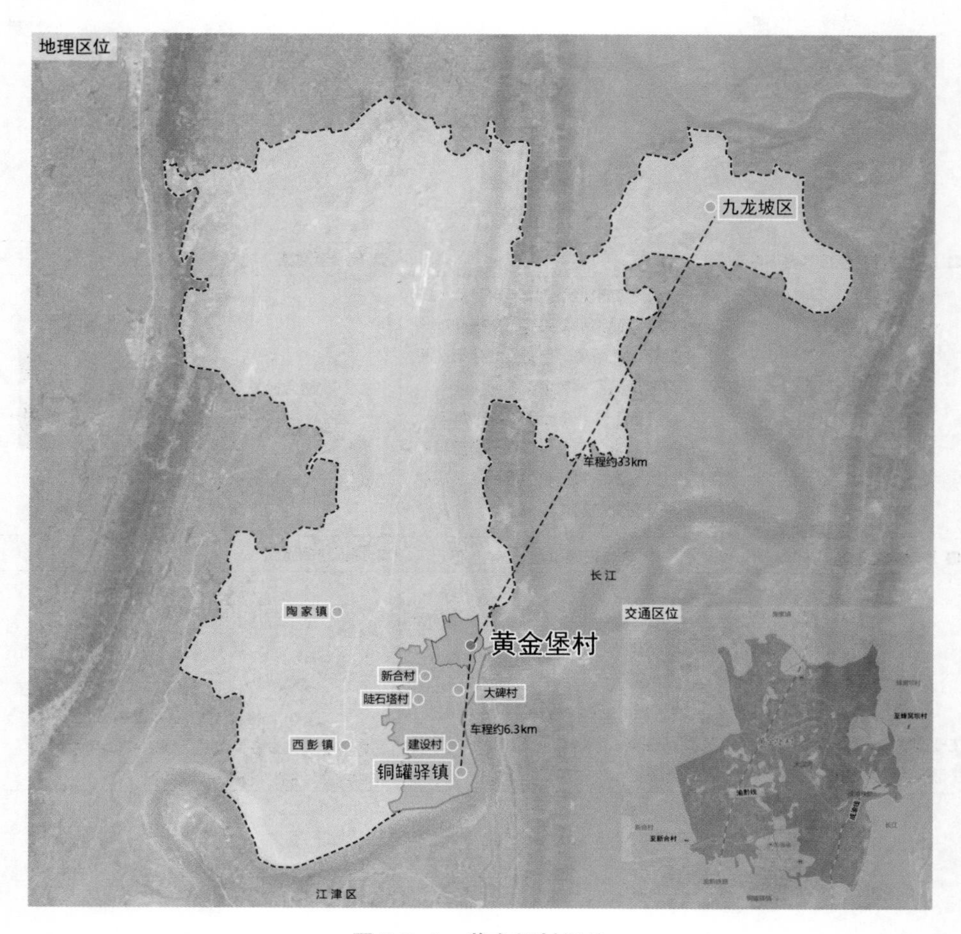

图 5.2-1　黄金堡村区位

2016 年黄金堡村户籍人口 2159 人，常住人口 1093 人，常住人口远少于户籍人口。就年龄结构而言，户籍人口中 60 岁以上人口占全村人口的 19.73%，常住人口中 60 岁以上人口占全村人口的比例高达 31.47%。就人口迁移而言，主要是劳动力向外流动，净流出人口占劳动力人口的 71.53%。

村内产业以第一产业为主，第三产业相对薄弱，无第二产业。村庄农业种植以粮食作物为主，特色作物为柑橘、花椒、脐橙，农业生产用地比较分散，产业集约化程度比较低。除此之外，村域范围内有温泉、大溪河湿地和兵工厂遗址等资源，具有一定的乡村旅游开发潜力，但乡村旅游项目的开发投入与建设整体上较为滞后（图 5.2-2）。

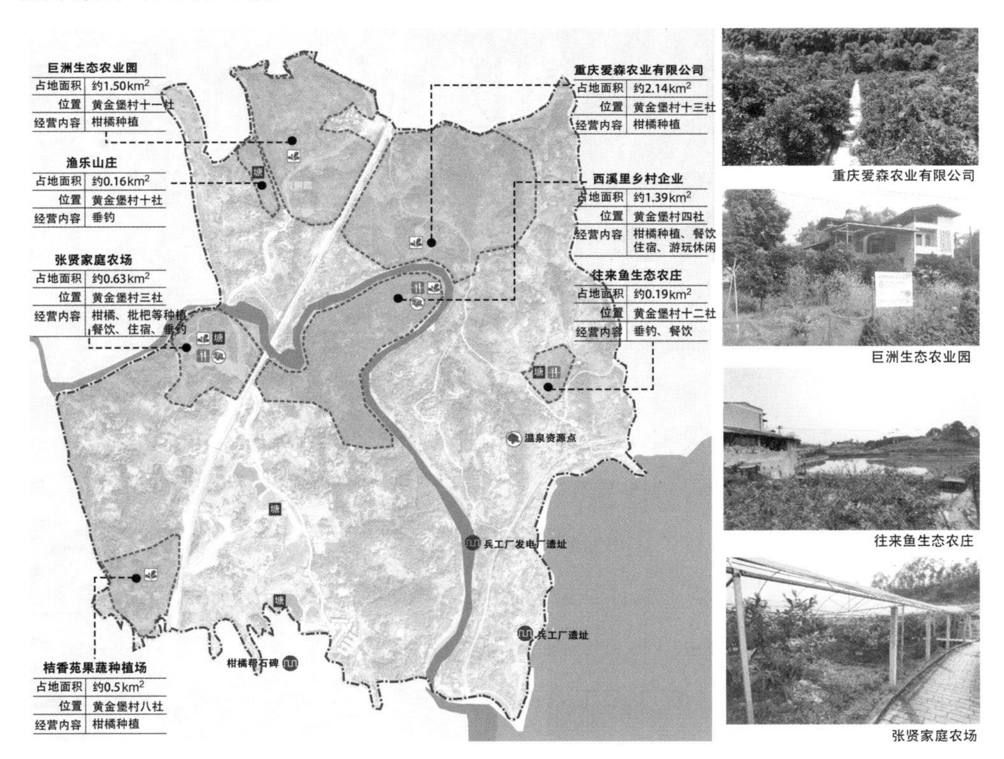

图 5.2-2　黄金堡村产业空间现状分析

黄金堡村的土地利用类型主要是耕地和园地，农林用地占比为 82.30%，建设用地占比为 14.19%，自然保护与保留用地占比为 3.51%。用地整体较为分散，尤其是居住用地（图 5.2-3）。部分用地位置不合理，如有居住或产业用地位于山顶，道路用地与其他用地之间的联系不强，需要优化村庄用地布局。

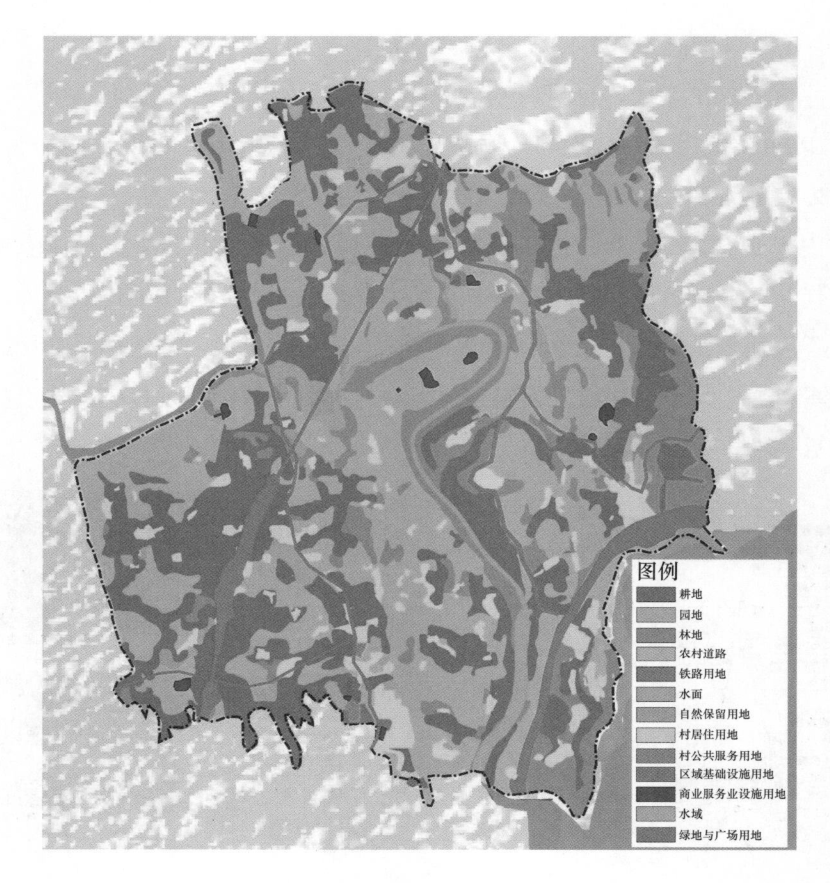

图 5.2-3　黄金堡村土地利用现状分析

黄金堡村服务设施集中分布在本村南部居民点与新建村委会附近，主要包括便民服务中心、村卫生室、文化活动场所、室内外健身场地、邻里便利店等社区服务设施。村内无幼儿园、小学等教育设施，有 1 处养老服务设施。村内共分布二处公共厕所，一处位于村庄最北部渝黔铁路附近，一处位于村庄南部村级服务中心附近（图 5.2-4）。

黄金堡村的基础生活服务设施配置较为完善且空间集中度高，但大量设施处于闲置状态，设施利用效率低下。值得注意的是，虽然黄金堡村在行政管理上属于铜罐驿镇，但它到铜罐驿镇镇区的距离与到西彭镇镇区的距离较为接近，加上西彭镇具有相对更高的经济规模、人口规模、服务设施规模，因此村民会同时向铜罐驿镇与西彭镇寻求服务，设施使用的网络性日益增加。此外，随着大量劳动

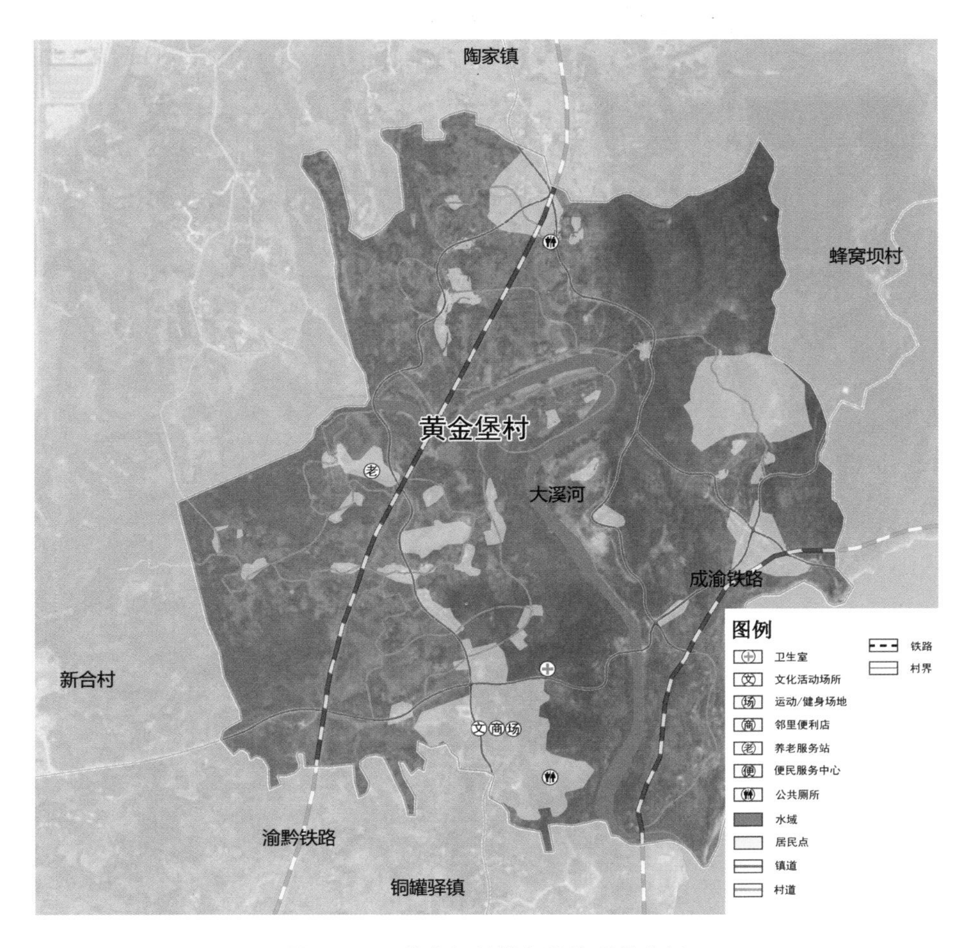

图 5.2-4　黄金堡村服务设施现状分析

力向主城外溢，加上乡村有限的经济水平难以支撑品质性与拓展性设施的运营与维护，村域内部许多设施与空间的使用情况并不理想。

2. 规划要点

2.1　规划定位

将黄金堡村打造为以农业生态为主导，集特色柑橘种植、山水保护、农业观光、休闲养生、康体娱乐以及旅游度假等功能于一体的全时游城郊果林新农村。

2.2　空间结构

黄金堡村规划形成“一带一心两轴多片区”的空间结构（图 5.2-5）。

“一带”：依托大溪河形成大溪河生态景观带。

“一心”：将村委会打造为村域生活服务中心。

“两轴”：依托兴沱路和农冷路形成东西两条纵向发展轴。

“多片区”：依据现状产业及资源分布，划分多元居住、农业产业、休闲采摘、田园体验、旅游接待、柑橘种植、生态保育、温泉度假和滨江居住 9 个片区。

图 5.2–5　黄金堡村空间结构规划

2.3　产业策划

结合村域现有农业与景观资源，以节事、时间为脉络策划“三生”融合的产业活动项目。第一产业项目包括柑橘、渔业、观赏植物、水稻、蔬菜等，第二产业项目主要是在竹、柑橘产品加工的基础上衍生手工 DIY（自己动手制作）、工艺品制作等活动，第三产业项目包括农乐庄园、特色民宿、温泉休闲等。不同产业活动在村域空间上形成互动链，以多功能的产业集群增强乡村产业发展动力与活力（图 5.2-6）。

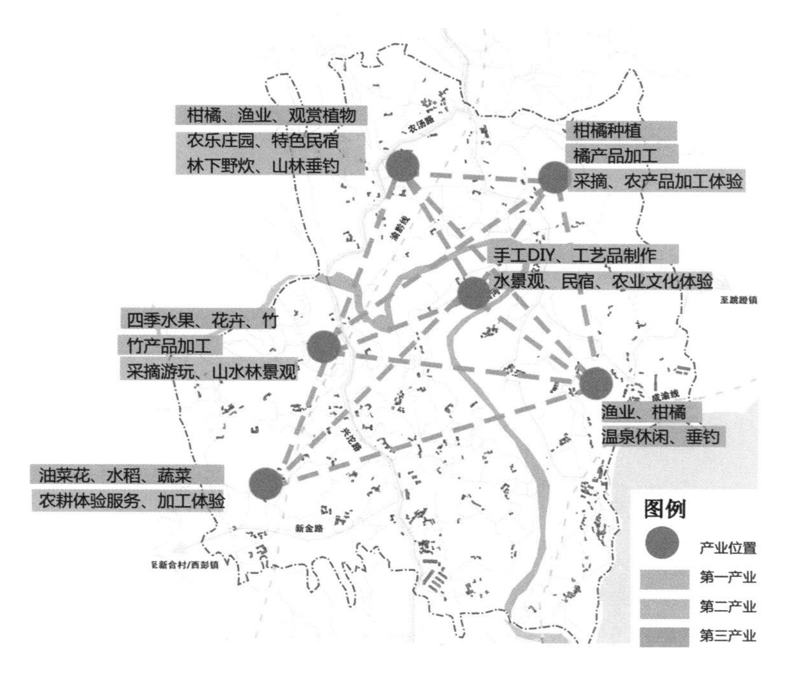

图 5.2-6　黄金堡村产业项目策划

2.4　用地规划

进行土地利用综合整治，农林用地面积减少 5.77 hm^2，规划后面积占比为 80.63%。建设用地面积增加 5.77 hm^2，规划后面积占比为 15.86%，主要增加了乡村道路用地以提高村域交通可达性，自然保护与保留用地保持不变，面积占比为 3.51%（图 5.2-7）。

2.5　“三生”空间规划

（1）生态空间。生态空间原则上包括湿地、陆地水域、其他自然保留地等自然保护与保留用地，目前黄金堡村生态空间只涉及陆地水域及其他自然保留地，用地规划面积共计 12.16 hm^2。

（2）农业空间。农业空间原则上包括耕地、园地、林地、牧草地、其他农用地（含设施农用地、农村道路、田坎、坑塘水面、沟渠）等农林用地，用地规划面积共计 284.99 hm^2。

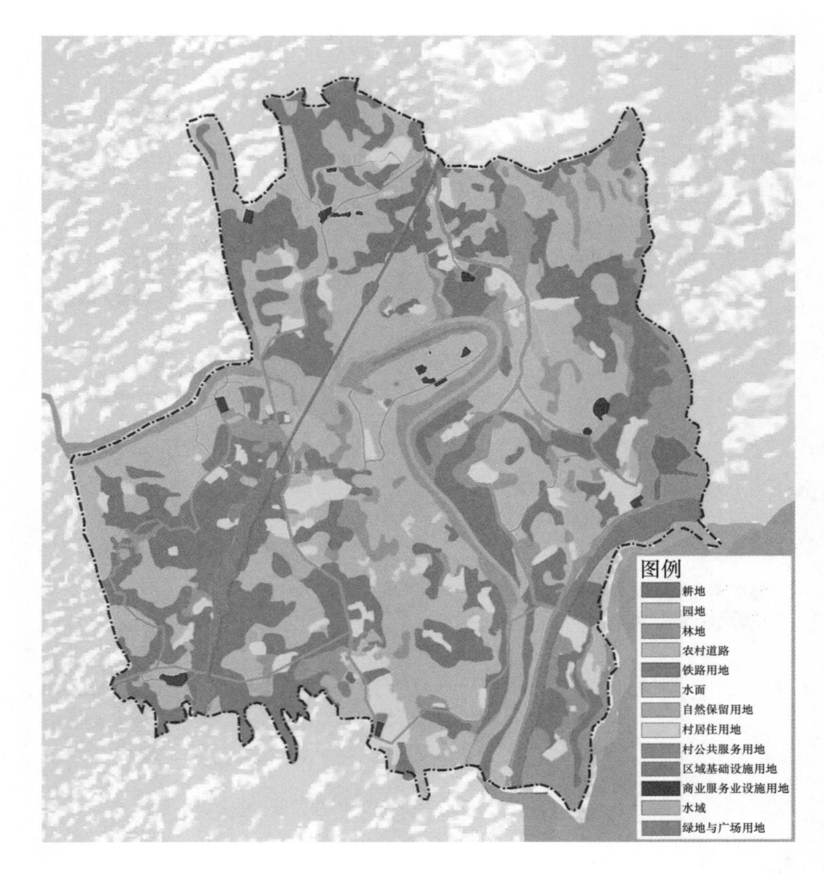

图 5.2–7　黄金堡村土地利用规划

（3）建设空间。建设空间指城镇开发边界外的建设用地范围，包括城乡建设用地和其他建设用地，用地规划面积共计 49.15 hm^2（图 5.2-8）。

3. 特色分析

通过获取、清洗与处理镇域服务设施 POI 兴趣点数据，分析黄金堡村及邻近镇区各类设施的服务可达性，以此掌握服务设施的空间结构特征并指导优化设施配置。分析结果表明，黄金堡村由于位于铜罐驿镇最北端，在享受本镇设施服务方面存在一定劣势，空间总体均等性较差。但其与周边村镇联系较为紧密，可通过完善道路与公交等基础设施，提高黄金堡村与周边村镇的区域网络统筹与共享服务水平（图 5.2-9）。

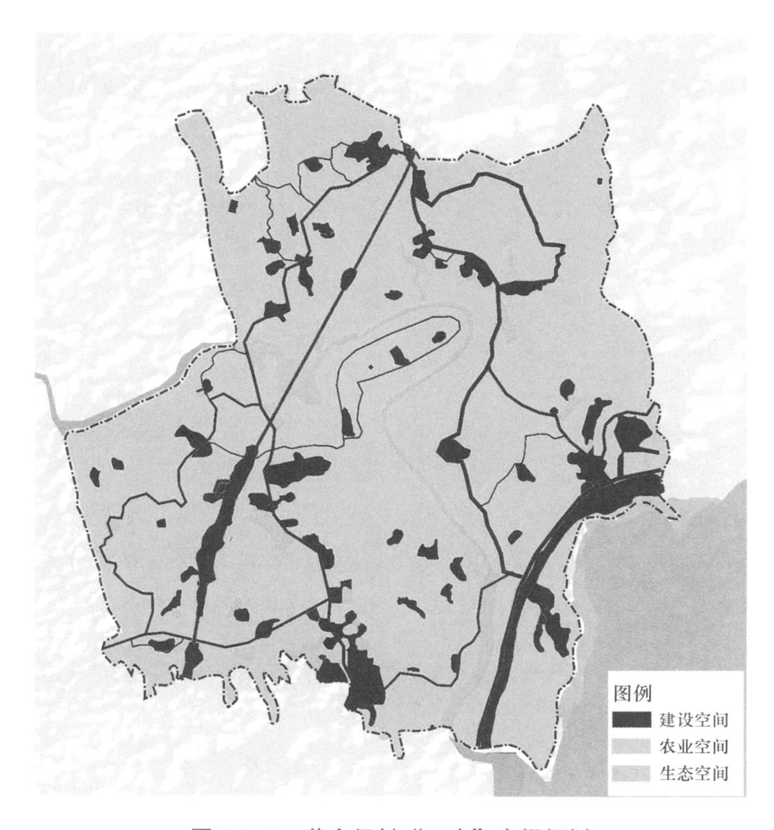

图 5.2-8　黄金堡村“三生”空间规划

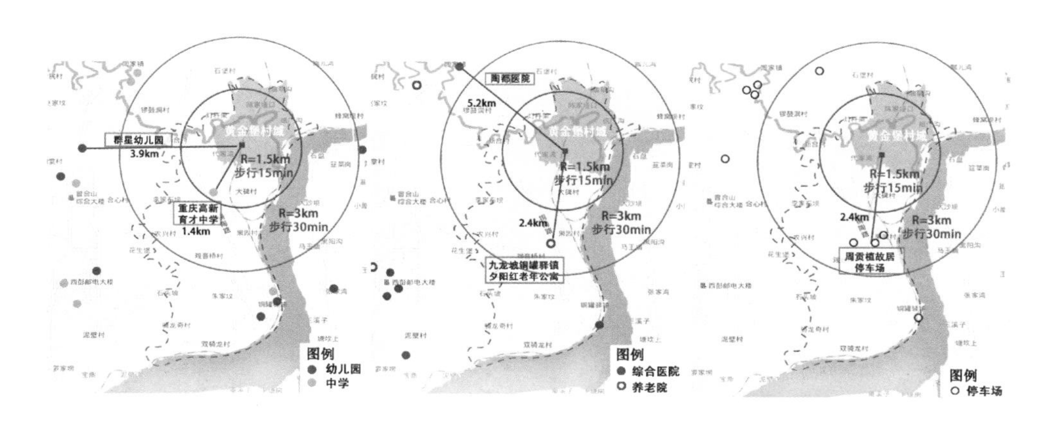

图 5.2-9　黄金堡村区域设施服务可达性分析

对黄金堡村不同特征的社群进行细分，通过时空地理行为调查与公共服务设施意愿调查拟合服务设施的真实供需状态，将服务设施的使用率、满意度、匹配度等指标作为调节设施配置的重要参考依据，提高服务设施供给结构对人群需求变化的适应性和灵活性，推动服务设施规划从“供给驱动”转向“供需耦合”（图 5.2-10）。

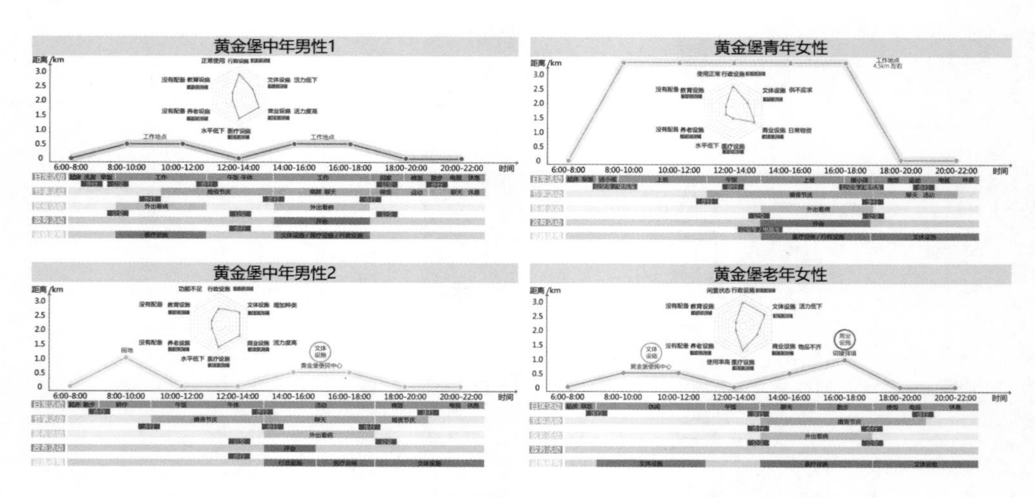

图 5.2-10　黄金堡村典型社群时空地理行为画像与公共服务满意度

面对黄金堡村社区人口活力降低的现象，通过梳理与挖掘不同社区的空间发展要点重构社区的生活、生产、生态环境要素，促进产业-空间-景观-设施的良好互动，引领社区设施功能活化更新并增强设施对乡村人居与现代农业发展的支撑能力，进而全面提高乡村社区生活的吸引力（图 5.2-11）。

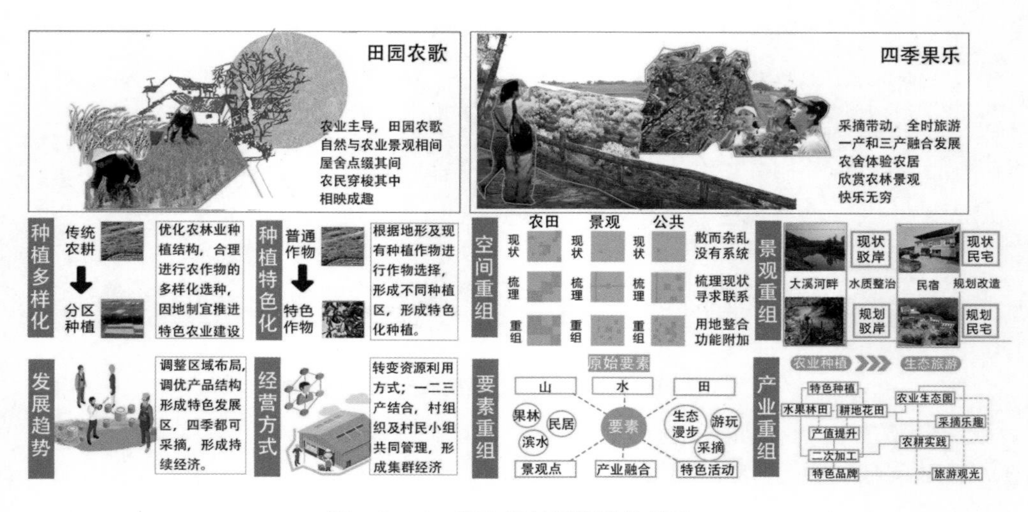

图 5.2-11　黄金堡村社区重构策略

案例 3　重庆市丰都县仁沙镇永坪寨村村镇社区服务设施规划

1. 项目简介

永坪寨村位于重庆市丰都县仁沙镇西部，东邻本镇石盘滩村，西邻兴龙镇春花山村，南邻本镇李家坪村，北邻本镇古佛村。村域面积 4.35 km^2，村委会所在地距离仁沙镇政府车程约 2.2 km，距离丰都县政府约 45.4 km（图 5.3-1）。

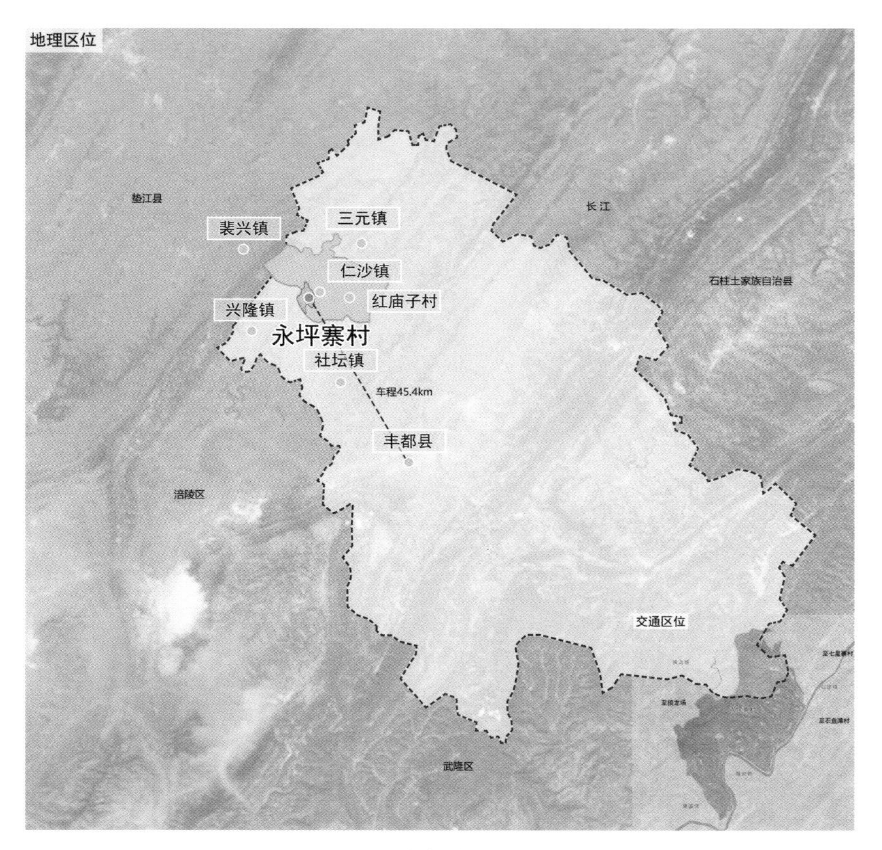

图 5.3-1　永坪寨村区位分析

2018 年永坪寨村户籍人口 2343 人，常住人口 995 人，净流出人口达 1348 人。常住人口以留守老人和儿童为主，留守老人约占老人总数的 78%，留守儿童约占儿童总数的 52%，村庄面临严重的老龄化、空心化等人口收缩难题。

永坪寨村现状公共服务设施主要以村委会为核心进行集中式布局，部分设施呈点状零散分布。服务设施数量与类型较为缺乏，以基础兜底型设施为主。目前配有村委会、便民服务中心与社会治安工作站等公共管理与服务设施，结合村委会配置了文化活动室和篮球场、乒乓球场等运动健身场地以及卫生室、养老服务站。村内无幼儿园、小学等教育设施。在居民点较集中的村庄中部和村委会处设有垃圾收运站。在种植区域配置有农田水利设施，在与渠溪河交汇处设有排污口，但缺乏污水处理设施，旱厕粪水脏乱差现象明显。村庄内多为生产绿地，无生态公共绿地。村内服务设施的空间可达性较低，在人口收缩与山地环境的约束影响下，现状低密度、低道路通达性的社区居民点也较难激活社区公共服务设施的使用活力（图 5.3-2）。

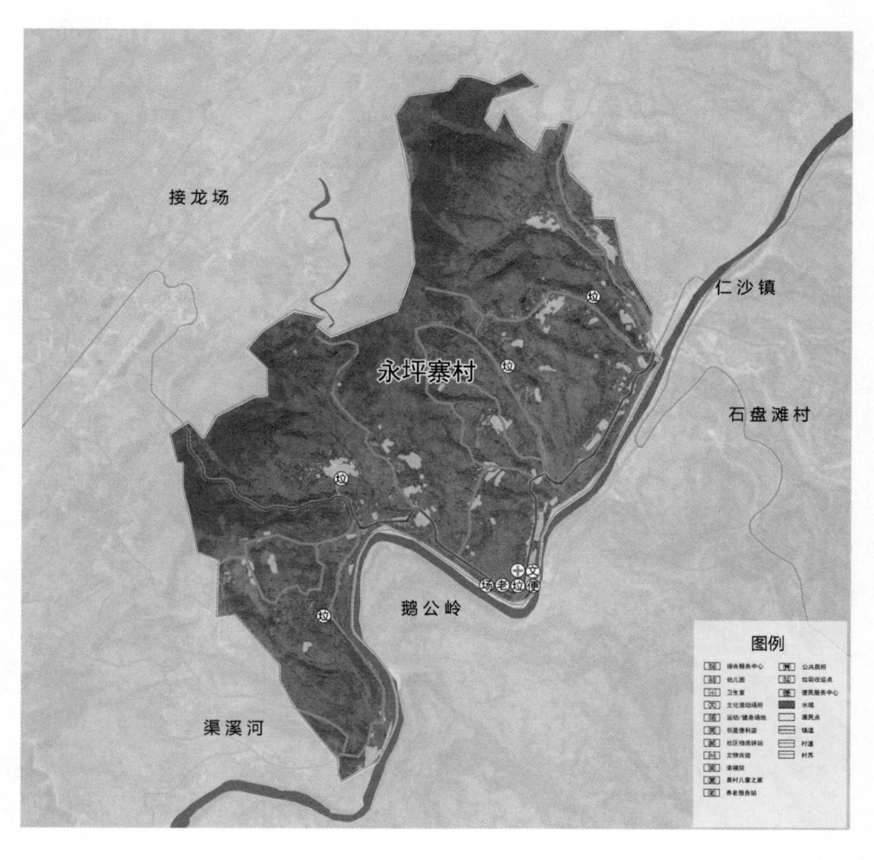

图 5.3-2　永坪寨村生活服务设施现状分析

2. 规划要点

2.1　规划定位

以“惠民生、扩内需”为目标，将永坪寨村定位为仁沙镇的畜禽养殖基地，打造集现代农业、休闲生态及共享生活于一体的新型农业型宜居村庄。

2.2　功能分区

将永坪寨村规划为五大功能分区（图 5.3-3）：

农业科普教育及农事体验区：利用农业生产基地及相关设施，打造集农业科普教育与休闲农耕体验为一体的活动区域，促进游客深度体验乡村农业文化的内涵。

农耕生产加工区：主要承担永坪寨村核心农产品的绿色化、现代化加工处理功能。

村落聚集提升区：以居住功能为核心，完善生活功能与设施服务，提高乡村人居生活品质与活力。

图 5.3-3　永坪寨村功能分区规划

农业景观区：以山地、农田资源环境为基础，规划开发包含特色园圃、创意农业景观小品等特色景观要素的农业景观区。

农业生产区：以种植常规、优势农作物水稻和玉米为主，集中饲养禽畜，形成规模化的农业生产基地。

2.3　空间结构

引导居民点适度集中，促进交通、生活、产业等要素功能有机融合，形成“两轴五心三组团”的规划结构（图 5.3-4）。

“两轴”：依托现状主要道路，形成产业发展轴和活力生活轴两个主要轴线。

“五心”：以现状社区居民点为空间基础，规划形成五个分散型社区居住中心，并细分为两个相对规模较大的社区中心和三个相对规模较小的生活节点。

“三组团”：依托本村农业种植基地与景观资源，由传统农业点、现代农业点、文旅产业点等产业节点内嵌为 3 个产业组团。

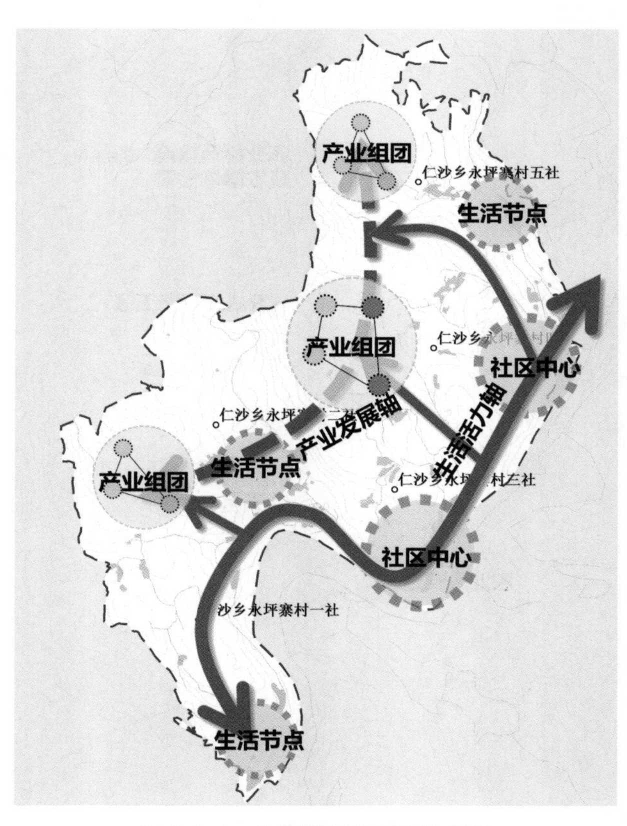

图 5.3–4　永坪寨村空间结构规划

2.4　服务设施布局结构规划

从居民点核密度分布来看，居民点呈现出东部与东南部区域聚集的特征，因此公共服务设施可围绕东侧和东南侧的两个居民点组团进行重点布置，其中以村委会所在地的东南侧组团进行相对更为密集化的服务设施“大集中”布局，在其他村社附近进行零星设施的分散布置（图 5.3-5）。

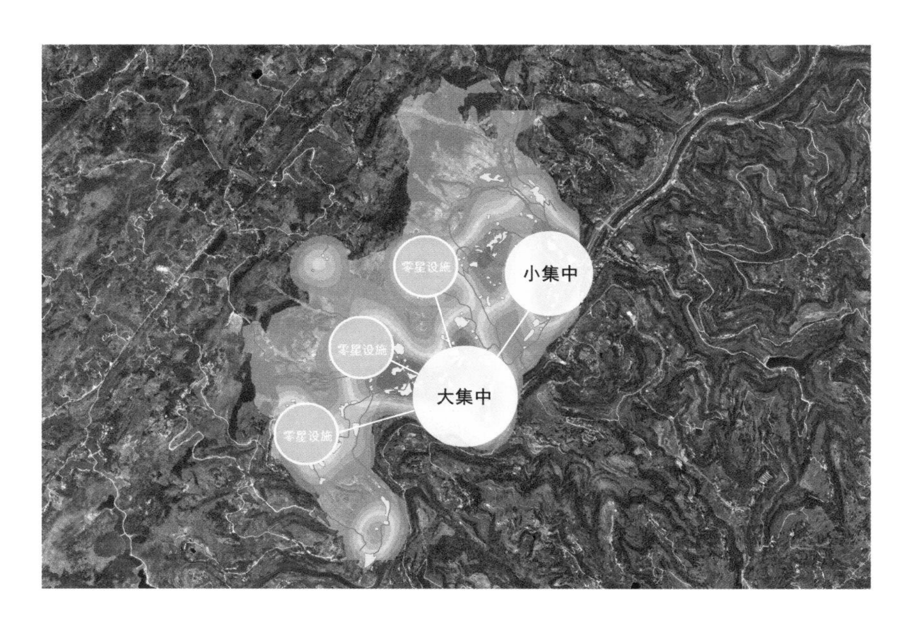

图 5.3–5　永坪寨村服务设施布局结构规划

2.5　村镇社区生活圈

由于永坪寨村本村设施服务能力较低，但邻近镇村的公共服务设施类型较为齐全、品质较高，因此可以统筹镇域生活圈与村域生活圈以共享邻近镇村的服务设施资源，完善公共服务设施生活圈的网络体系。

在镇域社区生活圈规划中，以“镇村一体化，统筹公共服务供给”为目标，打造仁沙镇区和红庙子村两个一级服务中心以及 11 个二级服务中心，以 900 m 半径划定村域生活圈、4 km 半径划定镇域生活圈，在镇域层面调节与优化文体、教育、医疗等公共服务设施的网络结构，促进村镇社区公共服务设施一体化（图 5.3-6）。

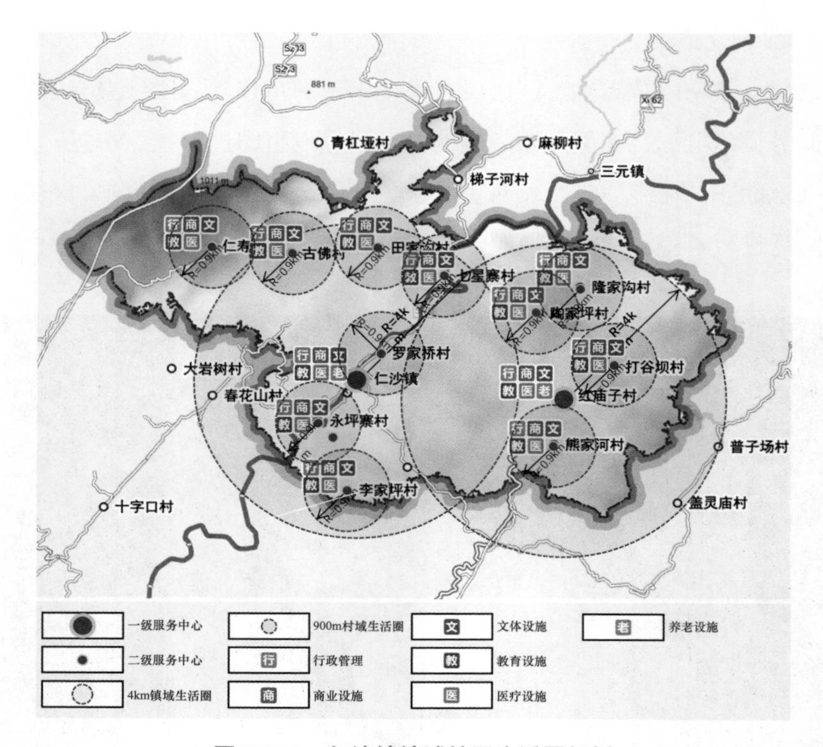

图 5.3-6　仁沙镇镇域社区生活圈规划

在村域生活圈规划中，根据调查获取的村民日常活动类型及频率识别活动“热点”区域，以村委会为中心划分基本生活圈，以镇区为中心划分拓展生活圈。采用三大策略规划村域生活圈：因地制宜，永坪寨村具有与镇区空间关联度较高的地理优势，宜对部分服务设施采取共享布局模式；因时制宜，挖掘村民使用设施的时空行为规律，分辨村民的必要活动以及偶然活动，促进服务设施空间布局与人群时空活动的耦合关系；因人制宜，根据不同社群的分类调查对多样化的服务设施需求进行精细化调节（图 5.3-7）。

3. 特色分析

3.1　村域社区居民点空间识别

一方面，对永坪寨村村域空间基底类型进行量化识别，计算平均最近邻指数 ANN 数值为 1.23，验证永坪寨村为山地分散型空间基底，以此为参考，采取单中心–多节点组团式的设施空间结构。另一方面，对居民点规模及聚落发展成

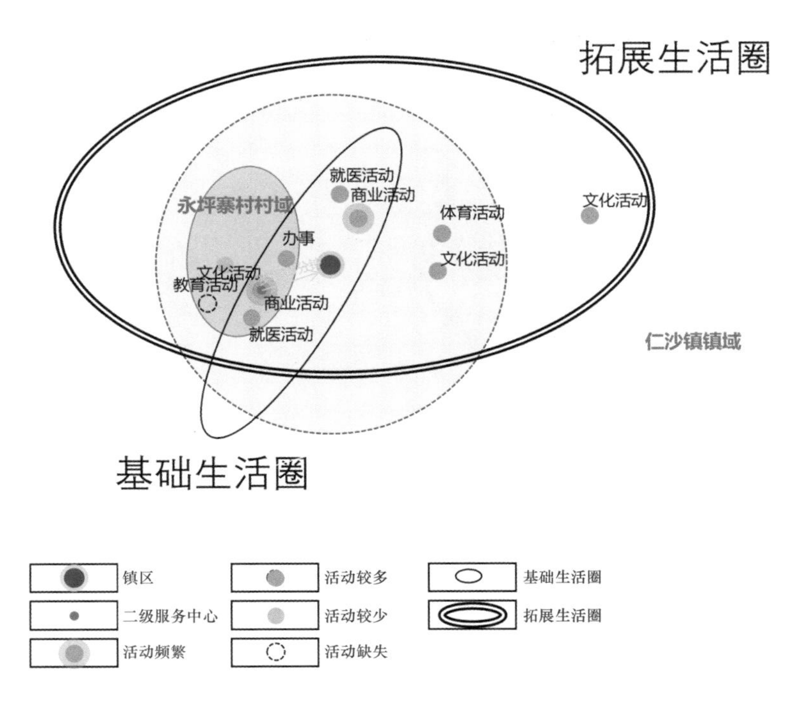

图 5.3–7　永坪寨村域社区生活圈规划

因进行多维度分析。基于 2004—2021 年的居民点空间数据，首先，统计发现永坪寨村居民点数量增加了 58 个，居民点总面积增加了 4.23 hm^2，农村居民点平均面积减少了 257.2 m^2。结合居民点核密度及可视化分析方法，发现村域聚落空间整体呈现出向中东部聚集的演变趋势（图 5.3-8）。其次，叠加坡度、高程和道路等因素分析居民点空间的增长动力，发现：① 适宜的地形条件有利于居民点的生长，永坪寨村居民点主要集中在土地平坦的地区且高程小于 300 m 以下的区

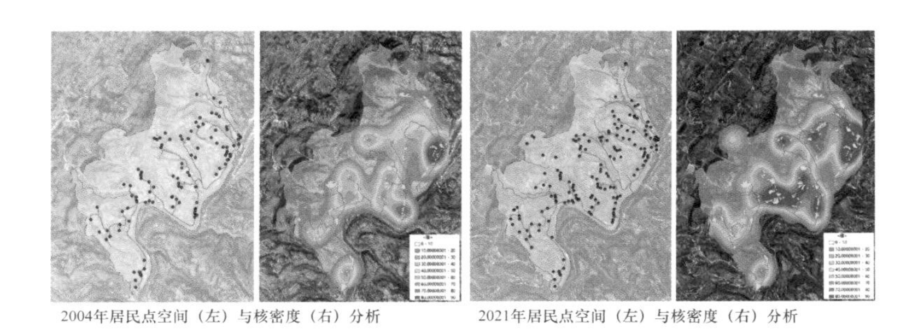

图 5.3–8　永坪寨村居民点空间分析

域；② 新增居民点沿主要道路呈枝状分布，村内道路密度与可达性提高的区域有利于吸引居民点自发聚集（图 5.3-9）。

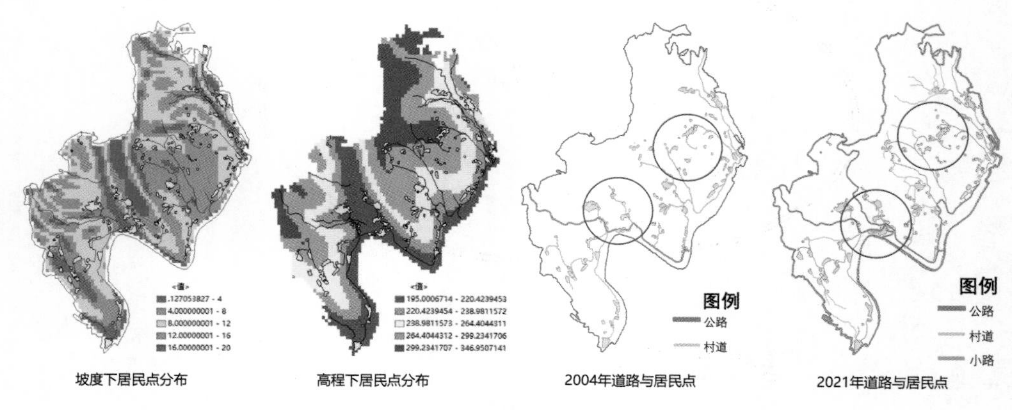

图 5.3–9　永坪寨村居民点聚落叠加分析

3.2　社区服务设施场景规划

将场景作为公共服务设施的微观组织单元，围绕不同社群进行时空轨迹与空间活力分析，筛选关键设施场景类型与明确场景服务设施项目。围绕永坪寨村共打造五大场景，具体包括文化休闲娱乐场景、生产消费场景、医疗养老服务场景、行政服务场景（图 5.3-10）、特色服务场景。五大场景各有特色、图文并茂，对现有服务设施项目进行了活化更新，也提高了村民参与日常服务设施活动的便捷性。

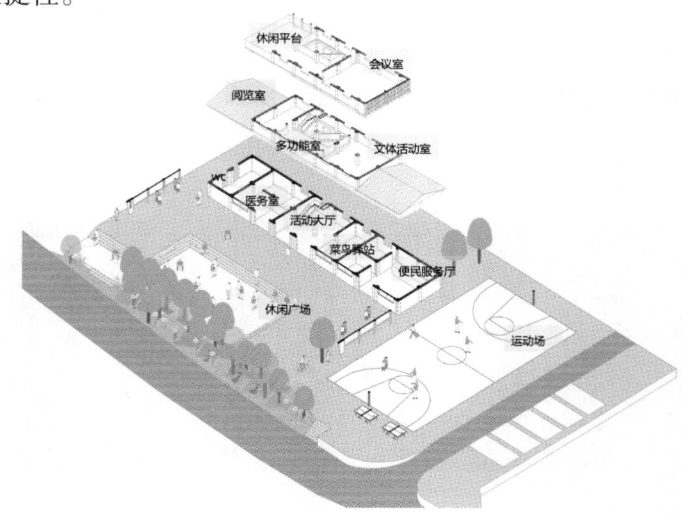

图 5.3–10　行政服务场景示意

后　　记

编撰《村镇社区规划设计案例集》是为了将这一时期研究和实践进行总结，以飨读者。书中的案例均为“十三五”国家重点研发计划项目“村镇社区空间优化与布局研究”的示范成果，是项目参与单位和课题组成员共同取得的。为此，将参与项目的单位和人员列出，以致谢忱！

山东建筑大学：崔东旭、赵亮、孔亚暐、尹宏玲、吴冰璐、梁琪柏、陈亚男等；

同济大学：黄一如、谢薿、佟帅、杨润宇、张书略、李俊达、陈泓岳、窦心镱等；

北京大学：刘涛、肖雯、苏浩然、田丽铃、朱羽佳；

哈尔滨工业大学（深圳）：宋聚生、朱继任、杨初蕾、黄凯、张朋晖等；

大连理工大学：李世芬、刘代云、张一卓、陈雅歆、黄佳翎、王艺锦等；

中国建筑标准设计研究院：何易、王晓朦、师仲霖、余振江；

重庆大学：张莉媛、罗婷、蔡雨昕、涂世可、徐苗、廖菁、刘婷等。

著　者

2022.11